Rote Rosen sind ein Geschenk, das seit der Antike fast jeder Mensch richtig zu deuten versteht. Das Gefühl von Zuneigung und Liebe hat bis heute keinen besseren Ausdruck gefunden.
Wie rote Rosen sind Blumen und Früchte schon immer Mittler zwischen den Menschen gewesen. Die Grundsymbole der Pflanzen haben sich dabei schon sehr früh herausgebildet. In besonderer Weise treffen sich darin Naturwissenschaft, Religion, Philosophie, Ethnologie, Kulturgeschichte und Kunst. Auch in die Sprache hat die Symbolik der Pflanzen Eingang gefunden, vor allem auch in die bilderreiche Sprache der orientalischen Völker.

Marianne Beuchert erläutert in diesem Band den Symbolgehalt von über 100 Pflanzen. Neben der Rolle, die die botanischen Eigenschaften der Pflanze bei der Entstehung bestimmter Symbolgehalte spielen, gewinnen der Leser und die Leserin auch einen Einblick in die kulturellen Bedingungen, die für die symbolische Bewertung der vorgestellten Pflanze von Bedeutung waren. Ein Register der mythologischen und religiösen Gestalten, denen die Pflanzen als Attribute zugeordnet sind, sowie der Tugenden oder Laster, die durch die Pflanzen symbolisiert werden, ergänzt den Band ebenso wie eine alphabetische Liste aller erwähnten botanischen Namen.

Die Aquarelle von Marie-Therese Tietmeyer verleihen diesem informativen Nachschlagewerk einen besonderen Reiz.

insel taschenbuch 2994
Marianne Beuchert
Symbolik der Pflanzen

MARIANNE BEUCHERT

Symbolik der Pflanzen

Mit 101 Aquarellen

von Marie-Therese Tietmeyer

Insel Verlag

insel taschenbuch 2994
Erste Auflage 2004
Insel Verlag Frankfurt am Main und Leipzig

Vertrieb durch den Suhrkamp Taschenbuch Verlag
Umschlag: Elke Dörr
Druck: Aprinta, Wemding
Printed in Germany
ISBN 3-458-34694-5

1 2 3 4 5 6 – 09 08 07 06 05 04

INHALT

ZUR EINFÜHRUNG

Rote Rosen sind ein Geschenk, das seit der Antike fast jeder Mensch richtig zu deuten versteht. Die Bitte um Zuneigung und Liebe hat bis heute keinen besseren Ausdruck gefunden.

Wie rote Rosen sind Blumen und Früchte ganz allgemein die ältesten Werbe-Mittler. Immer sind Gefühle bei ihrer Gabe und Darstellung beteiligt, Gefühle, die man mitteilen oder erwecken möchte. So unterschiedlich diese sein können, auf so verschiedene Weise werden sie mit Blumen, Pflanzen und Früchten ausgedrückt.

Die Grundsymbole der Pflanzen, gewissermaßen ein »Who's who« der uns umgebenden Pflanzenwelt, haben sich schon in einer sehr frühen Periode der Menschheitsgeschichte herausgebildet. Die Menschen sammelten, gewiß sehr mühsam, aber überraschend genau Erfahrungen, welche Pflanzen ihnen hilfreich sind, welche auf seelische und körperliche Vorgänge fördernd oder hindernd einwirken. Entsprechend haben sie die Pflanzen mit positiven oder negativen Gefühlswerten verbunden.

Eine sehr alte indische Weisheit sagt: »In den Kräutern ist die ganze Kraft der Welt. Derjenige, der ihre geheimen Fähigkeiten kennt, der ist allmächtig.« Von der Wirkung der Pflanzen her lag es nahe, göttliche Kräfte am Werk zu sehen, die über die Pflanzen auf die Menschen überfließen. So steht die Heiligung für einen bestimmten Gott immer in Zusammenhang mit den Eigenschaften einer Pflanze, seien dies nun offizinelle oder einfach botanische, wie: starkwüchsig zu sein, frühblühend oder immergrün.

Jedoch nicht nur das Wissen um ihre Heilkraft und ihre Eigenschaften ist in den Pflanzensymbolen verschlüsselt gespeichert. In besonderer Weise treffen sich darin Naturwissenschaft, Religion, Philosophie, Ethnologie, Kulturgeschichte und Kunst zu einer mitunter irritierenden Mischung von Inhalten.

Dies Buch sieht seine Aufgabe nicht darin, Ikonographie zu betreiben – die spezielle Bedeutung eines Symbols ergibt sich ohnehin zumeist erst aus dem Kontext, in dem es erscheint –, es ist vielmehr der Versuch, in einer Art Symbolgeschichte der Pflanzen jenen Symbolinhalten nachzugehen, die auf dem Hintergrund vor allem der botanischen Pflanzeneigenschaften gewachsen sind. Dabei findet besondere Berücksichtigung, daß ein- und dasselbe Symbol mit verschiedenen, mitunter sogar gegenteiligen Bedeutungen versehen sein kann. So wurden bei der fast völligen Wandlung der Symbole unter dem Einfluß der christlichen Kirche aus Huren- und Hexenblumen Marienblumen. Derartige grundsätzliche Symbolwandlungen traten stets nur bei einer völligen Wandlung des Zeitgeistes auf, ohne daß die alten Bedeutungen ganz untergingen.

Diese gewachsene Ambivalenz der Symbole macht ihre Interpretation nicht leicht, gelegentlich aber auch vergnüglich, wie sich zeigt. Zu einer Gefährdung mag sie da geführt haben, wo Fehldeutungen nahelagen: Sellerie wurde zum Beispiel im klassischen Griechenland zu Siegerkränzen gewunden, man gab ihn aber auch verdienten Toten mit ins Grab. Welche Verwicklungen sich aus solchen Doppelbedeutungen ergeben können – Hilfe und Gefahr sind oft Geschwister –, auch davon berichtet dieses Buch.

»Die Sprengkraft von Jahrtausenden ist in Symbolen deponiert«, lautet ein kunstgeschichtlicher Lehrsatz. Durch diese fast unvorstellbar lange Geschichte der Pflanzensymbolik, wird man »junge« Pflanzen wie Gerbera, Freesien und andere, die erst seit einigen Jahrzehnten in Europa gärtnerisch kultiviert werden, in diesem Buch vermissen. Sie sind noch zu »neu«, als daß sich bereits ein Symbol für sie hätte bilden können.

Die Blumensprache des 19. Jahrhunderts hat zwar versucht, Bedeutungen auch dort zu schaffen, wo sie noch nicht vorhanden waren, aber sie wurden nur für kurze Zeit angenommen. Die Aura war falsch, einfach zu künstlich. Jede Symbolbildung setzt voraus, daß ein Stück als Wahrheit empfundene Erfahrung in ihr kristallisiert ist. Ohne Wirklichkeitsbezug ist ein Symbol unglaubwürdig. Man kann dies bei den verhältnismäßig neuen Symbolbildungen, wie für Ginkgo oder Kornblumen sehen, daß sie stets nur bei starken emotionalen Spannungen entstehen.

Ursprünglich bezeichnete »Symbol« (griech. symbolon = Wahrzeichen, Merkmal) im alten Griechenland ein Erkennungszeichen in Form eines in zwei Teile gebrochenen Gegenstandes, eines Ringes, einer Münze oder einer Tontafel, die gute Freunde bei einem Abschied für längere Zeit tauschten. Nach Jahren der Trennung dienten diese Teile als Zeichen des Wiedererkennens für die Freunde selbst oder für ihre Nachkommen. Und das Symbol war über Zeit und Entfernung hinweg ein sichtbares Zeichen der unsichtbaren Wirklichkeit der Freundschaft gewesen. »Seine beiden Teile offenbaren im Äußeren das Innere, im Körperlichen das Geistige, im Sichtbaren das Unsichtbare«, schreibt Manfred Lurker, dem ein Symbol Verhüllung und Offenbarung zugleich ist. Doch er warnt auch, daß Symbole nicht nur in ihrer archetypischen Verankerung zu werten sind, sondern auch in ihrer jeweiligen gesellschaftlichen Prägung. Besonders in Krisenzeiten finden Symbole als fixierte Hoffnungen, als Sehnsuchtszeichen, besondere Beachtung. Denn das Symbol ist immer mehr als es vordergründig zu sein scheint, es ist immer Zeichen für etwas anderes, das möglicherweise Grund zum Hoffen gibt.

Älter noch als der Begriff »Symbol« und das Ritual des Symbol-Gebens sind vermutlich die mit Pflanzen verbundenen Symbolinhalte, soweit sie auf Wirkungen und Eigenschaften der Pflanzen zurückgehen. 1960 entdeckte man bei Shanidar im Irak in einer Höhle das Grab eines Mannes, der vor sechzigtausend Jahren dort bestattet worden war. In dem Staub, auf dem die Knochen lagen, fand man Pflanzenreste. Es lag nahe zu glauben, daß schon damals mit Blumen Liebe über den Tod hinaus ausgedrückt wurde. Doch eine Pollenanalyse ergab, daß es sich ausschließlich um Heilkräuter handelte. Offenbar hatte der Verstorbene an einem schmerzhaften Harnleiden gelitten, zumindest hatte man ihm Medizin dagegen mit ins Grab gegeben. Auch Meerträubel war dabei, das heute noch als Stimulans genutzt wird.

Die Kenntnis von der rechten Dosierung von Heilkräutern und Giften war einer kleinen Gruppe von Kundigen vorbehalten, die sie als geheimen Schatz hüteten und verschlüsselt in Symbolen an ihre Schüler weitergaben. Später erst, als Pflanzen zu Attributen der Götter wurden, mit deren geglaubten Eigenschaften man sie gleichsetzte, konnte man zum Beispiel in dem reinen Weiß der Lilien ein Symbol der Jungfräulichkeit Mariens erkennen.

In die Sprachen aller Völker fand die Symbolik der Pflanzen in deutlichen Bildern Eingang, nicht nur in die Volksnamen. Die für die Menschen so wichtigen Bäume, zentrale Punkte der sich formenden Gesellschaft, sind klassische Beispiele dafür. Der »Stammeskult« war ebenso selbstverständlich wie die Begriffe »Stamm der Franken« (oder Bayern) oder der »Familienstammbaum«. Man ordnete sich seiner Gruppe zu und diese einem die Landschaft beherrschenden Baum, der zum Symbol der Gemeinschaft wurde.

In der bilderreichen Sprache der orientalischen Völker sind Vergleiche mit Pflanzen noch viel häufiger als in den europäischen Sprachen. Vor allem in Ostasien, in China und Japan, wo eine streng ritualisierte Gesellschaft durch ihre Religionen in einer sehr engen Naturbeziehung lebte, kam es zu ausdrucksstarken Symbolbildungen für Pflanzen, die in die Namensgebung, aber auch in alle Lebensbereiche hineinreicht. Dabei zeigt sich, daß auf Grund der unterschiedlichen philosophischen Sichtweisen dort pflanzliche Eigenschaften zu Symbolen genutzt werden, die den europäischen genau entgegengesetzt sind, zum Beispiel bei Chrysanthemen. Andere Blumen, wie Orchideen, haben weltweit dieselben symbolischen Bedeutungen gewonnen, ganz gleich, ob es sich um die Alte oder um die Neue Welt handelt.

Die Seelen der Menschen sind weit, in der ganzen Welt suchen sie Ausdruck für Gefühle, die oft sehr verschiedenartig sind. Einer der acht Sprüche des Ptolemaios Claudius (2. Jh.) war: »Die Weisheit ist ein Baum, der im Herzen wächst und dessen Früchte auf der Zunge sind.«

DIE PFLANZEN

AKELEI · *Aquilegia spec.* · *Ranunculaceae*

Symbol für: Dreieinigkeit. Demut. Anbetung. Hilfe Gottes. Heiliger Geist. Sexualkraft. Im-Stich-Lassen. Verlassener Liebhaber. Unbeständigkeit.

Attribut von: Freyja als Göttin der Liebe, Elfen, Venus, Sonne, Stier, Maria, Jesus, (GB) St. Markus (Löwe), St. Johannes (Adler).

Volksnamen: (D) Elfenhandschuh, Frauenhandschuh, Venuswagen, ahd.: agaleia, (Bayern) Fünf Vögerl zsamm, (GB) herba leonis, columbine, doves in the ark, fool's cap, (F) anchois, (CH) Manzelesblume, Schlotterhose.

Redewendungen: »Ein junger und kühner Mann ist mir lieber, als ein feiger und reicher« (Blumensprache).

Deutlicher noch als bei anderen Pflanzensymbolen sind die Bedeutungen gegensätzlich. Auf der einen Seite »Demut«, »Anbetung«, die man in dem gesenkten Blütenkopf erblickt, die »Sorgen der Jungfrau Maria«, die man in dem französischen Namen »Ancholie« als Verkürzung von »Melancholie« sah, auf der anderen Seite »Sexualkraft«, »Unbeständigkeit«, »Verlassener Liebhaber«. Einerseits das Attribut der alten germanischen Fruchtbarkeitsgöttin Freyja und von Venus, auch der Sonne und des Stieres, andererseits von Maria und Jesus und dem Heiligen Geist.
Die Volksnamen zeigen ein ähnliches Gespaltensein: »Elfenhandschuh« – »Handschuh unserer lieben Frau«, »Gotteshut« – »Manzelesblume«, »Columbine« (Taube) als Symbol des Heiligen Geistes – »Schlotterhose« in der Schweiz.
Fast alle diese Begriffe für die über fast die gesamte nördliche Erdhalbkugel verbreitete Pflanze wurzeln in der genauen Betrachtung der ungewöhnlich geformten Blüten, die bei fast allen Arten der Gattung mit langen Spornen versehen sind. In der Zeit der exakten botanischen Wissenschaft beschrieb erst Linné, daß im äußersten Ende dieser langen Sporne der Nektar aufbewahrt wird. Nur Insekten mit einem besonders

langen Rüssel sind in der Lage, ihn zu erreichen. Dabei erfolgt zugleich die Bestäubung. (Es soll nicht verschwiegen werden, daß erfindungsreiche Insekten gelegentlich den Sporn von außen aufbeißen und den Nektar stehlen.)
Ohne Zweifel entdeckten diesen raffinierten Blütenbau bereits die frühen Völker durch genaue Beobachtung in der Zeit, als Symbole geprägt wurden. Lange vor dem Christentum galt die zarte Blüte als Aphrodisiakum der Männer. In Europa waren vor allem die Samen Bestandteil vieler Hexensalben. Doch auch die Meskaki-Indianer Nordamerikas kochten aus Ginseng, Glimmererde, Schlangenfleisch, Gelatine und Akelei einen Liebestrank. Auf beiden Seiten des Atlantiks muß die Sache wirksam gewesen sein, denn bald hieß es, die Akelei verleihe Löwenkräfte, was sich dann zu der Behauptung wandelte, das Kraut sei die Lieblingsspeise der Löwen, obwohl beide kein gemeinsames Verbreitungsgebiet haben. Was davon blieb, ist der englische Volksname »Herba leonis«, während man in Italien Akelei vielleicht am deutlichsten mit »amor nascosto« = geheime Liebe bezeichnet.
Die sehr früh schon der Pflanze zugeschriebene Heil- und Schutzkraft ließ sie über lange Zeit hinweg zu einem Apotropäum werden. Im Paradiesgärtlein im Frankfurter Städel blüht die Akelei in der rechten unteren Ecke neben dem ohnmächtig auf dem Rücken liegenden Drachen.
Alle Pflanzenteile der Akelei wurden früher häufig in der Medizin gebraucht. Im Jahr 1606 erschien in Straßburg ein Medizinbuch »Horn des heyls Menschlicher Blödigkeit oder Kreutterbuch nach rechter Art der Himmlischen Einfließungen beschrieben durch Philomusum Anonymum«. Darin werden 273 Anwendungsmöglichkeiten der Akeleipflanze beschrieben. Unter anderem heißt es: »es ist gut hitzigen Leuten, die gerne zürnen«. Zum gleichen Zweck nutzten auch die Indianer Akelei. Heute stehen die Pharmakologen auf dem Standpunkt, daß die in der Akelei enthaltenen zyanogenen Glykoside in ihrer chemischen Struktur noch unvollständig bekannt, aber giftig sind. Man sieht in ihr nicht mehr eine Pflanze von medizinischem Interesse.
War es das 3mal3mal3 geteilte Blatt oder die elegante, graphisch gut darstellbare Blüte, die mittelalterliche Mystiker

veranlaßte, die Akelei neben Lilien und Rosen zu einer heiligen Pflanze werden zu lassen, einem Symbol der Jungfrau Maria, Jesu und der heiligen Dreieinigkeit? Heute weiß niemand mehr zu sagen, ob mit dem Dreiblattornament der gotischen Kirchenfenster Klee oder Akelei gemeint war.

In Großbritannien (heimisch ist sie nur in Schottland) sah man in den gespornten Blütenblättern, wenn man sie einzeln betrachtete, die Figur von Tauben und gab ihr den Namen »Columbine«. So trat die Blume an die Stelle des Tiersymbols für den Heiligen Geist. Die in der jüdischen Kabbala wurzelnde christliche Zahlensymbolik zeigt sieben geöffnete Blüten als Signatur für die sieben Kardinaltugenden des Geistes: Weisheit, Verstand, Rat, Stärke, Erkenntnis, Frömmigkeit und Furcht des Herrn (Jesaja 11,2).

Auf vielen Altarbildern des 14. und 15. Jh.s wurde die Akelei vor allem im rheinischen Raum als Objekt der Anbetung oder deren Zeichen gemalt. Offenbar angeregt durch den italienischen Volksnamen waren Leonardo da Vinci und seine Schüler mutig genug zu anderer Sichtweise. Leonardo malte Akelei neben Bacchus, und auf einer nicht erhaltenen Zeichnung, deren Kopie in der Bibliothek von Schloß Windsor aufbewahrt wird, zeigt er Akelei neben Leda mit ihren Kindern. In der Eremitage in St. Petersburg hängt ein Bild, das sein Schüler Fransco Melzi malte: eine verführerisch schöne Frau mit entblößter Brust, in ihrer Hand eine Akelei mit einer geöffneten Blüte und zwei hängenden Knospen. An der Mauer hinter ihr rankt ein efeublättriges Leinkraut (*Cymbalaria muralis*), das im Code Rinio als umbilicius veneris – als Nabel der Venus – bezeichnet wird. Das ganze Bild eine jubelnde Bestätigung geheimer Liebe, amor nascosto!

Lektüre: 2, 7, 9, 14, 18, 34, 37, 40, 44, 55, 78, 80, 85/2, 95, 99, 104, 109, 110, 111, 115, 141

ANEMONE · *Ranunculaceae spec.*

Symbol für: Erwartung und Hoffnung. Enttäuschung und Vergänglichkeit. Passion Christi. Blut der Heiligen.

Attribut von: Adonis, Elfen, Boreas, Venus, Hermes.

Volksnamen: (D) Buschwindröschen, (GB) windflower, granny's nightcup, (CH) Geißemaie, (GR) Adonisblut, (L) Blutstropfen Christi.

Die ersten Frühlingsblüten sind immer von besonderer Hoffnung und Liebe umgeben, starke Kräfte scheinen in ihnen zu wohnen. Zugleich symbolisiert ihre kurze Blütezeit die schmerzliche Vergänglichkeit alles Schönen. Immer wieder hat ihre empfindlich wirkende Gestalt Poeten bewegt: Buschwindröschen. / Du Mädchen – nein, Seele nur / In blassem Mädchengesicht; / Aufblick aus Hauch und Spur / Aus Sternenlicht. / (Josef Weinheber) Ihren Namen haben sie vom griechischen »anemos« = Wind. Venus soll sie mit dem Blut ihres toten Geliebten Adonis rot gefärbt haben, der Wind die zarten Blütenblätter und Samen der Anemone mit sich tragen. Weit, fast über die ganze Erde, sind sie mit ihren verschiedenen Gattungen gereist, gleich Hermes, dem Götterboten – Amerika besiedeln sie von Alaska bis Feuerland. Von England wanderten sie über den ganzen europäischen Kontinent, um dann in sehr veränderten Formen in China und Japan anzukommen. Wo sie auftauchen, lieben die Menschen ihren zarten Schmelz. Diese Liebe übertrug sich in den christlichen Darstellungen auf Jesus und die Heiligen. Die Farbe der rot blühenden Anemonen symbolisiert hier das Blutopfer. Die meisten Anemonen enthalten das giftige Anemonol, das sie als Zauberkraut im Garten der Hekate wachsen ließ. Zusammen mit dem Inhaltsstoff Anemonin kann es schwere Darmentzündungen hervorrufen, außer bei Ziegen, was ihnen den Schweizer Volksnamen »Geißemaie« eintrug.

Lektüre: 1, 37, 81, 99, 123, 141

APFEL · *Malus spec.* · *Rosaceae*

Symbol für: Liebe. Verführung. Fruchtbarkeit. Weibliche Schönheit. Vollkommenheit. Weltall. Wort. Weltherrschaft. Überwindung des Todes. Rettung durch Christus.

Attribut von: Eva, Aphrodite/Venus, Hera, Demeter, Hesperiden, Nemesis, Freyja, Idun, Siwa, Abellio, Kaisern und Königen.

Volksnamen: (D) Apfel, (GB) apple, (L) Äppelter, hebräisch: Tappua, (T) Elter.

Redewendungen: »Malum ex malo« (Alles Unheil kommt vom Apfel). »Der Apfel, den Frau Eva brach, uns herzog alles Ungemach«. »Wenn du mit dem Teufel zum Apfelpflücken gehen willst, bist du um Apfel und Korb betrogen« (aus Litauen). »Der Apfel fällt nicht weit vom Stamm«. »In den sauren Apfel beißen«. »Der schönste Apfel hat oft einen Wurm«. »Zankapfel«.

Als eine der ersten Sammlerfrüchte hat der Apfel einen langen, von sehr unterschiedlichen Symbolbildungen begleiteten Weg hinter sich. Vieles, was heute in der Rückschau als »Apfel« bezeichnet wird, war wohl gar keiner. Auch die Sache im Paradies hat sich vermutlich mit einer anderen Frucht ereignet. Die Benennungen der Pflanzen wandelten sich oft, vor allem, weil in der frühen Zeit offenbar viele die gleichen Namen oder solche von sehr geringen Unterschieden trugen. So sind Apfel, Quitte, Granatapfel, selbst Feige, oft mit dem gleichen Namen benannt. Doch malus = böse blieb mit Eva verhaftet.

Botaniker haben nachgewiesen, daß im frühen Griechenland, in Israel und in der ägyptischen Hochkultur Äpfel in der uns bekannten Größe nicht vorhanden waren. Holzäpfel gab es in Italien bereits im Neolithikum, im nördlicheren Europa seit der jüngeren Steinzeit. Plinius (24-79 n. Chr.) hat dann schon dreißig Sorten Edeläpfel nebst den exakten gärtnerischen Vermehrungsmethoden beschrieben. Möglicherweise stammte dieses Wissen aus dem persischen Reich. Dort war der Apfel durch seine nahezu vollkommen runde Form schon lange Machtsymbol der Herrscher. Herodot (ca. 484-430 v. Chr.) berichtet vom Hof des Xerxes, daß von der Leibwache eintausend Mann, die dem Herrscher am nächsten standen, goldene Äpfel auf den Spitzen ihrer Speere trugen, neuntausend weitere Leibwächter trugen silberne Äpfel auf den Speerspitzen. Noch rund einhundert Jahre später hat dieses Machtsymbol Alexander den Großen tief beeindruckt, und er führte es sofort bei seinen »Kampfgefährten« ein. Bei uns hat der »Reichsapfel« als Symbol der Macht der Kaiser und Könige bis zum Ende der Monarchie die herrscherliche Würde demonstriert.

Die Hebräer nannten den Apfel »den Duftenden«, »den Hauchenden«. Den Orientalen ist der Duft einer Pflanze deren Lebensäußerung, wie das Atmen, das Sprechen die des Menschen. Durch Parallelisierung von Duft und Wort wurde der Apfel auch zum Symbol des Wortes, im Christentum: des Gotteswortes. Die Äußerung Salomos ist in dieser Weise zu verstehen: »Ein gutes, zur rechten Zeit gesprochenes Wort, ist wie ein goldener Apfel!«

Doch in erster Linie und bei allen Völkern und zu allen Zeiten war der Apfel Liebessymbol. Symbol einer werbenden Liebe, die erobern will, um zu besitzen.

Die Heiligen Haine Aphrodites waren häufig mit Apfelbäumen bepflanzt. Sappho aus Lesbos (ca. 630-590 v. Chr.) beschreibt eine solche Kultstätte: »Hierher aus Kreta, komm zu diesem Tempel, dem heiligen! Wo dir ein reizender schöner Hain steht von Apfelbäumen und Altäre, die beräuchert sind mit Weihrauch. Darin ein Wasser, kühl, das leise rauscht durch Zweige von Apfelbäumen. Von Rosen ist der ganze Platz rings beschattet, und herab von den leicht bewegten Blättern senkt schwerer Schlaf sich.« Im alten China hieß das Freudenviertel »Pingkang« = Apfelbett.

In allen Kulturkreisen ist der Apfel Attribut jener Göttinnen, die für die Liebe und Fruchtbarkeit zuständig sind. Aphrodite und Venus, Frigg und Idun, bei den Wenden Siwa.

Auch Maria mit dem Christuskind hält oft einen Apfel oder reicht ihn ihm. Dabei ist außerhalb der christlichen Religion gerade die Gabe oder Annahme eines Apfels von besonderem Sinngehalt. Noch heute ist von China bis Europa, von Amerika bis Australien das Schenken oder gar Werfen, das Annehmen oder gar Auffangen eines Apfels eine klare Anfrage und Antwort, ein eindeutiges Symbol. Bei Aristophanes (geb. ca. 445 v. Chr.) wird gewarnt, in das Haus der Tänzerinnen zu gehen, damit man nicht von den Hetären mit Äpfeln beworfen und so zur Unzucht aufgefordert würde. Ein mittelalterliches Wort sagt: »sie hat des Apfels Kunde nit« – es meint, das Mädchen ist noch Jungfrau. Der Befund war meist klar und kaum ein »Zankapfel«.

Doch immer schon hatte es religiöse Gruppierungen gegeben, die sich von sinnlicher Lust frei hielten. Die zu Eleusis die Einweihung begehrten, mußten sich im Jahr der Vorbereitung des Apfelgenusses enthalten.

Schwierig wurde für die christliche Kirche, die das Wissensmonopol für sich beanspruchte, die Umdeutung dieser tief verwurzelten Symbole, besonders wenn sie von solch erotischer Kraft wie der Apfel waren. Es wurde ein langwieriger Prozeß. Dem Reichsapfel konnte man ein Kreuz auflöten, und, der ihn trug, war damit ein »allerchristlichster Herrscher«, aber fast jeder weitere Schritt der Umdeutung wurde komplizierter. So ließ Karl der Große in Magdeburg ein Bild der Frigg zerstören, auf dem sie einen Myrtenkranz trug und in der linken Hand drei goldene Äpfel hielt. Hinter der Göttin standen drei verschleierte Mädchen, jedes trug einen Apfel in der Hand.

Doch hatten in Europa (vor allem bei den Kelten) die Äpfel immer den Ruf, magische Kräfte zu besitzen, ewige Jugend zu verleihen und zu helfen, den Tod zu überwinden. So wurden sie zum Symbol spirituellen Wissens und der Heiligkeit der Frucht. Es gibt in der keltischen Mythologie Avalon, das Apfel-Land, in dem Zustände wie im Schlaraffenland herrschen. Die Insel liegt im Westen gegen Sonnenuntergang und ist die keltische Anderswelt, eine Zwischenwelt, ein Reich der ewig jugendlichen Götter und glücklichen Menschen – eine Insel der Äpfel, die man schenkt und annimmt.

Lektüre: 1, 2, 17, 23, 26, 54, 78, 102, 109, 123, 133, 138, 141

ARONSTAB · *Arum maculatum* · *Araceae*

Symbol für: Auferstehung. Hingabe. Penis. Verführung.

Attribut von: Maria.

Volksnamen: (D) Zehrwurz, Zeigkraut, Pfaffenpint, Priesterpinsel, (GB) cuckoo-pint, lords and ladies, angels and devils, (CH) Rute, (NL) papen kullekens.

Den deutschen Namen Aronstab erhielt die Pflanze ihres kolbenförmigen Blütenstandes im weißlichen Hüllblatt wegen, der in der christlichen Symbolik auf den grünen Stab Arons und damit auf die Auferstehung verweist. Im Mittelalter wurde der Aronstab trotz seiner drastischen Volksnamen zum Marienattribut erhoben. Die originellen Vergleiche gerieten im Volkswissen jedoch nie in Vergessenheit, Form und Blütezeit im frühen Frühling machten die Pflanze für den Liebeszauber geeignet und ließen sie zum Symbol sexueller Leidenschaft werden. In Deutschland gab es den Spruch: »Zehrwurzel, ich zieh dich in mein Schuh, ihr Junggesellen lauft mir alle zu.« In England sagt man: »I place you in my shoe, let all the young girls be drawn to you.«
Sollte dazu auch das durch Beobachtung gewonnene Wissen beigetragen haben? *Arum maculatum* gehört zu den »Kesselfallenblumen«. Der untere Teil des Blütenkolbens ist von einem dichten Pelz von Borstenhaaren umgeben, deren Spitzen abwärts weisen. Die Blüte verströmt aus ihrer Tiefe einen intensiven Aasgeruch, der bestimmte Insekten anzieht, die auf den glatten Borstenhaaren in die Kesselfalle rutschen, wo ihnen der Nektar angeboten wird. Ist die Befruchtung erfolgt, vertrocknen die Borstenhaare und geben nach einiger Zeit den Rückweg frei.

Lektüre: 1, 2, 17, 52, 102, 123, 141

ARTEMISIA · *Artemisia spec.* · *Compositae*

Symbol für: Abwehr alles Bösen. Teufel austreibend. Gesundheit. Entzücken an der Liebe. Bitterer Schmerz. Leid. Eine der acht Kostbarkeiten des Buddhismus. Eingeweiht-Sein.

Attribut von: Maria, Artemis als Geburtsgöttin, Hetären, Wischnu und Schiwa, Isis als Göttin der Magier, Diana als Mondgöttin, Buddha.

Volksnamen: (D) Beifuß, Eberraute, Wermut, Estragon, Fliegenkraut, Jungfernkraut, Kindelkraut; ahd.: pipoz, beipoß, (GB) mugwood, mugwort, wormwood, sailor's tobacco, (F) garderobe, (CH) St.-Johannis-Gürtel, (A) Herrgotthölzl, (I) erba di St. Giovanni, (DN) Burggras (Bauchgras!).

»Wer Beifuß im Haus hat, dem kann der Teufel nichts anhaben!« Nur ganz wenige Pflanzen haben in ihrem gesamten Verbreitungsgebiet einen so guten Ruf als Helfer der Menschen! Dabei macht der Beifuß (Bei-Fuß!) seinem Namen alle Ehre. Er ist weit, fast über die gesamte nördliche Halbkugel und noch darüber hinaus, gewandert, bis Bali, Java, Nord-Afrika, und gehört zu den ganz wenigen Heilkräutern der Eskimos bis Alaska. Fast in allen Regionen der Heimatländer wurden die Mitglieder der *Artemisia*-Gattung den Göttern zugeordnet und genossen religiöse Verehrung.
Der Name *Artemisia* kann verschiedene Herkünfte haben, dürfte aber über Artemis als Geburtsgöttin weiter zurückreichen zu Eileithyia, einer vorgriechischen Geburtsgöttin, die von den Griechen mit Artemis, gelegentlich aber auch mit Hera gleichgesetzt wurde. Von den zahlreichen pharmakologischen Wirkungen, die den *Artemisia*-Kräutern zugeschrieben wurden, dürften die in der Frauenheilkunde als Abortivum bzw. geburtshelfende Räuchermittel die wichtigsten gewesen sein, die sich auch heute noch bewähren.
Darüber hinaus wurde diesem helfenden Kraut eine große Wirkung als Aphrodisiakum zugemessen, was es zum Attribut der Hetären avancieren ließ. Auf Java und Bali werden die Blätter unter den Namen Panderman oder Pademy-der-

man zur Steigerung ehelicher Freuden verwandt. In Posen trugen sie heiratslustige Witwen mit sich, in vielen Ländern wurden sie vor dem Kirchgang im Schuh der Braut versteckt. In alten Kräuterbüchern wird *Artemisia vulgaris* als »Sonderlich Frawenkraut« bezeichnet. In der amerikanischen Prärie bis in die südlichen Anden nutzen die Indianer den dort als »sage« bekannten heiligen Steppenbeifuß *Artemisia ludoviciana* nicht nur bei Frauenleiden, sondern ähnlich den Eskimos, bei denen *Artemisia tilesii* wächst, auch gegen Rheuma und Erkältungskrankheiten. Eine Nymphe soll in Schottland einst vor dem Fenster einer Familie in Galloway, deren Tochter lungenkrank war und an deren Rettung jeder zweifelte, gesungen haben: »Ihr laßt sterben das Mädchen in eurer Hand, / Und doch blüht Mugwurz rings im Land.« Natürlich wurde die Schöne gesund.

Die Nutzung als Heil- und Zauberkraut, wie die religiöse Verehrung, die man dem Kraut zollte, mußten zwangsläufig die frühen Christen mißtrauisch machen. Sie versuchten es zwischen dem 4. und 8. Jh. in ein Symbol der falschen Lehre, der Ungerechtigkeit und Plage zu wandeln. Doch als man feststellte, daß Beifuß sogar ein ideales Mittel gegen Motten und andere tierische Kleiderschädlinge ist (was ihm im Alt-Französischen den Namen Garde-robe = Kleiderwächter eintrug), mußte man sich zu einer stillen Rehabilitierung entschließen und gestand ihm ganz allgemeine apotropäische, das Böse (einschließlich den Teufel und andere schlimme Geister und Hexen) abwehrende Eigenschaften zu. Im Zeitalter der Marien-Verehrung wurde der universelle Helfer in weiblichen Nöten ganz selbstverständlich zum Marien-Attribut.

Eine Sonderstellung nimmt innerhalb der *Artemisia*-Symbolik der Wermut, *Artemisia absinthium*, ein. Sein intensiv bitterer Geschmack ließ ihn zum Sinnbild des Leides, der Traurigkeit, des Schmerzes und des Todes werden. Abbot Absalom vergleicht ihn mit dem Entzücken auf dieser Welt: süß zu Beginn, aber gefolgt von Schmerzen und Verlust.

Diese Erkenntnis hat sich in vielen Redewendungen erhalten: »Ein Wermutstropfen in den Kelch der Freude«, »Ein Wermutstropfen in den süßen Wein«. Als Zeichen des bitteren Schmerzes heißt es in den Klageliedern des Jeremias: »Gedenke doch, wie ich so elend und verlassen mit Wermut und Galle getränkt bin.« Häufig wurde Wermut als Trauer-Symbol auf die Gräber geliebter Toter gepflanzt. Unter der Verwendung einer Verszeile des Ovid reimte Hölty: »Vier trübe Monde sind entflohn, / Seit ich getrauert hab'; / Der falbe Wermut grünet schon / Auf meiner Freundin Grab.«

Pharmakologisch enthalten fast alle *Artemisia*-Arten ein ätherisches Öl: Thujon. Die moderne Forschung hat bestätigt, daß es wurmtötende, toxische, psychodelische, abortive, narkotische und antidotische Wirkungen hat. Je nach Dosierung und Gebrauch. Die umfangreichste Verwendung fanden die zahlreichen in Ostasien beheimateten Artemisien in China. »Moxen« nennt man dort ein Räuchern mit einer *Artemisia*-»Zigarre«, die in der Nähe der Akupunkturpunkte des erkrankten Organs etwa zwanzig Minuten lang langsam hin- und herbewegt werden, meist mit erstaunlichen Heilungserfolgen. Das Hausmittel genießt in allen chinesischen Familien große Verehrung.

Das *Artemisia*-Blatt zählt außerdem zu den acht höchsten Kostbarkeiten des Buddhismus. Über die apotropäische Wirkung hinaus hat es dort auf einer zweiten, höheren Ebene eine noch geheimnisvollere Bedeutung. Die buddhistischen Novizen erhalten bei den Initiationsriten mit zigarettenartig gerollten glimmenden Artemisia-Blättern sieben Brandmale auf den Hinterkopf als Zeichen ihrer Einweihung. So verrät ein Artemisia-Blatt, das als Architektur-Element in China häufig Fenster oder Türen ziert, dem Kundigen, daß hier Eingeweihte – Menschen, die wissen – leben.

Lektüre: 1, 2, 10, 23, 41, 54, 61/1, 61/9, 80, 81, 102, 107, 123, 130, 134, 141

BALDRIAN · *Valeriana officinalis* · *Valerianaceae*

Symbol für: Abwehr von Hexen und Teufeln und des Bösen allgemein.

Attribut von: Gott Balder, Wieland dem Schmied als Heilkundigem.

Volksnamen: Katzenkraut, Hexenkraut, Balderbusch, Baldrian, Wielandswurzel, Odoljan (serbisch, von odoljeti = überwältigen).

Redewendung: »Er streicht um sie wie eine Katze um den Baldrian.«

Otto Brunfelds schreibt (1530) in seiner Kräuterkunde über destillierten Baldrian: »Macht holdtselig, eyns und fridsam, wo zwei des Wasser drinken.« Ein geheimes Liebesrezept des späten Mittelalters riet: »Nimm Baldrian in den Mund und küsse die, die du haben willst, sie wird dir gleich in Liebe gehören.«
Ob der Name mit Balder, dem Lichtgott und einzigen Sohn der germanischen Göttermutter Frigg zusammenhängt, ist noch nicht endgültig geklärt. Da das Kraut immer als Hexen und Teufel abwehrend galt, als gut gegen alles Böse, ist es aber wahrscheinlich. Die stark entspannende Wirkung macht es bis heute zu einem Volksheilmittel gegen mancherlei Krankheiten, vor allem psychisch bedingte. Seit dem 5. Jh. v. Chr. fehlt er in keinem Heilpflanzenbuch. Der indische Nardenbaldrian – *Nardostachys jatamansi Valerianaceae*, der im Unterschied zu *Valeriana officinalis* einen angenehmen Duft hat, lieferte das in der alten Welt sehr gesuchte, außerordentlich kostbare Nardenöl, mit dem Maria Magdalena Christus die Füße salbte. Baldrian ist daher auf vielen Tafelbildern der Renaissance zu sehen, oft sehr exponiert im Zentrum.

Lektüre: 9, 109, 123, 141, 142, 144

BINSE · *Juncus spec.* · *Juncaceae*

Symbol für: Bescheidenheit. Demut. Schwäche. Hinfälligkeit. Unbeständigkeit.

Attribut von: armen Leuten.

Volksnamen: (D) Simse, semde, Rusche, Rische, Julhalm (germanisch), (L) Moukegras.

Redewendungen: »Knoten an der Binse suchen«. »Binsen knikken vom Atem, Eichen brauchen Sturm«. »Er läßt den Kopf wie eine Binse hängen«. »Das geht in die Binsen«. »Binsenweisheit«. »Kinder der Binsen«.

Wer Knoten an der Binse sucht (nodum in scirpeo quaerere), versucht, Schwierigkeiten zu finden, wo keine sind, denn von allen Gräsern unterscheiden sich die Binsen gerade dadurch, daß sie keine Knoten haben. Das macht sie für viele Flechtarbeiten ideal, verleiht ihnen aber auch eine Instabilität, die sie zum Symbol der Schwäche, Hinfälligkeit und Unbeständigkeit werden ließ.
Hrabanus Maurus schreibt, daß die Binsen biegsam, nachgiebig und bescheiden seien, sie wüchsen am Rand der Seen und beanspruchten keinen Platz (keinen eigenen Acker) und seien daher ein Symbol der Bescheidenheit. Er vergleicht ihr bescheidenes Dasein mit den göttlichen Prinzipien der christlichen Kirche.
Viele Symbole, auch Sprichworte, zeigen die Binsen Europas als Erntepflanzen armer Leute. Sie wachsen an den Rändern von Seen und Teichen und waren fast immer frei zur Ernte für alle. Man brauchte nicht zu säen, nicht zu pflegen, nur zu ernten. »Kinder der Binsen« kann sich darauf beziehen, daß früh schon die Kinder armer Leute bei der Ernte der leichten Binsen zupacken mußten und so der Name einer ganzen Schicht sich prägte. Die »Binsenwahrheit« ist so simpel, daß es nicht lohnt, darüber zu diskutieren. »In die Binsen gehen« ist Teil der Fischersprache – die Reusen wurden im flachen Bereich der Seen zwischen den Binsen auf-

gestellt, und wer sich als Fisch oder Ente darin verfing, mußte sterben.
Mit dem Schwanken der Binse, ihrer Instabilität lassen sich auch manch negative menschliche Charakterzüge verdeutlichen: Die Binse gibt keinen Halt, wenn man nach ihr greift. Im Christentum war sie daher lange ein Symbol der Unzuverlässigkeit. Man sagte, Hexen und Alben benutzten sie bei ihren nächtlichen Ritten als Gerte.

PAPYRUS · *Cyperus papyrus* · *Cyperaceae*
Symbol für: Unterägypten; zusammen mit *Nymphaea lotus*, der Oberägypten symbolisiert: Hieroglyphe für Einheit des Ägyptischen Reiches.

Der Papyrus, eine tropische Binse, wurde nicht nur zum Symbol seines Landes (Unterägypten), er hat entscheidenden Anteil an der Entwicklung der menschlichen Kultur. Er ist, wie man heute weiß, in Ägypten gar nicht beheimatet, muß dorthin in einer sehr frühen Zeit eingeführt worden sein und wanderte weiter nach Syrien und Israel. Die Ägypter begannen etwa vom Jahr 2750 v. Chr. an, aus dem weißen Mark der bis zu 10 cm dicken Stengel Papier herzustellen. Die grüne Hülle der dreikantigen Halme wurde abgeschält, das Mark in lange Streifen geschnitten, mit einem Klebstoff verbunden, gepreßt und getrocknet. Die Ägypter glaubten, daß ihr Gott Thoth ihnen die Schrift geschenkt habe und hielten alle geschriebenen Zeilen für Gottesworte.
Im Griechischen hieß die Papyruspflanze Byblos. Die beschrifteten Papyrusrollen nannte man Biblia, eine Bezeichnung, die uns bis heute für die Heilige Schrift der Christen geblieben ist.
Die Verwendung der im Vergleich zur europäischen Binse viel festeren Halme war entsprechend vielseitiger. Neben dem Papier wurden Kästen daraus hergestellt, Matten, Seile, Boote, Fässer, Hütten, selbst Schuhe und andere Kleidung.
Im 2. Buch Mose 2,3 steht: »Und da sie ihn nicht länger verbergen konnte, nahm sie ein Kästlein von Rohr, verklebte es mit Asphalt und Pech und legte das Kind darein.«
Papyrus war ohne Zweifel über Jahrtausende hin einer der

wichtigsten Handelsartikel Ägyptens. Daß er es als eine nicht einheimische Pflanze vermocht hatte, zum Symbol eines Landesteiles zu werden, ist vermutlich in diesem großen wirtschaftlichen Nutzen zu sehen, den er dem Reich brachte. Aus einer späten Zeit, der des Kaisers Aurelian (3. Jh. n. Chr.) ist überliefert, daß Firmius, der Vorsteher der Händler Ägyptens, sich rühmte, in der Lage zu sein, durch seinen Handel mit Papier und Leim (vermutlich Gummiarabikum) ein ganzes Kriegsheer zu ernähren.

Bedenkt man, daß trotzdem der damalige wirtschaftliche Wert des Papyrus letzten Endes minimal war – im Vergleich zu den kulturellen Werten, die mit Hilfe dieser Pflanze geschaffen und erhalten wurden –, so kommt es ihm zu Recht zu, das Symbol des stolzen Landes Unterägypten gewesen zu sein.

Lektüre: 17, 54, 57, 65, 80, 101, 102, 111/1, 123, 131, 133, 141, 144

BIRKE · *Betula spec.* · *Betulaceae*

Symbol für: Leben. Junge Weiblichkeit. Schönheit. Glücklichsein. Frühling. Beginn. Licht. Widerstandskraft. Schutz vor Hexen. Tapferkeit gegen Kälte.

Attribut von: Hexen, Thor, Frigg, Venus (astrologisch).

Volksnamen: (D) Maien, Wunnebaum, ahd.: birihha, birka, (GB) lady of the woods.

Den Nord- und Osteuropäern bedeutet die Birke das, was den Deutschen die Linde ist: Baum des Lebens, der Liebe, weiblicher Schönheit und des Glücklichseins. Er ist der Weltenbaum des Schamanismus.

Betula pendula besiedelte nach der letzten Eiszeit als erster Waldbaum die nördlichen Gebiete Europas. Etwa zehntausend Jahre ist das her. Viel später erst kam der Mensch in diese Gebiete und fand überall dort, wo es extrem kalte Winter gab (in Sibirien, in Norwegen, Alaska), Birkenwälder vor. So wurden sie ihm zum Symbol des Baumes an sich, des geheiligten, helfenden Baumes. Die Bildnisse des Thor waren meist aus Birkenholz geschnitzt, Symbol seiner Kraft im Blitz, aber auch der Kraft des Baumes gegen fast alle Widrigkeiten.

Birken haben ausgesprochen kolonisatorische Fähigkeiten. Das ist zum einen begründet in ihrer Anspruchslosigkeit an die Bodenqualität, ihrer Durchsetzungskraft gegen Konkurrenzpflanzen (sie nimmt selbst den Kampf gegen das zähe Heidekraut auf), der Kälteresistenz, aber vor allem durch ihr raffiniertes, verschwenderisches Geschlechtsleben. Der Birkenpollen besitzt, gleich dem einiger anderer Pflanzen (wie Spargel, Tabak, Rübe) die Fähigkeit, durch einfache Keimung, ohne daß eine Befruchtung einer weiblichen Zelle erfolgt, neue Pflanzen zu bilden. Jede dieser Geschlechtszellen hat in ihrem Kern das gesamte Gen-Programm eines großen Birkenbaumes. Ein einziges Birkenkätzchen enthält über fünf Millionen solcher Pollenkörner. Jedes Korn hat in sich die Möglichkeit, ein neuer Baum zu werden. Statisch gesehen ist alles an der Birke dafür eingerichtet, die Pollen über weite

Strecken zu verteilen. Es ist der schlanke, rasch aufstrebende Wuchs, es sind die weichen, im Wind pendelnden Zweige, die den zarten Kätzchen einen doppelten Schwung zum Abflug ihrer Pollenkörner geben.

Als das Klima sich soweit verbessert hatte, daß auch Menschen in diesen Gebieten seßhaft wurden, waren die Birken Spender von Wärme, Licht und Schatten. Aus ihrer Rinde ließen sich wasserdichte Gefäße herstellen, man konnte sie beschriften, aus ihren Zweigen band man Besen für die Reinigung, die Fruchtbarkeitszeremonie und den Hexenritt! Ihr ganzer Habitus, der schlanke Wuchs, die im leichtesten Wind bewegten Zweige, die helle Borke, forderten zum Vergleich mit schönen jungen Frauen heraus.

»Birke, du schwankende, schlanke,
Wiegend am blaßgrünen Hag,
Lieblicher Gottesgedanke
vom dritten Schöpfungstag!

Sinnend in göttlichen Träumen
Gab seine Schöpfergewalt
Von den mannhaften Bäumen
Einem die Mädchengestalt.

Börries von Münchhausen

Wer im Frühling einen Maibaum vor die Tür oder auf das Dach des Hauses der Angebeteten stellte, beschwor ursprünglich den Baumdämon. Später erst vertrat der Birkenbaum den jungen Mann, und noch später wurde die Birke zum Symbol der jungen Frau. Doch immer war sie ein Zeichen der Werbung, ein Sinnbild der Sympathie. Denn: »Wem man nicht wohl will, dem steckt man keinen Maien«. Doch der sparsame Friedrich der Große erließ am 21. Juli 1747 ein Edikt, das das Abschlagen und Setzen von Maibäumen verbot, da der junge Wald wachsen müsse und wichtigeren Zwecken zu dienen habe!

Das entscheidende Symbol der Birke ist immer das des Beginns (oder Neubeginns), des Frühlings, des Lichtes, einer

Liebe. In Rom für die Einsetzung eines neuen Konsuls, der bei der Zeremonie grünende Birkenreiser trug und dessen Liktorenbündel aus Birkenästen geschnürt war. In England, wo die Birken um den 1. April austreiben, hat man diesen Termin als Beginn des Geschäftsjahres festgesetzt.

Immer ist die Birke vor allem ein Symbol der Kraft. In vielem Brauchtum ist der gewünschte Übergang dieser Kraft von den Birken auf die Menschen deutlich, auf ihre Gesundheit und ihren Erfolg in Liebe und Beruf.

Die Kraft der Birken sollte vor dem Treiben der Hexen schützen, aber sie wurden gerade von diesen, zusammen mit Ginster, für ihre Besen genutzt, und sie waren ein reines Zaubermittel. Ein keltischer Liebeszauber sagte: »Birkenpflock, pochender Daumen, durch die Kraft des Sagens, Birke, bring ihm Nachricht von Liebe; laut klopft das Herz.«

Finnen, Litauern, Polen ist die Birke nationales Pflanzensymbol, sie ist das Wahrzeichen von Estland, ein weltschöpferischer Baum. Als der finnische Nationalheld Wäinämöinen den Urwald rodete, um Ackerland zu schaffen, ließ er die Birken stehen »als Rastplatz der Vögel, wo der Kuckuck rufen könne«.

Lektüre: 1, 2, 20, 61/1, 86, 98, 102, 105, 109, 141

BIRNBAUM · *Pyrus spec.* · *Rosaceae*

Symbol für: Schutz. Zuneigung. Wohlgefühl. Hexen. Lebensbaum. (GB) Frucht für Herz, Blüte: für Gefühl, aber auch Hexen abwehrend. Baum des langen Lebens, aber auch Trauer und Trennung.

Attribut von: Venus und Aphrodite, Hera, Tantalos, Odin, Maria und Jesus.

Volksnamen: (meist für bestimmte Sorten), (D) Höltke, von holzig für die wilden Holzbirnen, Jungfernbirne, althd.: birboom, (GB) pear, (F) cuisse Madame, franc Madame, poire d'amour, (Japan) Nashi.

Die wilden Birnen sind den Menschen aus dem Paradies nachgezogen und daher überall verbreitet, sagte man früher. Tatsächlich ist ihr natürliches Vorkommen nur über den europäischen Kontinent, Rußland, Kleinasien bis Sibirien, China, Korea und Japan ausgedehnt. Lediglich über die Straße von Gibraltar haben sie einen kleinen Sprung gewagt und sich einen schmalen, kurzen Streifen Nordafrikas erobert.
Bei den Germanen besaß die Holzbirne eine tiefe religiöse Bedeutung. Meist standen die Bäume einzeln in der Feldflur als mächtige, bis zu fünfzehn Meter hohe, schlank ovale Schutzbäume. Birnen erreichen ein viel höheres Alter als die meisten anderen fruchttragenden Gehölze und waren oft Wirtspflanzen für die geheimnisvollen Misteln. Die Menschen sahen Götter oder rätselhafte Drachen in ihnen wohnen. Die Wenden bezeichneten mit dem gleichen Wort die Birne und die Drachen: Plonika.
Mit den Römern kamen, wie für viele andere Gartenerzeugnisse, Edelsorten und die Kunst des Pfropfens der Birnen nach Germanien. Wenig später folgten ihnen die christlichen Missionare. Sie sahen in den alten Feldbäumen der kleinfrüchtigen Holzbirnen, den heidnischen Göttern geweiht und verehrt, Symbole des Heidentums und daher eine Gefahr für ihren Glauben. Zahlreiche der prächtigen, sehr alten Birn-

bäume teilten das Schicksal der Eichen und wurden im Übereifer von den Missionaren gefällt.
Doch in manche Kloster- und Burggärten waren längst die Edelbirnen eingewandert. Sie konnte man in ihrer Symbolik absondern von den wilden Holzbirnen, von denen man predigte, daß sie nur Wohnstätten der Dämonen und bösen Geister seien. Angeblich wurde die Rinde in der schwarzen Magie genutzt. Die Früchte der Holzbirnen dienten den jungen Hexen als Übungsmittel; sie lernten als erstes, diese in Mäuse zu verwandeln, später lehrte man sie, selbst zur Birne zu werden.
Dafür konnten die köstlichen, weichen, saftigen Edelbirnen, die einst Aphrodite und Venus symbolisierten, spätestens im Mittelalter Maria und Jesus zugeordnet werden. Dazu trug wohl auch das reine Weiß ihrer Blüten mit den tiefroten Staubbeuteln bei. Die Blüten wurden Sinnbild der Jungfräulichkeit Mariens und des Blutes Jesu und die Früchte Sinnbild der Zuneigung und des Wohlgefühls.
In der Gotik, als das Schönheitsideal für weibliche Körper sich der Form der Birnenfrucht annäherte, fanden die Volkssprachen Europas köstliche, oft derb treffende Namen für die Früchte. »Jungfernschenkel«, »Wadelbirne«, »Liebesbirne« gehören zu den harmlosen. Bis in die moderne psychoanalytische Traumdeutung unserer Zeit wird die Birne wegen ihrer an weibliche Formen erinnernden Gestalt immer sexuell gedeutet.
China ist wohl das an Birnen artenreichste Land. Wegen des hohen Alters, das sie auch dort erreichen, sind sie der symbolische Baum (neben der Kiefer) für das begehrte »Lange Leben«. Aber das chinesische Wort für Birne ist Li; in einer anderen Tonhöhe ausgesprochen, bedeutet es Trennung. Der Frühling ist in China extrem kurz, vor allem im Norden wandelt der Winter sich fast übergangslos zum Sommer. So ist die Zeit der Baumblüte rasch vorüber. Reines Weiß, Zartheit und rasche Vergänglichkeit ließen die Blüten dort auch zu einem Symbol des Abschieds und der Trauer werden.
Etwa zur gleichen Zeit, in der im frühen China im »Buch der Lieder« ein Gedicht über den Birnbaum aufgezeichnet wurde, in dem er Trennung und Trauer symbolisiert, entstand in

Griechenland die Mythe des an einen Felsen geschmiedeten Tantalos. Seine Durstqualen wurden dadurch verstärkt, daß er ständig einen Baum voll edler, reifer Birnen sehen, sie aber nicht greifen und essen konnte.
Im 7. Gesang der Odyssee beschreibt Homer die Gärten des Alkinoos: »Außer Hofe liegt ein Garten nahe der Pforte, / Allda streben die Bäume mit laubdichten Wipfeln gen Himmel, / Voll balsamischer Birnen.«
Boden und Klima sind den Birnen in Griechenland günstig, die süßen Früchte müssen den Griechen geschmeckt haben, sie gaben dem Peloponnes den symbolischen Namen »Apia«, das Birnenland. Offenbar sind sehr früh durch Händler Zucht- oder Ausleseformen nach Griechenland gekommen, denn zur Zeit des Alkinoos soll es schon über zwanzig Birnensorten gegeben haben, unter denen man auswählte. Man kannte in der griechischen Hochkultur bereits die Technik der vegetativen Vermehrung durch Einsetzen von Edelreisern. Kenntnisse, die man über eintausend Jahre lang als Geheimwissen bewahren konnte.
Plinius d.Ä. beschreibt im 1. Jh. n.Chr. vierzig Sorten und sagt: »Von allen Birnen ist die Crustumian die beste.« Offenbar waren diese Sorten aber, ungekocht genossen, noch sehr schwer verdaulich, ein alter deutscher Spruch sagt: »Nach einer Birne: Wein oder den Priester.« Oder in England: »A Warden pie's a dainty dish, to mortify a witch« (eine Torte aus Warden-Birnen ist eine köstliche Speise, Hexen zu töten).

Lektüre: 1, 2, 25, 41, 80, 81 85/1, 102, 123, 141

BROMBEERE · *Rubus fruticosus* · *Rosaceae*

Symbol für: Tod und Teufel. Stimme Gottes. Göttliche Liebe. Goldenes Weltalter. Schmerz. Neid. Demut. Kummer. Reue.

Attribut von: St. Benedict, (GB) Christus und Maria.

Volksnamen: Brambeere, Kroatzbeere, (GB) bramble.

Redewendungen: »Wenn Gründe so wohlfeil wären wie Brombeeren.«

Plinius nennt sie »die Pest in der Sonne« – aber später gäbe die Natur zum Trost für die Schmerzen die guten Früchte.
Immer wieder taucht der Begriff »Dornbusch« in der Bibel auf. Der »Brennende Busch«, in dessen Gestalt sich der HERR Mose offenbart, das Opfer Isaacs wurde vor einem Dornbusch vollzogen, die Dornenkrone Christi – immer haben die europäischen Künstler in ihren Darstellungen Brombeerbüsche dafür gewählt, ganz gleich, welche botanische Gattung tatsächlich in der Bibel gemeint war. Seither werden sie auch im jüdischen Glauben als Symbol der Stimme Gottes und seiner Liebe zu den Menschen gesehen. Die christliche Kirche erhob sie zum Mariensymbol – wegen ihrer Bewehrung einerseits und dem köstlichen Schmelz ihrer Früchte andererseits.
Doch die europäischen Landwirte verfluchten sie wie Tod und Teufel, denn einmal im Acker eingenistet, war (und ist) es außerordentlich mühsam, sie wieder auszurotten.
Hieronymus Bock schreibt 1539 in seinem Kräuterbuch: »Amseln und Leute, die nichts besitzen und verdienen, suchen die Beeren.«
Brombeeren wurden über alle Zeiten hin pharmazeutisch genutzt gegen Husten, Hautausschläge und Darmerkrankung.

Lektüre: 1, 80, 81, 102, 137

BUCHSBAUM · *Buxus spec.* · *Buxaceae*

Symbol für: Unsterblichkeit. Tod *und* Leben. Ausdauer. Gesundheit. Treue Liebe. Liebesschmerz. Ewiges Leben durch Christus. Gnade. Gelassenheit.

Attribut von: Hades, Kybele, Merkur, Maria, Jesus Christus.

Volksnamen: (GB) box, (Judäa) Taschschur, (Japan) Tsuge.

Buchsbaum ist mit vielen Arten im südlichen Westeuropa, um das Mittelmeer, Kleinasien, Ostasien und Mittelamerika verbreitet. Seine immergrünen, ledrigen Blätter, sein gesunder Wuchs, der nach jedem Rückschnitt wieder neue Zweige treibt, machten ihn zum Symbol der Unsterblichkeit und treuer Liebe über den Tod hinaus. Er war in Griechenland Hades, dem schmerzenbringenden Gott der Unterwelt geweiht. Aber auch Kybele, jener wilden, kleinasiatischen, in Bergwäldern hausenden Muttergöttin, die mit einem Löwengespann durch ihr Reich fuhr, war er heilig. Im Christentum folgte ihr die sanfte Mutter Maria, und der Buchs wurde zum Symbol des ewigen Lebens durch ihren Sohn Jesus Christus.
Das Buch Jesaja (41, 19) zählt Buchs zu den schönen Bäumen und Gesträuchen, von denen der HERR sagt, daß er sie in der Wüste wolle wachsen lassen, damit alle sie sehen und sich zu Gemüte führen, daß solches der HERR getan hat.
Buchs muß in der Welt der Alten über seine Verwendung als Grabschmuck hinaus ein beliebtes Gartengehölz, aber auch ein Nutzholz gewesen sein. Aus Babylon gibt es einen Text, in dem sich ein König rühmt, alle Buchsarten der Welt gesammelt zu haben.
Das harte, feine Holz war für Flöten (im Griechischen der Name Buxus = Flöte), Werkzeuge, vor allem aber kultische Geräte, sehr begehrt. Auch die Pfeile des Gottes Amor waren aus Buchsbaumholz geschnitzt, aus dem Holz jenes Baumes, der dem Gott des Schmerzes heilig war.

Lektüre: 1, 24, 41, 80, 123, 137, 141

CHRYSANTHEME · *Chrysanthemum indicum hort.* · *Compositae*

Symbol für: Langes Leben. Heiterkeit unter schwierigen Bedingungen. Zurückgezogenes Leben. In-Ruhe-Genießen. Herbst. Totengedenken. Liebe über den Tod hinaus.

Attribut von: Japan, Japanischem Kaiserhaus.

Volksnamen: (GB) Michael's flower, (China) Goldblume, (Japan) Kiku.

Robert Fortune brachte Mitte des 19. Jh.s aus Japan die Chrysanthemen nach Europa. Rasch wurden sie ein Symbol des fernen Ostasien. Daß sie im Herbst in leuchtenden Farben in den Blumengeschäften und in Ausstellungen erschienen, war ein immer wieder erneuertes Wunder an rätselhafter Pracht. Sie waren ein Schmuck der großen Bälle, die man oft extra zu ihren Ehren veranstaltete, vor allem aber der herbstlichen Totengedenktage. Rilke schrieb: »Das war der Tag der weißen Chrysanthemen, mir bangte fast vor seiner Pracht.«
Damals waren sie fast die einzigen Blumen, die um diese Zeit noch blühten und die Tau, Nebel und vielleicht auch einen kleinen Nachtfrost vertrugen. So wurden sie als Novemberblüher rasch zum Sinnbild des Gedenkens an geliebte Verstorbene. Allenfalls solche mit kopfgroßen Blüten, zu empfindlich, sie im Freien aufzustellen, waren kostbare, fremdartige Repräsentationsgeschenke, als einzelne Blume der Hausfrau überreicht.
In ihrer Heimat China sind sie Künder des Herbstes und sein Symbol. Doch bei kaum einer anderen Blume wird so deutlich, daß die gleiche Eigenschaft in einer anderen Kultur zu völlig unterschiedlichen Bewertungen führen kann. Als erstes ist sie dort ein Symbol des »Langen Lebens« – einem der wichtigsten Wünsche der Chinesen. Eine mögliche Erklärung ist, daß man am 9. Tag des 9. Monats des chinesischen Kalenders den Chrysanthementag begeht, von der ganzen Nation gefeiert. Neun heißt auf chinesisch »chíu«, lautgleich mit »chiu« – lange Zeit, daher »Langes Leben«. Zahlreich sind die Legen-

den, in denen man durch Verspeisen von Chrysanthemenblüten ein hohes Alter erreicht, auch durch ihr intensives Betrachten, oder indem man in einer Landschaft lebt, in der besonders viele Chrysanthemen wild wachsen.
Seit dem berühmten Gedicht des Tao Yuanming (365-427) wurden sie zum Symbol des einfachen Lebens in selbstgewählter Abgeschiedenheit: »Wenn das Herz sich entfernt hat, / dann folgt der Ort ihm nach. / Am Zaun im Osten pflücke ich Chrysanthemen / und betrachte die fernen Gipfel im Süden.« Aber die wohl wichtigste Bedeutung ist die, »die Schönheit zu bewahren in den Schwierigkeiten der Welt« – und Zeichen der Kraft zu sein: mit dem Blühen zu beginnen, wenn alle anderen Pflanzen sich zurückziehen.
In Japan, wohin Chrysanthemen im 4. Jh. aus China eingeführt wurden, sind die »Kiku«, die sechzehnpetaligen Chrysanthemen, seit dem 12. Jh. Symbol des Landes und des Kaisers. Damals verbot der Kaiser dem einfachen Volk, sie zu ziehen, die Blume war ein reines Machtsymbol.
Auf japanischem Kunsthandwerk erscheint häufig eine gefüllte Chrysanthemenblüte im Zusammenhang mit Wasser. Dies symbolisiert Vasallentreue und Ergebenheit gegenüber dem Herrscher. Der Hintergrund ist ein Ereignis, bei dem Kaiser Go Toba seinem im Kampf bewährten Vasallen Kusunoki Masashige als ganz besondere Auszeichnung eine Schale mit Sake überreichte, darin eine Chrysanthemenblüte schwamm. In Japan trinkt am Chrysanthemenfest, das wie in China am 9. Tag des 9. Monats gefeiert wird, fast jeder Japaner aus einer Sake-Schale, in der eine Chrysanthemenblüte schwimmt.
Seit der Mitte des 20. Jahrhunderts heißt es bei den Gärtnern aller Welt: »Chrysanthemum year round.« Damals haben einige botanische Institute ihr Augenmerk auf Lebens- und Wachstumsrhythmen der Pflanzen gerichtet und dabei entdeckt, daß Chrysanthemen (auch Astern) an Tagen mit vielen Lichtstunden in die Länge wachsen; werden die Tage, etwa ab August, merklich kürzer, stellen diese Herbstblüher ihre Chemie um, das Längenwachstum hört fast gänzlich auf, und die Pflanzen beginnen, Knospen anzulegen. Nachdem dies erst einmal entdeckt war, konnte man leicht den Tag ver-

kürzen, indem man die Gewächshäuser verdunkelte. Die Pflanzen erhalten nur etwa 9 Stunden Licht, die restlichen 15 Stunden ist Nacht um sie, und sofort beginnen sie, ihre geschlechtliche Vermehrung vorzubereiten. Sind die Knospen erkennbar angelegt, ist es sogar qualitätsfördernd, die normale Tageslichtmenge wieder zu geben. Gerade ihre absolute Spezialisierung hat die Pflanze so leicht manipulierbar gemacht in der Hand derer, die ihr Geheimnis erkannten.

Aber zunächst waren diese Chrysanthemenblüten im Frühling und Sommer praktisch unverkäuflich. Ihr Symbol »Herbstblume«, »Friedhofsblume«, war so fest geprägt, daß das Publikum sie ablehnte. Gerade noch für Trauerspenden konnten die Blumengeschäfte sie verarbeiten. Erst als die Züchter sich einschalteten und ganz neue, ungefüllte, margeritenblütige Sorten in zarten Pastellfarben auf dem Markt erschienen, als die Chrysanthemen nicht mehr aussahen wie Chrysanthemen, ließen die Kunden sich täuschen und die Symbolkraft wurde gebrochen.

Das neueste »Handwörterbuch der Pflanzennamen« tauscht den wohlvertrauten Namen *Chrysanthemum indicum hort.* völlig überraschenderweise aus. Botanisch richtig heißen die Chrysanthemen nun: *Dendranthema-Grandiflorum-Hybriden.* Auch Namen sind Symbole!

Lektüre: 1, 22, 23, 32, 37, 85/1, 99, 122, 129, 138 141

DICKE BOHNE · *Vicia faba* · *Leguminosae*

Symbol für: Seele der Verstorbenen. Wiedergeburt Christi. Gute Taten. Armut. Sexualität. Hoden. Enthaltsamkeit.

Attribut von: Göttern der Unterwelt.

Volksnamen: (D) Dicke Bohnen, Puffbohnen, Hülse, Saubohnen, Fisolen, (GB) kyamos, (Japan) Otafukumame.

Redewendungen: »Dumm wie Bohnenstroh«. »Nicht eine Bohne wert«.

In allen Ausgrabungsstätten früher Siedlungen fanden sich Reste von Mahlzeiten dicker Bohnen. Auch in den Gräbern dieser Zeit waren sie den Toten als Jenseitsspeise mitgegeben. So wurden sie nicht nur zum Symbol der verstorbenen Seelen, sondern auch zum Attribut der Götter der Unterwelt,
Als sich Führungsschichten in Priester- und Kriegerkaste herausbildeten, galt es in diesen weitgehend als unfein, Bohnen zu essen. »Bei fast allen Völkern trat bei Erreichung einer bestimmten Kulturstufe dieser Umschlag in der Wertschätzung der Bohne ein«, schreibt Richard Pieper. Weil dicke Bohnen eine belästigende, stark blähende Speise sind, wurden sie zum Symbol der Armen, des Unreinen und der Sexualität. Ebenso der groben Materie, welche den Aufschwung des Geistigen verhindert. Besonders in der ägyptischen Priesterkaste waren Bohnen verpönt, sie durften nicht einmal berührt werden.
Im Christentum galten sie als Symbol der Wiedergeburt Christi, da sie vor allem in Ländern gediehen, die zur christlichen Lehre bekehrt waren. Trotzdem konnten die Bohnen ihre Nähe zu Armut, Unbildung und trägem Geist nicht überwinden.
Die Gartenbohnen, *Phaseolus vulgaris*, wurden erst nach der Entdeckung Amerikas in Europa bekannt. Daher haben sie keine erkennbare eigene Symbolik.

Lektüre: 41, 54, 80, 81, 102, 111, 131, 134, 135, 140, 141

DISTEL, allgemein

Symbol für: Kraft. Potenz. Treue. Unnahbarkeit. Leicht gereiztes Ehrgefühl. Trotz. Ablehnung. Unabhängigkeit, aber auch irdische Sorgen. Sünden. Mühsal. Leiden. Hindernisse. Teufelsgeschenk. Ausbreitung des Christentums. Abwehr böser Geister und Blitz.

Attribut von: Rittertum, Thor und Frey als Gewitter- und Kriegsgöttern, Maria.

Volksnamen: Eberwurz, Silberdistel, Wetterdistel, Karlsdistel, Sonnendistel für *Carlina acaulis*, Weberdistel, Venusbad für *Dipsacus sativus*, Mariendistel, Krebsdistel für *Silybum marianum*, Mannstreu für *Eryngium alpinum*, Bisamdistel für *Carduus nutans*.

Redewendungen: »Einen Weg voll Distel und Dornen gehen«. »Disteln stechen, Nesseln brennen, / Wer kann alle Falschheit kennen?«. »Wenn nichts mehr hilft, dann hilft die Eberwurz«.

Es gibt unendlich viele Disteln, die ganz unterschiedlichen Pflanzenfamilien angehören. Auf der ganzen Welt sind sie verbreitet. Allgemein bezeichnet man alles, was krautig ist und sticht, als »Distel«, ohne an die botanischen Unterschiede zu denken.
Disteln sind ein gutes Beispiel dafür, wie verschieden sich die Symbolik bildete, aus welcher Sicht heraus die Pflanze betrachtet und das Symbol geformt wurde. Dem Bauern und Gärtner sind sie seit Adam Lohn der Sünde, von Gott gegeben und trotzdem ein Teufelsgeschenk, Ursache ständiger Mühsal und Leiden. Dem wehrhaften Mann waren sie ein Sinnbild seiner Kraft, seiner Unabhängigkeit, aber auch seines empfindlichen Ehrgefühls.
Das Alte Testament spricht immer wieder von der Distel als Symbol: »Aber die nichtswürdigen Leute sind alle wie verwehte Disteln ... sie werden mit Feuer verbrannt an ihrer Stätte.« (2. Samuel, 23. 6-7).

Am Ostabhang Palästinas haben nur selten Bäume genug Lebensraum, dagegen viel kleines, dorniges Gebüsch. Im Frühling ist plötzlich das ganze Land überblüht, aber ebenso rasch auch verblüht. Im Sommer findet man unter dürren Gräsern nur noch Disteln. Es war Sommer, als Adam und Eva aus dem Paradies vertrieben wurden.

Die Plage der Bauern, die auf ihren Äckern mit Handhacken der sich schnell ausbreitenden Disteln Herr werden mußten, ist heute kaum noch nachvollziehbar. Die Griechen verehrten Herakles, die Römer Deus spinensis als Bewahrer ihrer Felder vor Disteln und Dornen. Trotzdem muß gerade die zähe Lebenskraft der Disteln die Bauern mit Hochachtung erfüllt haben, denn sie glaubten in den Disteln auch eine Kraft zu erkennen, Schlimmes von ihnen abzuwehren: Blitz und Feuer ebenso wie böse Geister. Silberdisteln wurden zu diesem Zweck an die Hoftore oder über die Stalltüren genagelt.

Ob Bauer oder Ritter, Landsknecht oder Kaufmann, in einem waren die Disteln ihnen allen das gleiche Symbol: in dem ihrer Potenz. Die Disteln sind die einzigen krautigen Pflanzen, die zu einem Sinnbild der starken, liebefähigen Männlichkeit wurden. Im »Hortus sanitatis« (Mainz 1485) heißt es: »Kroß distel in honig gebeyst dar vor dick male genutzt, ist dem mane gross freude brengen, und syn samen meren vn zu unkeuschheit reytzen.«

Meist waren die Arten mit kräftigen, langen, rübenförmigen Wurzeln, mit denen sich einige Disteln trockenen Standorten angepaßt haben, gemeint. Besonders die Eberwurz, aber auch verschiedene Mannstreu-Arten standen in diesem Ruf. Sappho, die Dichterin des alten Griechenland, soll ihr Leben durch Mannstreu verloren haben. Sie begegnete auf Lesbos dem schönen Fischer Phaon, der wohl mehr zufällig, keinesfalls die berühmte Frau meinend, eine Mannstreu-Wurzel bei sich trug. Die Wirkung des Amuletts muß bei ihr perfekt gewesen sein. Als sie keine Gegenliebe bei Phaon fand, stürzte sie sich vom leukadischen Felsen ins Meer und ertrank.

Albrecht Dürer und nach ihm viele andere Renaissance-Maler haben sich gerade von den Mannstreu-Arten und den Mariendisteln durch deren graphisch-malerische Gestalt herausgefordert gefühlt. Als Dürer 1493 ein Selbstbildnis für seine

Braut Agnes Frey malte, gab er sich eine blaue Mannstreu *Eryngium alpinum* in die Hand. Als Motto schrieb er auf das Bild: »Min sach die gat, als ob es schtat«. Sehr anders ist gewiß die Symbolik auf den großen Tafelmalereien der Zeit zu beurteilen. Meist ist *Silybum marianum* in der Nähe Mariens oder Jesu Christi dargestellt. Diese Distel hat einen sehr raffinierten Aussaatmechanismus, der eine schnelle Ausbreitung über große Flächen garantiert. Das damalige Ziel der christlichen Kirche.

Die Kardendistel dagegen wurde zum Sinnbild des Misanthropen, weil ihre abweisende äußere Hülle innere Werte verbirgt.

Die stolzen Schotten erhoben die Bisamdistel zum Wappen ihres Landes, und viele der dortigen Clans führen Disteln im Familienwappen. »Nemo me impune lacessit« (Niemand greift mich ungestraft an) ist das Motto des schottischen Distelordens. Dies hat seine Wurzel in einem Ereignis des 8. Jh.s: Dänen führten eine Attacke gegen Schloß Stirling Castle, die ohne Erfolg blieb. Es ist überliefert, daß die Schmerzensschreie der barfüßigen Dänen, die in die zahllosen Bisamdisteln am Schloßberg traten, die Schotten rechtzeitig aus dem Schlaf weckten.

Voltaire schrieb: »Dans des sentiers secrets le sage doît marcher, Au milieu des chardons qu'on ne peut arracher« (auf geheimen Pfaden hält sich der kluge Mann inmitten der Disteln, die man nicht ausreißen kann).

Doch man kann Disteln auch einfach nur fröhlich sehen:

»Nur ein einzig Distelstöckchen
Ließ er stehn auf meinen Wink,
Daß sich mit dem bunten Röckchen,
Setzt darauf der Distelfink.«

Friedrich Rückert

Lektüre: 1, 3, 8, 13, 18, 27, 29, 31, 32, 37, 53/2, 64, 69, 75

DORNEN, allgemein

Symbol für: Sünde und Strafe. Irdische Leiden. Ewige Verdammnis. Höllenfeuer. Verspottung. Tod. Sarkastischen Witz.

Attribut von: Christus, Maria, St Louis, Dornröschen.

Redewendungen: »Auf Dornen wandeln«. »Ein Dorn im Auge«. »Ein dornenvolles Amt«. »In Dornen fallen«.

Das Böse wehren sie ab, wie alle stechenden Pflanzen, aber auch das Gute. In der germanischen Mythologie sind sie Symbol des Todes oder eines langen, todesähnlichen Schlafes. In der Edda tötet Odin die Menschen mit dem »Schlafdorn«. Später wurde der Dorn selbst in Gestalt des einäugigen Högni (Hagen = Dorn) als Todesgott personifiziert. Das Motiv des Schlafdorns wird in dem Märchen vom Dornröschen noch einmal aufgenommen.
Im trocken-heißen Judäa sind viele stark bewehrte Pflanzen beheimatet. Die Bibel nennt allein zwanzig. Da man sie nach dem damaligen Namen nicht genau bestimmen kann, haben die Wissenschaftler sich geeinigt, alle unter dem Sammelbegriff »Dorn« zusammenzufassen.
Die Dornenkrone, die man Christus aufs Haupt drückte, wird als Parodie der Rosenkränze gesehen, die römische Herrscher bei den Festen trugen. Welche Dornenzweige es waren, weiß niemand. Doch die Tonsuren der Mönche galten immer als symbolischer Bezug auf Christi Dornenkrone.
Das Ausziehen von Dornen bei Mensch und Tier ist ein Motiv der Kunst, das oft symbolisch zu sehen ist. Zum Symbol des Höllenfeuers wurden sie, da sie bei Hitze rasch wachsen, aber noch rascher vom Feuer verzehrt werden. Nur Maria konnte der »brennende Dornbusch« nicht schaden, und er wurde zwischen dem 13. und 16. Jh. ein wichtiges Mariensymbol.
Non aculeus nisi – »nichts als Dornen« – nannte man einen Römer mit stechendem Witz.

Lektüre: 17, 51, 54, 61/2, 80, 111, 123, 126, 141, 144

EBERESCHE · *Sorbus aucuparia* · *Rosaceae*

Symbol für: Fruchtbarkeit. Kindersegen. Gesundheit und Freude. Zähigkeit. Durchsetzungsvermögen. Kraftübertragung. Schönheit.

Attribut von: Thor, Pihljatar, Maria, St. Lukas.

Volksnamen: (D) Vogelbeere, Quitschbeere, Queckenboom, (GB) quickentree, fowler's service, rowan, (N) Thorsbjörg, Rönnbaum, (Estland + Finnland) Pielbeerbaum, (NL) + (B) Wild-Sorbenboom.

Die Anspruchslosigkeit der Eberesche wird von kaum einem anderen Großgehölz erreicht. Ebereschen verachten die Kälte Sibiriens und des Nordkaps, steigen in den Gebirgen bis zur Baumgrenze auf, akzeptieren schlechteste und trockenste Böden. Auf Kahlschlägen gehören sie zu den Erstbesiedlern. Der Konkurrenzdruck anderer Sträucher und Stauden erhöht höchstens ihre Wuchsfreudigkeit. Wer vor alten Stadtmauern oder Burgruinen steht oder unter einem scharfen Felsüberhang nach oben schaut, der kann sie als leichtsinnige »Kinder der Luft« an höchsten, gewagtesten Stellen entdecken. Die Vögel, zu deren Lieblingsspeise die roten Beeren gehören, haben sie dorthin gepflanzt. Daß ein so mutiger, bescheidener, lebenskräftiger Baum zu einem Symbol von Gesundheit, Kraft und Lebensfreude wurde, ist nicht verwunderlich. Die Druiden umpflanzten ihre Opfersteine mit »Rowan« und riefen die Geister der Bäume zum Beistand in der Schlacht an. In Estland und Finnland nannte man eine Gottheit – Pihljatar – nach dem Baum. Bei den Nordgermanen war er Thor heilig: Dieser war bei der Jagd in einen reißenden Bach gestürzt und konnte sich nur retten, weil ihm eine Eberesche ihre Zweige reichte und er sich daran halten konnte. Von daher heißt der Baum in Norwegen »Thorsbjörg«.
Unsere Ahnen haben die Wiegen ihrer Kinder gern aus diesem Holz geschnitzt.

Lektüre: 1, 2, 10, 61/2, 76/2, 99, 102, 109, 123, 137, 141

EFEU · *Hedera helix* · *Araliaceae*

Symbol für: Weinseligkeit. Freundschaft, Eheliche Treue. Weibliche Anlehnung. Anklammernde Abhängigkeit. Tod und Unsterblichkeit. Ruhm.

Attribut von: Dionysos/Bacchus, Mänaden/Bakchai, Satyrn, Silene, Aphrodite, Osiris, Maria, Weinschenken, Thalia, Republikanischer Partei Italiens.

Volksnamen: (D) Wintergrün, Adamsblätter, Ewigheu, (GB) lovestone, bindweed, (F) lierre, (L) iertchen.

Efeu ist eine sehr ausdauernde Pflanze. Erst einmal an einem Standort eingewachsen, wird sie ihn freiwillig nicht mehr verlassen. Was Efeu umschlungen hat, gibt er nicht mehr frei und hält, über dessen Tod hinaus, dem Objekt seiner Zuneigung die Treue. Aber entgegen einer weit verbreiteten Meinung ist er kein Schmarotzer, er nutzt die Unterlage nur als Kletterhilfe.

Efeu war immer in erster Linie ein Symbol der Treue. Der ehelichen Treue (vor allem der der Frau, denn Efeu wurde ob seiner Anlehnungsbedürftigkeit als weibliche Pflanze gesehen), aber auch der Freundestreue und des unvergänglichen Gefühls. Beim Ritual der Eheschließung überreichte in Griechenland der Priester dem Paar eine Efeuranke.

Die ersten Christen legten gläubige Verstorbene auf Efeu, die nicht Bekehrten auf Zypressen. Wer in Christo getauft ist, ist unsterblich, die Ungetauften aber sind ohne Hoffnung auf Auferstehung, gleich den Zypressen, die einmal gefällt, nie mehr nachwachsen. Wenn heute Grabstätten häufig mit Efeu bepflanzt werden, so ist das eine meist unbewußte Nutzung des Symbols vom ewigen Leben. Wie im Leben so im Tod steht als Devise auf manchem alten efeuumschlungenen Grabstein.

Der Gedanke der Unsterblichkeit des immergrünen Efeus war auch der Hintergrund, wenn ein Dichter als Zeichen seines Ruhmes einen Efeukranz erhielt. Horaz schrieb: »Mich gesellt Efeu, der Kranz des Dichterhauptes, den Göttern.«

In besonderer Verbindung stand Efeu im Altertum zu den Göttern Dionysos/Bacchus und Osiris. Diese waren Vegetationsgötter, die Leben, aber auch Tod repräsentieren, Träger stärkster Lebenskräfte sind. Sie sind Spender der Fruchtbarkeit und Schützer des Landbaues, besonders der Weinstöcke. Efeu und Rebe waren ihre Attribute. F. W. Otto schreibt, daß sich gerade in diesen Pflanzen das doppelte Wesen dieser Götter, das zwischen Licht und Dunkel, Wärme und Kühle, Lebensrausch und ernüchterndem Todeshauch hin und her schwankt, besonders deutlich zeigt. Immer gelten Efeu und Wein als psychotrope Pflanzen, wobei die Früchte des Efeus bei entsprechender Dosierung von hoher Giftigkeit sind.
Die Efeuranken, die sich Dionysos und sein laut lärmendes Gefolge aus Satyrn, Silenen, Mänaden und Bakchai um die Stirn wanden, wenn sie ihre orgiastischen Streifzüge über die winterlichen Bergeshöhen unternahmen, sollten die Folgen des Weinrausches mildern, vor Kopfschmerz schützen. Das Zeichen dieser wilden Gefolgsleute war der Thyrsosstab, ein hohler Fenchelstengel, wie er von den Kräutersammlern als Tragbehälter ihrer Ernte verwendet wurde, den die Anhänger des Dionysos mit Efeublättern füllten und mit Efeu- und Weinranken umwanden.
Dionysos war ursprünglich kein Gott Griechenlands. Er war ein thrakischer Gott. Seine Anhänger meinten, daß Efeu das sicherste Zeichen seiner Anwesenheit sei. Wo reichlich Efeu wuchs, da wäre er gegangen. Dionysos muß weit gewandert sein, denn Efeu, von dem man nur fünf Arten kennt, hat ein großes Verbreitungsgebiet in Europa, Asien und Nordafrika. Als die Armeen Alexanders des Großen Indien erreichten und die Stadt Nysa eroberten, fanden sie auf dem Heiligen Berg Meros oberhalb der Stadt Efeu in großer Fülle. Die Soldaten, die keine Vorstellung davon hatten, wie weit sie von ihrer Heimat entfernt waren, warfen sich weinend vor Glück auf die Erde, weil sie sich in ihrer Heimat oder zumindest nahe ihrer Heimat glaubten, denn »Dionysos war hier«.
Vielen Griechen war der Ekstatische Dionysoskult zu grob, alles, was mit ihm zusammenhing, sollte gemieden oder zumindest gewandelt werden. Auch die aristokratisch gesonnenen Pythagoreer in Unteritalien verachteten die Orgien. Efeu

galt ihnen als unrein, und sie vermieden es, über Efeuranken zu schreiten. Auch in die Tempel der strengen Ehegöttin Hera durfte kein Efeu gebracht werden, da er das Symbol des trunkenen Weingottes war und ihr die Trunksucht als Gefährdung einer guten Ehe galt.

Dionysos selbst wurde bei den Orgien oft durch eine Maske dargestellt, und man nimmt an, daß das gesamte griechische Theater in diesem Brauch seinen Ursprung hat. Später wurde ganz selbstverständlich der Efeu auch zum Attribut der Muse Thalia, die die Komödie schützt.

Wie sehr solche pflanzlichen Symbole auch zu Machtsymbolen werden können, ja, zu Symbolen bewußter Unterdrükkung, das findet man im 3. (apokryphen) Makkabäerbuch: Ptolemaios Philopator zwang die Juden, ein Efeublatt als Tätowierung zu akzeptieren. Im Makkabäer 2-6.7 heißt es: »Am Fest der Dionysien zwang man (Antiochus Epiphanes) sie, zu Ehren des Gottes Dionysos mit Efeu bekränzt in der Prozession mitzugehen.«

Im Christentum versöhnte man sich mit der Pflanze, erinnerte sich ihrer guten Bedeutungen, vor allem als Symbol der Unsterblichkeit und gab sie Maria und Jesus Christus als Attribut.

Welche Aspekte es waren, die den Efeu zum Emblem der Republikanischen Partei Italiens werden ließen, ist schwer zu beurteilen.

Lektüre: 1, 2, 41, 51, 61/2, 80, 81, 85.1, 102, 109, 123, 126, 130, 132, 136, 141

EIBE · *Taxus spec.* · *Taxaceae*

Symbol für: Unsterblichkeit. Wehrhaftigkeit. Tod. Zauber und Schutz vor Zauber.

Attribut von: Ull, Artemis, Furien.

Volksnamen: (D) Taxbaum, ahd.: iwa, ige, (GB) yew, keltisch: Eburon, (I) Todesbaum.

Redewendungen: »Zäh wie Eiben«. »Vor Eiben kein Zauber kann bleiben«.

In unseren Breitengraden sind Eiben und Eichen die langlebigsten Bäume. Man kennt in Bayern und England Eiben, die über zweitausend Jahre alt sind. Den Kelten waren sie besonders heilige Bäume. Die immergrünen Nadeln, die roten Beeren, die als Arznei und Gift dienten, das zähe, schwere Holz, das gut zur Waffenproduktion zu nutzen war, setzen die Bäume in vielfache Beziehung zur Totenwelt. Sie wurden nicht nur zu Symbolen des Todes und der Unsterblichkeit, sondern auch der Wehrhaftigkeit. Die christliche Kirche übernahm diese Werte. Detlev Arens schreibt: »Der Baum säumt den Scheideweg von Tod und Leben.« Schon bei Ovid bilden Eiben die Allee zum Tartaros: »Furien jagten mit Eibenholz-Fackeln die toten Seelen durch die Allee.« In »Macbeth« schreibt Shakespeare, daß zu den Dingen, die Hexen in Zauberkessel werfen, auch »Eibenzweige abgerissen, in des Mondes Finsternissen« gehören.
Wo Eiben wachsen, in Amerika, Europa und Asien, diente das Holz zur Waffenproduktion. Speere, Bögen, Pfeile wurden daraus gefertigt, todbringend für Mensch und Tier. Bis ins hohe Mittelalter wurden Eiben an die Burgberge gepflanzt, um stets genügend waffenfähiges Material verfügbar zu haben. Nürnberger Monopolhändler verkauften zwischen 1531 und 1590 etwa eine halbe Million Eibenbögen, vorwiegend nach England.

Lektüre: 1, 10, 80, 102, 109, 141

EICHE · *Quercus spec.* · *Fagaceae*

Symbol für: Sieg. Ruhm. Kraft. Stolz. Königstreue. Heldentum. Männlichkeit. Dauerhaftigkeit. Unsterblichkeit. Fruchtbarkeit. Konservatives Denken.

Attribut von: Donner- und Blitzgöttern Zeus, Donar, Perkunas, Taara, Tanaros, Taranis, Perun, Dagda, Demeter, Pan, Victoria, Stuarts. Drittem Reich 1933-45, Republikanischer Partei Deutschland 1993.

Volksnamen: ahd.: eih, (GB) oak, Jove's-tree, duir, (I) robur, (hebräisch) Allon, Elon, (Alt-Indisch) Egla, Aigja = heiliger Baum.

Redewendungen: »Eichen sollst du weichen, Buchen sollst du suchen«. »Keine Eiche fällt vom ersten Streich«. »Aus alten Eichen läßt sich viel Holz schlagen«. »Keine Eiche ist so hoch, daß sie die Wurzeln nicht in der Erde hätte«. »Eine Eiche wächst fünfhundert Jahre und stirbt fünfhundert Jahre«. »Was schadet es einer stolzen Eiche, wenn eine Sau sich daran reibt?«. »Über Eiche und Fels plaudern« (über den Ursprung der Welt).

Von den zweihundertachtzig Eichen-Arten, die in den gemäßigten Zonen der nördlichen Halbkugel wachsen, sind in den ursprünglich indogermanisch besiedelten Gebieten alle den Blitz- und Donnergöttern heilig. Bejahrte Exemplare entwikkeln extrem tief in die Erde reichende Wurzeln, so daß sie tatsächlich weit öfter vom Blitz getroffen werden als andere, flacher wurzelnde Gehölze. In der Eiche begegnete der Mensch, der unter ihr Schutz suchte, der Urmacht der Natur, denn oft überlebte die Eiche den Blitzschlag, der Mensch jedoch nicht. So wurde dieser Baum sehr früh zum Symbol der Langlebigkeit, der Stärke, aber auch des Stolzes.
Da man Eichenholz lange Zeit für unverweslich hielt und die Kraft bewunderte, mit der die Bäume Stürmen widerstanden, auch das hohe Alter empfand, mit dem die langsam wachsenden Bäume das Menschenleben begleiten, waren sie bei fast

allen Völkern Sinnbild der Dauerhaftigkeit, Zähigkeit und kraftvollen Männlichkeit.

Die Ausstrahlung großer Würde, die von alten Eichbäumen ausgeht, haben die Menschen schon immer empfunden. Sie machten sie, wie Linden und Eschen, zu Plätzen von Fürsten- oder Gerichtstagen. Sokrates pflegte »bei der Eiche« zu schwören. Provo, der Gott des Schwures bei den vorchristlichen Sachsen, stand auf einer hohen Eiche unweit Altenburgs. Eichen sind Symbole der Treue, besonders der Fürstentreue, und das Volk sagte: »Wer grüne Eichenblätter trägt, der liebt mit fester, steter Treue.« Dieses Treue-Symbol hat sich bis in unsere Tage erhalten. In der Bundeswehr tragen Offiziere vom Major aufwärts als Rangabzeichen gesticktes Eichenlaub, Generäle in Gold. Goldene Eichenblätter waren es auch, die, zu einem Kranz gewunden, Alexander der Große seinem Vater Philipp II. ins Grab legte. Seit dieses 1978 geöffnet wurde, kann man den Kranz wohlerhalten in voller Schönheit bestaunen.

Der Kranz aus Eichenlaub war, gleich dem Lorbeer, der Kranz für den Sieger oder den hoch um Staat und Volk verdienten Mann im Altertum. Er kam dem höchsten Orden gleich. Wenn in Rom der Träger eines Eichenkranzes im Theater erschien, mußten alle Anwesenden, selbst der Senat, sich erheben. Auf einem herculanischen Gemälde hält Victoria, die Göttin des Sieges, in der rechten Hand einen Kranz aus Eichenlaub (Winckelmann II, 558).

Bei der Olympiade 1936 in Berlin erhielten die Medaillengewinner bei der Siegerehrung einen Kopfkranz aus Eichenlaub und eine junge Eichenpflanze.

Die Beispiele sind unzählbar, in denen die Eiche oder ihre Zweige als Sinnbild männlicher, konservativer Tugenden verwendet werden. Sie reichen vom Eichenzweig am Helm des deutschen Soldaten, der 1914 in den Krieg ziehen mußte, über den »Bruch«, den der Jäger sich nach geglücktem Schuß an den Hut steckt, bis zur deutschen Biermarke.

Eine Pflanze, die von so verschiedenen Zeitströmungen als positives Symbol aufgegriffen wird, muß ganz besondere Eigenschaften besitzen. Heute kann man sich kaum noch eine Vorstellung machen vom Ausmaß der Wälder und der Größe von Einzelbäumen, als Europa noch schwach besiedelt war. Auch die Sieben Hügel Roms waren ursprünglich von Eichen bestanden. Der englische Botaniker John Ray berichtet noch in seiner »Historia plantarum« (1686-1704) von einer Eiche, die einen Stammdurchmesser von zehn Metern hatte, was einem Alter von über 2000 Jahren entspräche. Den einzigen Augenzeugenbericht über den Zustand germanischer Eichenwälder haben wir von Plinius d. Ä., der 47 n. Chr. an dem Kriegszug des Corbulo gegen die Chauken, ein Volk, das zwischen Ems und Elbe lebte, teilnahm. Er schreibt in »Naturalis historia« XVI, II: »Die Wälder bedecken das ganze übrige Germanien und fügen ihren Schatten der Kälte hinzu, die höchsten stehen bei den Chauken, vor allem um zwei Seen (vermutlich Jadebusen und Emsmündung) herum. Die Küste ist besetzt von mit größter Üppigkeit wachsenden Eichen; unterspült von den Fluten und vom Wind geschoben, nehmen sie große Inseln mit, die sie mit ihren Wuzeln umklammern, und schwimmen so aufrecht im Gleichgewicht. Riesige Äste, die wie Takelwerk aussehen, haben unsere Flotten oft erschreckt, wenn die Woge sie wie absichtlich auf den Bug der nachts vor Anker liegenden Schiffe zuschoben und diese, nicht wissend, wie sie sich helfen könnten, eine Seeschlacht gegen die Bäume anfingen. In denselben nördlichen Gebieten übertreffen die Eichen die des Herzynischen Waldes (im westlichen Germanien), die die Zeit unberührt gelassen hat und die Zeitgenossen des Ursprungs der Welt sind, jede ein Wunder, da sie fast unsterblich sind. Ohne von anderen unglaublichen Besonderheiten zu sprechen, ist es eine Tatsache, daß die Wurzeln, die einander begegnen und stoßen, richtige kleine Hügel aufwerfen oder, wenn die Erde ihnen nicht behagt, sich wie Ringer emporstemmen und Bögen bilden, die so hoch sind wie die Äste und aussehen wie riesige Tore, durch die ganze Schwadronen reiten können.«

Daß solche gewaltigen, lebenden Baum-Monumente tiefe Ehrfurcht erregten, daß man einzelnen Bäumen göttliche Eigenschaften zuordnete, sie heiligte, ist nicht verwunderlich. Wenn der Wind durch die Wipfel ging und die festen Blätter rauschten, glaubte man, die Stimmen der Götter sprächen zu den Menschen.

Im zerklüfteten Bergwald von Dodona stand jene wunderkräftige, riesige Eiche, aus der sich Zeus in seinem Willen den Griechen kundgab. Seherinnen (besser »Hörerinnen«) übersetzten den Fragenden die Antworten des höchsten Gottes aus dem Flüstern der Blätter.

»Eiche« und »Pistazie«, auf hebräisch »Allon« und »Elah«, symbolisieren in der Bibel Stärke und Glanz, beide Namen sind nah verwandt mit den Worten »Gott« und »Göttin«.

Etwa im 16. Jh. v. Chr. dürfte die Verehrung der Eichen, von der Ostsee kommend, die britischen Inseln erreicht haben, wo schließlich die ganze druidische Religion in einem Eichenkult gipfelte. Vor allem die Eichbäume, die Misteln trugen, waren besonders geheiligt. Daß immergrüne Pflanzen in so luftiger Höhe auf anderen entstehen konnten, sah man als Wunder an, die Misteln selbst als Symbol göttlichen Samens.

Jener Teil des irischen Buches »Beth-Luis-Nion«, in dem die Eiche der Hauptbaum ist, entstand etwa um diese Zeit. Die Eiche war der erste der sieben Häuptlingsbäume. Die Todesstrafe mußte jeder erleiden, der widerrechtlich zwei Häuptlingsbäume fällte oder einen geheiligten Eichenhain. »Drei Wesen ohne Atem sind nur mit atmenden Wesen zu zahlen: ein Apfelbaum, ein Haselnußbusch und ein Eichenhain.« (Triads of Ireland) Als ein Symbol der absoluten Göttlichkeit der Eiche heißt es in »Amergins Lied«: »Ich bin der Blitz, und zugleich die Eiche, die er zerschmettert.«

Andererseits war Eichenholz ein höchst wichtiges Nutzholz. In den frühen Siedlungen versuchte man das außerordentlich harte und langlebige Holz zumindest für die Haustüre zu nutzen. Das Wort »duir«, welches das »Beth-Luis-Nion« für die Eiche prägte, ist in viele europäische Sprachen für den Begriff »Tür« übernommen worden. Gwinon schreibt im 12. Jh. im »Câd Godden« zum Lob der Eiche: »Mannhafter Wächter der Pforte / Heißt ihr Name in allen Sprachen.« Ein typisch britisches Sprichwort sagt: »Die Nacht war so dunkel, daß man ein Eichenblatt nicht von einem Haselnußblatt unterscheiden konnte.«

Im Christentum wurde der Eichenkult zunächst radikal unterdrückt. Die Missionare fällten die angebeteten alten Bäume, um den Sieg ihres einzigen Gottes über Thor zu beweisen. Ein Sieg, den der »Zauberer Merlin« im letzten Abschnitt seiner Prophezeiungen vorausgesagt hatte. Doch man konnte nicht alle Eichen ausrotten, und so deutete man sie um in ein Sinnbild der Tugend und Gesundheit.

Aber die Eichen sind mit ihren Früchten auch einer der ganz frühen Ernährer des Menschen. Bis ins 18. Jh. backte man in Hungerszeiten Brot aus geschälten und gemahlenen Eicheln, das sogar als Aphrodisiakum galt. Über alle Zeiten haben Eicheln zur Schweinemast gedient, und damit der Vorrat nie ausgehe, mußten in vielen bäuerlichen Gegenden Deutschlands Hochzeitspaare eine Eiche als »Hutweidbaum« pflanzen.

Den Göttern der Fluren, Demeter und Pan, sind sie als Fruchtbarkeitssymbole zugeordnet.

Spricht man im 20. Jahrhundert mit Psychoanalytikern über das Traumsymbol »Eiche«, so wird mit einem stillen Lächeln auf die Signaturenlehre verwiesen: die Gleichheit der Form ihrer Früchte mit der der schönsten Mannes-Zier.

Lektüre: 1, 10, 26, 31, 41, 54, 61/2, 80, 81, 90, 101, 102, 111, 123, 141, 144

EISENHUT · *Aconitum spec.* · *Ranunculaceae*

Symbol für: Krankhafte Liebe. »Große Medizin«. Reue. Streit. Zauberei. Tod.

Attribut von: Hekate, Kerberos, Wodan, Thor, Hexen.

Volksnamen: (D) Sturmhut, (GB) monk's-hood, thung, (N) Wodanshelm, (A) Wolfswurz.

Natürlicherweise galt hochgiftigen Pflanzen wie dem Eisenhut schon immer das besondere Interesse der Menschen. Zum einen, um sich vor den Giften zu schützen, zum anderen, um sie zu nutzen. »Poudre de succession« – »Erbpulver« nannte man das Extrakt. Wilhelm Filchner berichtet 1930 aus dem Himalaya: »... es gedeiht eine Sturmhutart, deren Wurzel giftig ist. Frauen, die ihre Ehemänner schnell loswerden wollen, kochen die Wurzel, tauchen den Rock des Mannes in die Flüssigkeit und lassen ihn wieder trocknen. Zieht der Mann den Rock über, dringt das Gift durch die Poren in den Körper und vollendet das Zerstörungswerk in wenigen Stunden.« Nach der Einführung der Witwenverbrennung in Indien soll die Lebenserwartung reicher Männer sehr gestiegen sein.
In der nordischen Mythologie heißt die Pflanze »Wodanshelm«, die Blüte soll den Gott, wenn er sie sich überstülpte, unsichtbar gemacht haben. Ähnlich habe ein Extrakt davon in den Hexensalben gewirkt. Möglicherweise wirkt das hochgiftige Alkaloid Aconitin in ganz schwachen Dosen wie eine halluzinogene Droge, da der Pflanze auch Eigenschaften als Aphrodisiakum zugeschrieben wurden.
Der berühmteste Mord mit *Aconitum* ereignete sich 54 n. Chr. in Rom an Kaiser Claudius.

Lektüre: 1, 14, 78, 80, 99, 102, 107, 123, 141

ENZIAN · *Gentiana spec.* · *Gentianaceae*

Symbol für: Erlösung durch Jesus. Liebe. Treue.

Attribut von: König Genthios.

Volksnamen: (D) Madelger oder Modelgar, Kreuzwurz, Speerwurz für *Gentiana cruciata*, »Heil aller Schaden«, »Sta up un ga weg« für *Gentiana lutea.*

Redewendung: »Modelger, aller Wurzel Ehr«.

»Ein artiges und ruhmreiches Geschlecht« nannte Goethe die Enziane, von denen einige Arten seit über zweitausend Jahren Heilpflanzen für Mensch und Tier sind. Den botanischen Namen erhielten sie nach dem 167 v. Chr. geborenen illyrischen König Genthios, der die Heilkraft (vermutlich der gelbblühenden Art *Gentiana lutea*) entdeckt haben soll. Aus diesem Enzian wird auch heute noch der begehrte Enzianschnaps gebraut, den man in der Schweiz »eau de vie« (Lebenswasser) nennt und dem man starke aphrodisische Kräfte zuschreibt. Leider zeigt sein Etikett meist eine volkstümliche blaue Art.
In der mittelalterlichen Mystik war *Gentiana cruciata*, der Kreuzwurzenzian, besonders begehrt und wurde zum Erlösungssymbol durch Jesus Christus. Alles an dieser Pflanze ist kreuzförmig angelegt: die Blattpaare, der Blütensaum, Stengel- und Wurzelmark zeigen im Querschnitt eine kreuzförmige Öffnung. Die schönste Darstellung fand dieses Symbol in einer Kirche in Werder bei Potsdam. Auf einem alten Bild ist Christus als Apotheker dargestellt, der auf einer Handwaage die Sünden der Menschen mit Kreuz-Enzian ins Gleichgewicht bringt.
Viele Enzian-Arten haben die im Pflanzenreich außerordentlich seltene reinblaue Blütenfarbe, weshalb diese Enziane zum Symbol der Treue wurden.

Lektüre: 1, 60, 102, 109, 130, 141

ERDBEERE · *Fragaria spec.* · *Rosaceae*

Symbol für: Verlockung zur Sünde. Bescheidene Schönheit. Den vollkommenen Menschen. Frucht des Geistes. Christi Blut. Mariens Jungfräulichkeit. Demut und Bescheidenheit. Verdammnis *und* Seelenheil. Das *Blatt*: für Dreieinigkeit.

Attribut von: fast allen vorchristlichen Liebesgöttinnen, besonders Frigg und Venus; Maria, Jesus, fast allen christlichen Heiligen, des mystischen Lamm Gottes.

Volksnamen: (D) Brüstlein, Erbel, Erbern, Bessingkraut, (GB) strawberry, (F) fraise, (L) Bier.

»Ohne Zweifel hätte Gott eine bessere Beere erschaffen können, aber ebenso zweifellos hat er es nicht getan!« Das schrieb im 17. Jahrhundert in England Dr. William Butler oder Boteler.

Seit Venus standen die Erdbeeren immer in enger Beziehung zu den Göttinnen der Liebe und Fruchtbarkeit. So war es fast eine Selbstverständlichkeit, daß sie im Christentum Maria als Gottesmutter versinnbildlichten. Daß diese Pflanzen zu gleicher Zeit blühen und fruchten, daß ihre Blüten weiß sind wie die Unschuld und die Früchte rot in der Farbe der Liebe leuchten, ließ sie ein ideales Sinnbild der jungfräulichen Mutterschaft sein.

Das graphisch schöne, dreigeteilte Blatt, das die heilige Dreieinigkeit symbolisiert, die graziöse Weise, in der Blüten und Früchte getragen werden, machte sie neben den Veilchen und Maßliebchen zu einer Lieblingspflanze der mittelalterlichen Maler. Alle Großen ihrer Zeit haben sie gemalt, der unbekannte oberrheinische Meister des Paradiesgärtleins im Frankfurter Städel ebenso wie Stefan Lochner, Rogier van Weyden, die Brüder van Eyck, Hugo van der Goes und viele andere. Kaum ein Tafelbild, auf dem sich unter den Füßen von Maria, Jesus oder einem der zahlreichen Heiligen ein Rasenteppich breitet, der nicht mit Erdbeeren geschmückt wäre. Durch den bodennahen Wuchs wurden sie zu idealen Partnern der Veilchen und Maßliebchen, mit denen sie gemeinsam zu Symbolen der Demut und Bescheidenheit des wahren Christen wurden.

Vermutlich waren keine tätigen Gärtner bei der Festlegung des Symbols der Bescheidenheit und Demut beteiligt. Jeder, der diesen Pflanzen einen guten Gartenboden anbietet, wird erstaunt die Erfahrung ihres rücksichtslosen und keineswegs bescheidenen und demütigen Ausbreitungsdranges machen. Erdbeeren und Veilchen bilden nicht nur reichlich Samen aus, der leicht und schnell keimt, beide Pflanzengattungen entwickeln auch fast ohne Ausnahme Sprosse, die neue kleine Pflanzen, fertig mit Wurzeln versehen, in ihrer Umgebung plazieren.

Die Erdbeeren deuten in der Kunst außerdem auf den rechtschaffenen Menschen, dessen Frucht die guten Werke sind. Eine Allegorie frommer und guter Gedanken sind vor allem die Früchte, die botanisch gesehen »Scheinbeeren« sind. Der bei der Reife saftige und fleischige Fruchtboden trägt auf seiner Oberfläche kleine Körnchen als die eigentlichen Früchte.

In England sind die Blätter der Erdbeere ein Zeichen von Rang. Die Herzogskronen sind mit acht Erdbeerblättern geschmückt.

Die Frühlingsblüte wird mit der Inkarnation Christi gleichgesetzt und die Reife der Beeren mit der Anbetung des Kindes durch die Heiligen Drei Könige.

Ovid schreibt in den »Metamorphosen« (1.104), daß Erdbeeren die Speise der Menschen im Goldenen Zeitalter waren, das in der Renaissance mit dem Paradies gleichgesetzt wurde. Sie sind die Speise der Seligen, vor allem der früh verstorbenen Kinder.

Im Christentum war das Ansehen dieser Pflanze nicht eindeutig. Hieronymus Bosch versetzte sie in den »Garten der Lüste« als Zeichen der Eitelkeit und Vergänglichkeit der Welt. Die Menschen, die sie so wild begehren, verwandeln sich bei ihrem Verzehr in Bestien. In ähnlicher Weise erscheint die Frucht, von der man sagt, sie mache (gleich der Liebe) niemals satt, auch auf Darstellungen des Sündenfalls. Zumindest die Frucht hat im Christentum eine Doppelbedeutung: Sie steht für Seelenheil und für Verdammnis.

Vieles spricht dafür, daß Erdbeeren vom Volk schon immer als ein Symbol der Weltlust, der Verlockung zur Sünde gesehen wurden. Ihr frühes Fruchten im Mai, die kleine harte grüne Frucht, die im Reifen süß, weich und feuerrot wird, wurde als Bild der Geschlechtsreife und Liebesbereitschaft angesehen. Auf den Vergleich mit der weiblichen Brustwarze deuten viele Volksnamen hin. Ingmar Bergmann griff diese Deutung in seinem Film »Wilde Erdbeeren« in wundervoller Weise auf.
Durch die medizinische Wirkung des auch in Blättern und Wurzeln der Walderdbeere enthaltenen Ellag-Gerbstoffes, der günstig auf Halsentzündungen und Erkrankungen des Stoffwechselsystems wirkt, kam und kommt Erdbeeren eine große Bedeutung in der Volksmedizin zu, und viele Menschen schätzen diese Pflanze auch aus diesem Grund.

»Walderdbeeren müßt ihr ohne
Zucker, ohne Zimt genießen,
Nicht den Essig der Zitrone,
Nicht Burgunder daran gießen.

Laßt sie in der süßen Schale
Roter Lippen halb zerdrücken,
Um sie dann zum zweiten male
Noch mit einem Kuß zu pflücken.«

Hermann von Gilm (1812-1864)

Lektüre: 3, 8, 11, 23, 41, 42, 56, 75, 76, 86, 87

ERLE · *Alnus spec.* · *Betulaceae*

Symbol für: Das Unheimliche. Das Weib. Feuer. Wasser. Erde.

Attribut von: Teufel.

Volksnamen: ahd.: arila, (GB) alder, eller, (L) Elert.

Redewendung: »Rote Haar und Erlenlecken, wachsen auf kei'm guten Stecken.«

Erlen wachsen meist an feuchten, den menschlichen Siedlungen abgelegenen Standorten. Unter ihren Wurzeln hausen Kröten und Schlangen. Irrlichter leuchten zwischen ihnen. Es sind unheimliche Orte, an denen vielleicht auch der Teufel seine Wohnung hat. Das rote Erlenholz ist eines seiner Attribute – angeblich hat es die Farbe davon, weil er seine Großmutter so gerne damit verprügelt. Die Germanen zerbrachen vor Gericht Erlenholz über ihrem Kopf, wenn sie die gänzliche Entsagung von ihrer Familie symbolisieren wollten.
Das Holz, das im Wasser liegend fest wie Eiche wird, brennt gut und entfacht große Wärme. Erlenholzmörser wurden mit Eschenholzquirlen bearbeitet, um Feuer zu erzeugen. Dies wurde als ein Akt der Begattung angesehen, und in der germanischen Mythologie symbolisiert die Erle das Urweib und die Esche den Urmann, von Odin, Lodur und Hönir aus Erlen- und Eschenholz erschaffen.
In der keltischen Mythologie ist die Erle der Baum, der das Sonnenjahr repräsentiert. Die Erle symbolisierte mit ihrem roten Holz das Feuer, das Wasser durch die grünen Blüten und die Erde durch die braune Borke.
Für viele Heutige ist Goethes »Erlkönig« die stärkste Symbolbeziehung zu diesem Baum. Kaum jemand ahnt, daß hinter dem Titel ein Übersetzungsfehler Herders steht, der das dänische »ellerkonge« (Elfenkönig) mit »Erlkönig« übersetzte.

Lektüre: 1, 2, 10, 61/2, 102, 123, 141

ESCHE · *Fraxinus spec.* · *Oleaceae*

Symbol für: Weltenbaum. Gesamtheit des Menschenlebens. Den ersten Mann, gleich dem Adam der Juden. Kraftvolle Festigkeit. Waffe der Lebenskraft. Rettung. Eheliche Freuden.

Attribut von: Poseidon, Nemesis, Mars, Odin, dem germanischen Göttergericht. Yggdrasil.

Volksnamen: (D) Geisbaum, Wundbaum, ahd.: Ask, Askin = Speer, (GB) ash-tree, (F) frène, (I) Frassino, (GR) Melie = Lanze.

Redewendung: »Er ist so zäh wie Eschenholz«.

In der Weltesche Yggdrasil der germanischen Mythologie schließen sich wie in dem Prisma eines Kristalls alle in einem Baum möglichen Symbole zusammen, gleichzeitig einander entgegengesetzt und sich ergänzend. Alle aus einem religiösen Urwissen geboren. Der Weltenbaum taucht durchaus vergleichbar in allen frühen Kulturen auf, doch von keinem anderen sind so detailgenaue Vorstellungen überliefert wie von der Esche Yggdrasil. Snorri Sturluson (1179-1241), isländischer Staatsbeamter, hat in Norwegen und in seiner Heimat gesammelt und niedergeschrieben, was an Mythen noch bekannt war, um sie vor dem Vergessen zu bewahren. Er gab in der »Edda« die großartige Schilderung des kosmischen Baumes »... der Götter vornehmster und heiligster Aufenthalt, wo sie täglich Gericht sollen halten.«
Diese Esche reckte sich von der Erde bis ins Himmelsgewölbe (die fiedrigen, sich übereinander schiebenden Blattbüschel geben dem Baum etwas Wolkenhaftes), weit spannten sich die Äste aus, vielem Schutz zu bieten, und tief senkten die Wurzeln sich in die steinige Erde. Ständig war ein leises Raunen in dem Baum (er liebt einen freien, windreichen Stand). Der Stamm ist Achse und Stütze der Welt. Von den tief herabhängenden Blättern nährte sich die Ziege Heidrun, sie gibt ihre Milch als Met den im ehrlichen Kampf gefallenen

Helden, die in Walhall leben. In der Mitte der Baumkrone hauste der vielwissende Adler. Zwischen seinen Augen sitzt der Habicht, der das Wetter macht. Ein Eichhörnchen läuft munter Stamm auf– Stamm ab, die Nachrichten des Adlers, die alle Zankesworte sind, zu dessen Feindin, der Schlange Nidhögg zu bringen, die unter einer Wurzel der Esche haust.

Die Esche Yggdrasil hat drei Hauptwurzeln, neun Stockwerke tief in die Erde wachsend. Eine Wurzel taucht in den Äsir, die Jenseitswelt der Götter, die zweite zu den Frostriesen, den Vorgängern der Menschen, und die dritte nach Niflheim, dem Totenreich, wo der Brunnen Hwergelmir alle irdischen Flüsse speist, aus denen alles Leben geboren wird. Doch gerade dieser Wurzel und damit dem ganzen Baum droht Gefahr, denn hier haust die Schlange Nidhögg, die den Adler zum Feind hat, und nagt ständig an der Wurzel. Eine Seite des Stammes beginnt bereits davon zu faulen. Symbol der Vergänglichkeit alles Lebendigen, denn auch die Weltesche soll einst bei dem großen Weltenbrand bis auf einen Klotz verbrennen. Doch wann das sein wird, liegt im Schoß der drei Nornen verborgen, die Vergangenheit, Gegenwart, Zukunft symbolisieren. Sie leben in der Mitte der drei Wurzeln und tragen in ihrem Schoß die Lose, die die Geschicke der Menschen und der Welt bestimmen. Eines fernen Tages werden sie das Horn blasen, das den Beginn des Weltendes ankündigt. Die Esche Yggdrasil duldet Unbill, mehr als Menschen wissen. Die Ziege weidet oben, hohl wird die Seite, unten nagt Nidhögg.

»Yggdrasil« bedeutet »Kurier des Ygg«, dies ist ein weiterer Name des Odin (Wodan), des höchsten Asen und Vaters aller Götter. Ursprünglich ein Blitz- und Kriegsgott, wandelte er sich später auch zu einem der Weisheit und Magie.

Er ging zu einer Zeit, da nur Götter und Riesen auf der Erde lebten, mit Hönir und Lodur an einem Fluß entlang. Am Ufer fanden sie zwei Baumstämme, den einer Esche und den einer Erle. Gemeinsam schufen sie daraus das erste Menschenpaar Ask und Embla. Odin hauchte ihnen den Atem ein, Hönir schenkte ihnen Geisteskraft und Sprache und Lodur die übrigen Sinne. Wie das Holz, aus dem er geschnitzt war, hieß der

erste Mann Ask = Esche. Von diesem Paar stammen im germanischen Mythos alle Menschen ab.
Im Amelungenlied ruft Hildebrand dem stolzen Dietrich von Bern zu: »Du hast schon recht vernommen, nur sei nicht ahnenstolz, / Uns schnitzte Wodan alle, zuletzt aus Eschenholz!«
Das Holz der Esche ist außerordentlich hart und zäh, dabei biegsam, die ersten Skier wurden daraus gemacht. Aber lange zuvor auch die ersten Waffen, bevorzugt Speere. Ask heißt auch »der Speer«. Die Wikinger nannten sich selbst »Aschemannen«. Ob es die eroberungssüchtigen, kampfesfrohen Wikinger waren oder ein anderer indogermanischer Volksstamm, der im 3. Jahrtausend v. Chr. bis zum Kaukasus und Kleinasien vordrang, ist unklar, doch offenbar blieben in der jüdischen Sprache seit diesem Kriegszug die Fremdwörter Aschkenas und Aschkenasien erhalten, mit denen man Mitteleuropäer und Deutschland benennt.
In ganz Nordeuropa war die Esche geheiligt und daher geschützt. Im angelsächsischen Raum zählte sie zu den sieben »Häuptlingsbäumen«, fällte man davon zwei widerrechtlich, so stand unweigerlich die Todesstrafe darauf. Erst sehr viel später wurde diese in das Opfer von zwei Kühen umgewandelt. Das Glück einer Ehe beschützte in Schottland ein über das Bett gehängter Eschenzweig, er war Teil des geheiligten Baumes und daher übertragendes Symbol der göttlichen Kraft. Wurde dort ein Kind geboren, entzündete man einen grünen Eschenzweig an einem Ende. Den dadurch am anderen Zweigende austretenden Saft fing man auf und gab ihn dem Neugeborenen als seine erste Speise, die ihm noch vor der Muttermilch symbolisch göttliche Lebenskraft schenken sollte. In anderen Teilen Europas war Honig vom heiligen Eschenbaum die erste Speise eines Neugeborenen.
So ist es auch typisch, daß in der englischen Blumensprache ein Eschenzweig bedeutet: »mit mir bist du sicher«. Das englische Sprichwort: »May your footfall be by the root of an ashtree« meint, daß Eschen bevorzugt auf guten Böden wachsen, wenn es nicht auch heute noch ein Hinweis auf die Heiligung des Baumes ist.

Die im nördlichen Europa heimische *Fraxinus excelsior* hat ein verhältnismäßig kleines Verbreitungsgebiet, im Norden etwa bis zum Drontheimer Fjord, östlich bis zur Wolga, südlich bis zum Alpenrand und der Krim. Die Manna-Esche, *Fraxinus ornus* zieht um das Mittelmeer von Spanien bis zum Libanon. Ihre mythologisch-symbolische Zuordnung in diesem Raum ist sehr ähnlich. Die Esche wird rein männlich gesehen, wenn sie zusammen mit dem Weinstock, der sich an ihr hochrankt, den Römern das Symbol einer glücklichen Ehe und ihrer Freuden war.

Poseidon wurden die Eschen zugeordnet, und Nemesis waren sie heilig. Poseidon war ursprünglich gleich Zeus mit einem Blitz bewaffnet. Ähnlich dem frühen Wodan war er ein wilder, chthonischer Gott. Nach einem verlorenen Kampf mit Zeus blieb nur diesem der Blitz, und Poseidon trug Dreizack oder Fischspeer. Nemesis war noch vor Poseidon die Esche geheiligt. Mit ihrem Speer (griechisch melie = Lanze = Esche) verfolgte sie (vielleicht ähnlich den Nornen) jedes Übermaß, jeden Hochmut.

Die Lanzen des klassischen Griechenlands waren wie die Speere der Germanen aus Eschenholz, leicht und doch fest in der Hand der Kämpfer:

»Rasch ihm folgte sein Volk mit rückwärts fliegendem Haupthaar,
Schwinger des Speeres, und begierig mit ausgestreckter Esche
Krachend des Panzers Erz an feindlicher Brust zu zerschmettern.«

Homer, Ilias, 2. Gesang

Als die Zeit der alten Götter vorüber war, sie mehr oder minder gewaltsam entthront worden waren, mußte man auch das Symbol der Esche zwangsläufig verändern. Zwar fertigte man weiterhin aus ihrem wertvollen Holz Speerschäfte und Bogen zum Kampf (und Einzäunungen der Grundstücke), doch man sorgte andererseits auch dafür, daß ihre magischen Kräfte allgemein bekannt wurden: die Zauberstäbe der Hexen, mit denen diese alles nur mögliche Unglück über die Menschen, das Vieh und die Landschaft brachten, seien aus Eschenholz gefertigt.

Lektüre: 1, 31, 40, 87, 90, 91, 102, 109, 113, 141

FARNE allgemein

Symbol für: Das Unheimliche. Geheimnis der Schöpfung. Einfluß des Teufels. Zauberei. Unsichtbar-sein. Das Fliegen. Einsame Demut. Heilsbringer.

Attribut von: Pluto, Venus, Freyja, Sifjar, Hexen, Maria.

Volksnamen, allgemein: (D) Hexenkraut, Hurenkraut, Johanniskraut, (GB) fern, (F) fougère, (Indien) parna = Feder.

Redewendung: »Den Farnsamen geholt haben« (unmögliches Glück gehabt haben).

SCHILDFARN · *Polystichum ssp.* · *Aspidiaceae*
Volksnamen: (D) Widerton, Goldenes Frauenhaar, Unserer lieben Frauen Haar, (DK) haddr sifjar, syrildrot von Syrhilld = Freyja.

STREIFENFARN · *Asplenium ruta-muraria* · *Aspleniaceae*
Volksnamen: Abton, Jungfrauenhaar, Mauerraute.

FRAUENHAARFARN · *Adiantum ssp.* · *Adiantaceae*
Volksnamen: (D) Wünschelsame, (GB) maidenhair, (F) cheveux de Venus, (Norw.) Freyjuhar, Fruchar.

BÄRLAPP · *Lycopodium clavatum* · *Lycopodiaceae*
Volksnamen: (D) Gürtelkraut, Seilkraut, Hirschkraut, Waldfahrer.
Die meisten Farne wachsen auf feuchten, halbschattigen Waldplätzen, wo früher die Köhler ihre Hütten hatten und wohin man sich als Kind das Hexenhaus aus »Hänsel und Gretel« träumte – oder entlang an Wegen, die aussehen wie jener, auf dem einst Rotkäppchen zur Großmutter ging. Meist sind es Plätze, weit von Dörfern und Städten entfernt, Plätze, denen schon allein durch die Entfernung, durch die Stille, das Dämmerlicht und die Einsamkeit etwas Unheimliches und Fremdes anhaftet. Wer freiwillig dorthin ging, mußte mit der Zauberei wohl vertraut sein, Kräutersammler, Hexen, viel-

leicht auch Frauen, die es mit der Moral nicht so genau nahmen. Denn fast alle Farne waren tauglich zum Liebeszauber – entweder das geliebte Wesen für sich zu entflammen oder in einem Widersacher, gleich ob männlich oder weiblich, die Liebe abzutöten. Alle Liebesgöttinnen hatten Farne als Attribut; andererseits trug Pluto in seiner dämmrigen Unterwelt eine Krone aus Mädchenhaarfarn.

Was zu so geheimnisvollem Liebeszauber taugte, obwohl seine eigene Fortpflanzungsweise bis zur Erfindung des Mikroskops ein Geheimnis blieb, das war natürlich auch mit dem Teufel im Bunde. Viele Jahrhunderte hielt sich in ganz Europa die Meinung, daß demjenigen, dem es gelänge, Farnsamen zu bekommen, damit überirdische Kräfte zuwüchsen, unsichtbar zu werden, unbesiegbar in Krieg und Liebe, ja, daß ihm jeder Wunsch erfüllt würde. Er mußte nur den rechten Bund mit dem Teufel eingehen. Auch dafür gab es Rezepte, am besten nackt, an Johanni um Mitternacht, auf einem Kreuzweg die Wedel über dem eigenen Hemd am Boden ausschütteln. Denn nur in dieser einen Nacht des Jahres würden die Farne blühen und um Mitternacht sei der Samen bereits reif. Wer den »Farnsamen« dann aufsammelte, brauchte weder Tod noch Teufel zu fürchten. Shakespeare sagt in »Heinrich IV.« (II, I): »Wir gehen unsichtbar, denn wir haben Farnsamen bekommen«.

Waren es für einen Teil der Menschen die einsamen Standplätze, die die Farne zu einem Symbol des Unheimlichen machten, so war es für die Menschen, die Farne beobachteten und sammelten, deren nicht erkennbare Art der Vermehrung. Eine Tatsache, die sie als ein Sinnbild des Geheimnisses der Schöpfung deuteten. Die Neuzeit hat dieses Geheimnis entschlüsselt. Farne gehören zu den Pflanzen, die zwei Generationen für einen Lebenszyklus benötigen. Diese zwei Generationen sehen völlig unterschiedlich aus. Botaniker nennen das »heteromorpher Generationswechsel«. Die kupferbraunen, mikroskopisch kleinen Sporen, die an der Unterseite reifer Wedel in kunstvollen, winzigen Behältern, die dem Auge meist punktförmig erscheinen, sitzen, werden durch einen raffinierten Schleudermechanismus ins Freie befördert. Wenn sie auf feuchte Erde fallen, keimen daraus kleine Fäden, die nach einiger Zeit einen wenige Zentimeter großen Vorkeim, das Prothallium, bilden. Es wird fast nie beachtet, da es in keiner Beziehung zu den großen Farnwedeln zu stehen scheint. Meist liegt es ganz flach der Erde an und stirbt nach kurzer Zeit wieder ab. In dieser Zeit haben sich auf der Unterseite dieser Prothallien weibliche und männliche Geschlechtsorgane (Archegonien und Antheridien) gebildet. In ihnen reifen Ei und Samenzelle heran, die Befruchtung erfolgt. Die Prothallien sind also die zweite, sich geschlechtlich fortpflanzende Generation, aus denen die neue Pflanze entsteht.

In dieser »unsichtbaren«, d. h. ohne Mikroskop nicht erkennbaren Weise der Vermehrung liegt vermutlich der Grund, warum »Farnsamen« selbst zum Sinnbild der Möglichkeit wurden, sich unsichtbar zu machen.

Aufgrund ihrer abgelegenen Wuchsplätze, an Orten, wo manche Klosterbrüder ihre Einsiedeleien errichteten, gab ihnen die christliche Kunst das Symbol einsamer Demut.

Der Begriff »Hexen«, der ja erst im Christentum geschaffen wurde, blieb aber weiterhin mit den Farnen verbunden.

»Abton« und »Widerton« kann sowohl »Antun« und »wider das Antun« = anhexen heißen, ebenso aber auch »wider den Tod«. In jedem Falle waren Farne in den »Flugsalben« enthalten, die unter die Fußsohlen gestrichen, die berühmten »Hexenritte« ermöglichten. Ob Farne tatsächlich psychotrope Wirkung haben, ist unklar. Vermutlich erklärte Valeriano Bolzani in »Hieroglyphia« (556) sie zum Symbol des Fliegens, weil das zarte gefiederte Laub der Wedel an Vögel erinnert. Im Sanskrit heißen Farne parna = Feder.

Doch es gibt noch eine andere interessante sinnbildliche Verbindung zu den Hexen. Die Sporen von *Lycopodium clavatum* sind absolut wasserabweisend. Streut man auf eine kleine Wasserfläche eine dichte Schicht der Sporen, so kann man den Finger hineintauchen und er bleibt völlig trocken. Hatte eine Hexe die Wasserprobe bestanden, so war ihr der Feuertod beschieden.

Lektüre: 9, 14, 61/2, 80, 102, 109, 123, 133, 141

FEIGE · *Ficus spec.* · *Moraceae*

Symbol für: Fruchtbarkeit. Reichtum. Frieden. Sexualität. Weibliches Geschlecht, in Japan männliches Geschlecht. Baum der Erkenntnis. Verbergen. Pforte zur Verdammnis. Buddhas Erleuchtung. Nie verlöschende Lebenskraft. Ewigkeit der Welt. Unsterblichkeit. Unterwerfung. Erniedrigung.

Attribut von: Dionysos/Bacchus, Priapos, Osiris, Hathor, dem mystischen Lamm Gottes.

Volksnamen: (mhd.) figenboum, (GB) fig, (F) figue, (L) Figgen, (T) ingir, (GR) kokkyx = Kuckuck, (arabisch) tine, (hebräisch) Teenah = Feigenbaum, Teemin = Feigenfrucht, (Ägypten) neh ent bet, (Nepal) Pipal, Bo, (Indien) Banyan, Aswath.

Redewendungen: »Ich achte ihn keine Feige wert«. »... eine Feige zeigen«. »Eine Ohrfeige geben«.

Die Ambivalenz der Feige in ihrer Symbolik wird vielleicht klarer, wenn man sich erinnert, daß in den frühen Hochkulturen Sexualität durchaus zu den kultischen Handlungen gehörte. Doch nirgends ist der Abstieg, der Verlust an menschlicher Qualität rascher möglich als in der Sexualität. »Mit der Feig'n hausieren«, ist in Wien ein volkstümlicher Ausdruck für Prostitution, ein Schürzenjäger ist »a Feigen-Tandler«.
Die eßbaren Feigen *Ficus carica* gehören zu den frühesten Anbaufrüchten der Menschen. Bei Ausgrabungen in Geser, einer größeren antiken Stadt westlich des Gebirges Juda, wurden getrocknete Feigen gefunden, die aus der Zeit um 5000 v. Chr. stammen.
Die Befruchtung der Feigen ist außerordentlich kompliziert, doch hochinteressant. Alle wilden Feigen haben eine Lebensgemeinschaft mit Feigenwespen, bei der keiner ohne den anderen überleben kann. Sicher gibt es kein besseres Symbol des geglückten Zusammenlebens von zwei ganz unterschiedlichen Wesen.
Schon im Altertum war diese Lebensgemeinschaft bekannt.

Das tatsächliche Geheimnis der Befruchtung, wie raffiniert diese Gemeinschaft sich in der Evolution entwickelt hat, konnte, und auch das noch nicht restlos, erst in der Mitte dieses Jahrhunderts entschlüsselt werden.

Ficus carica, die als Lebensmittel angebaute Feige, ist nur eine Art der mit über 700 Mitgliedern zu den artenreichsten Gattungen zählenden Pflanzen. Sie wächst auf ärmsten, heißen, nicht bewässerten Böden. Die süße, weiche, samenreiche Früchte bringenden Bäume sind eine Ficus-Art mit ausgesprochen schlechtem moralischen Ruf. Doch sind sie nicht nur ein Symbol frivoler Sexualität, sie sind auch eines der Fruchtbarkeit, des Reichtums und des Friedens. Und sie sind gelegentlich auch, statt des Apfels, der Baum der Erkenntnis aus dem Paradies, so zeigen ihn zumindest die Brüder van Eyck auf dem Genter Altarbild. In der Sixtinischen Kapelle malte Michelangelo einen Feigenbaum direkt neben den Apfelbaum, gewissermaßen als »Kleiderspender«. Seit Adam und Eva symbolisiert das Feigenblatt das Verbergen von etwas, dessen man sich schämt.

Die gesamte Genitalsphäre, die keineswegs nur durch das Feigenblatt, sondern in viel größerem Maße durch die Frucht symbolisiert wird, ist besonders »mannahaltig«. Feige und Rose sind die vertrautesten Sinnbilder für diese Kräfte. Wobei die Rose nur den Frauen zugeordnet wird, während die Feigenfrucht das weibliche Geschlecht versinnbildlicht und das Feigenholz bevorzugt zum Schnitzen des kultischen Penis verwendet wurde. Das spröde, schwer zu bearbeitende Holz wird, gleich dem der Eiche und der Erle, sehr fest, wenn es länger im Wasser gelegen hat. Die vor allem im Süden Europas verbreitete Geste »einem eine Feige zeigen«, indem der Daumen zwischen Zeige- und Mittelfinger geschoben wird, ist eindeutig obszön, auch wenn sie heute auf Italiens Autobahnen viel gebraucht wird. Als Amulett ist die ›Feige‹ in Silber oder in Elfenbein an bayerischen Trachten und auch in Portugal oft zu sehen. Den Ausdruck »einem die Feige zeigen« führt J. B. Friedreich auf die Zeit Friedrich Barbarossas zurück. Der Kaiser hatte Mailand wieder verloren, und seine Frau Beatrix war in der Hand seiner Feinde verblieben. Diese demütigten die Kaiserin durch eine höchst ungewöhnliche symbolische Handlung. Sie wurde rücklings, mit dem Kopf in Richtung des Schweifes, auf eine Eselin gesetzt und so durch Mailand geführt. Als Kaiser Barbarossa die Stadt zurückeroberte, ließ er diese schleifen und schenkte nur jenen Einwohnern das Leben, die sich der Erniedrigung unterwarfen, mit ihren Zähnen eine Feige aus dem After einer Eselin zu holen und auch wieder hinein zu stecken.

In der Türkei ist es für eine Frau praktisch unmöglich, beim Einkauf mit dem Wort »ingir« eine Feige zu verlangen. Man sagt als Frau in Izmir »Yemis«, das wörtlich übersetzt heißt: »Ich bin satt« – darauf bekommt man Feigen verkauft.

Der Begriff »Feige« wurde und wird allgemein meist abschätzig gebraucht. Bei Shakespeare heißt es mehrfach: »I don't care a fig for it«, in den »Lustigen Weibern von Windsor«: »A fico for the phrase.«

Im Alten Testament ist die Feige oft genannt, Luther übersetzte sie irrtümlich mit »Maulbeere«. – »Er gab dem Lande Frieden, und Israel freute sich überaus. Ein jeder saß unter seinem Weinstock und Feigenbaum, und niemand schreckte sie«, heißt es im Ersten Makkabäer-Brief 14,11. Man pflanzte häufig in Judäa Feigenbäume in die Weingärten. So konnten die Reben an diesen hochranken und rasch ein dichtes Schattendach bilden, unter dem ein angenehmer Aufenthalt war. »Unter dem Feigenbaum ruht, wer die Süßigkeit des Heiligen Geistes genießt und sich sättigt an seinen Früchten«, schrieb der Heilige Hieronymus.

Ein Ölbaum, ein Weinstock, ein Feigenbaum und ein Süßwasserbrunnen waren in der Welt der Alten genug, sich als glücklicher Mensch zu fühlen, und waren ein Symbol des Reichtums. Doch das Alte Testament warnt auch die, die sich nicht an das Gesetz halten. In Hosea (II,12) heißt es: Der Prophet sagt: »Ich verwüste ihren Feigenbaum, von dem sie sagt, Buhlerlohn ist er mir, denn mein Buhle hat ihn mir gegeben.« Noch drohender heißt es in Isaak (34,2-5): »Und all die Menge soll niederfallen, wie die Blätter fallen vom Weinstock und wie die Feigen vom Feigenbaum. Mein Schwert soll im Himmel baden, es soll herunterkommen über Idumea, das Volk meiner Verdammnis zu richten.« In der vielfältigen Symbolik des Feigenbaumes sieht man ihn, belegt durch diese

Textstelle, auch an der Pforte zur Verdammnis wachsen, was durchaus auch in Beziehung stehen kann zu seiner mannigfachen sexuellen Bedeutung.

In Rom war man überzeugt, daß Romulus und Remus im Schatten eines Feigenbaumes aufgewachsen sind, der ihrem Vater Mars heilig war. Darin sah man ein Zeichen für den künftigen (kriegerisch erworbenen) Reichtum Roms. Gott Bacchus soll seine große körperliche Fülle seiner Vorliebe für Feigen verdanken. Bei den Saturnalien wurden ihm Feigenfrüchte geopfert, und auf vielen Darstellungen trägt er eine Krone aus Feigenblättern, seine Priester tragen Ketten und Kränze aus getrockneten Feigen.

Offenbar wurde die Feige in Rom und Italien in früherer Zeit im wesentlichen positiv gesehen. Dante zeigt im »Inferno«, wie hoch geschätzt die Feige in Italien war. Der Feigenbaum ist ihm Metapher der menschlichen Entwicklung zum Guten, ja, des Guten an sich: »Doch dieses undankbare schlechte Volk, / das einst von Fiesolo herunterstieg, / und noch im Wesen gleich dem felsgen Berg, / wird Feind dir sein, weil du das Gute tust; / und das mit Grund: denn zwischen herben Beeren / kann nie gedeihn der süßen Feige Frucht.«

Die keine Früchte tragenden Feigenbäume, allgemein *caprificus*, auch Bocksfeigen genannt, wurden den Christen zum Symbol der Unfruchtbarkeit. Sie setzten sie zu den Synagogen in Beziehung, welche unter dem Gesetz Mose fruchtbar waren, aber nach Christus bedeutungslos wurden. Da sie im mittelmeerischen und kleinasiatischen Raum als »Mauerbrecher« genutzt wurden – Martial schreibt: »Feigen zersprengen den Marmor Messanas ...« – betrachtete man sie auch als Sinnbild der Stärke des christlichen Glaubens.

In Indien, wo man zu dem gleichen Zweck junge Bocksfeigen ihre Wurzeln in Felsspalten senken ließ, damit dann später die alten Bäume die großen Blöcke lossprengten, waren diese unfruchtbaren männlichen Feigen ein Sinnbild Schiwas, des großen Gottes der Schöpfung und der Zerstörung.

Von höchster Wichtigkeit ist den Menschen buddhistischen Glaubens *Ficus religiosa*, unter dem Buddha seine Erleuchtung erhielt. Wo er wächst, wird er hoch verehrt und ist reich an Symbolik für Gnade und Barmherzigkeit. In Nepal nennt

man ihn Pipal oder Bodhi oder einfach Bo. Ein Pipal (für das männliche Prinzip) und ein Mangobaum (für das weibliche Prinzip) zusammengepflanzt, bedeutet Atman = Sein.
Auch im Hinduismus spielt dieser Baum eine wichtige Rolle. Viele Götter wohnen nach der Vorstellung im Pipal, vor allem der elefantenköpfige Gott Ganesch, der Gott der Güte und Weisheit des Herzens.
Mit fast ebenso großer Verehrung betrachtet man den Banyan-Baum, *Ficus benghalensis*. Er steht unter strengem (moralischem) Schutz. Wer einen Banyan mutwillig beschädigt, wird niemals einen Sohn bekommen! Im Sanskrit heißt er Aswatha. Dieser Baum senkt aus seinen Ästen Luftwurzeln, die sich zum Teil im Boden verankern und neue Bäume bilden, so daß ein dichtes Laubdach bis zu fünfzig Meter im Durchmesser entstehen kann. So ist der Baum den Hindus Symbol des ewigen Wiedergebärens, der Ewigkeit der Welt. In der Bagavagita sagt Gott Krishna von sich: »Ich bin der Geist, der Anfang, die Mitte und das Ende der Schöpfung, ich bin wie der Aswatha unter den Bäumen.«

Lektüre: 2, 14, 15, 18, 20, 51, 54, 61/2, 80, 86, 102, 109, 123, 141

FICHTE · *Picea abies* · *Pinaceae*

Symbol für: Weihnachten. Innere Kraft. Neugeborene Sonne. Leben und Hoffnung. Immerwährende Zeugungskraft der Erde. Tod.

Attribut von: Waldschutzdämonen, Balder, Maria, Dionysos/Bacchus, Hymenaios, St. Afra, Augsburg.

Volksnamen: (D) Fichte, Tanne, Rottanne, ahd.: fichta, (GB) red fire tree, (F) faux sapin, (Japan) Momi.

Redewendungen: »Nicht jede Tanne ist eine Zeder, aber jede hält sich dafür«. »Die knarrende Tanne steht am längsten«. »Schlank wie eine Tanne«. »Einen in die Fichten führen«.

Bei dem Stichwort »Fichte« denken fast alle Menschen an den Weihnachtsbaum – Symbol der Freude ihrer Kindheit und geglückter und weniger geglückter Weihnachtsabende ihres späteren Lebens.
Durch den immergrünen Habitus und die außerordentliche Winterhärte waren die Fichten den Germanen ein Symbol der Kraft und zugleich der Hoffnung: Der Winter, der so vieles zerstörte, konnte der Fichte nichts anhaben. Die Germanen holten zum Julfest einen großen Block aus einer Fichtenholzwurzel ins Haus, der auf dem Herd entzündet und die Feiertage über am Brennen gehalten wurde, als Sinnbild der Sonne und ihrer Wiederkehr. Dies galt zugleich auch als ein Opfer für die Schutzdämonen der Wälder.
In den nordischen Ländern, wo die Eiche nicht mehr wächst, war die Fichte Balder, dem Lichtgott, geweiht. Zunächst wurde der Julblock dort von einer mit Lichtern geschmückten Eberesche abgelöst, die mit grünen Misteln besetzt war.
Erst sehr viel später, im 16. oder 17. Jh., kam der »Tannenbaum« zu Weihnachten in Mode. Aber offenbar in dem sicheren Gespür, daß es sich hier um ein »heidnisches« Symbol handelt, wurden viele Stimmen dagegen laut. Der in Straßburg lehrende Professor Dannhauer nahm energisch, aber erfolglos gegen diese »Kinderspiele« Stellung, obwohl schon

einige hundert Jahre zuvor Hildegard von Bingen die Fichte als ein Sinnbild innerer Kraft bezeichnet hatte.
Da die Fichten ein mächtiges Symbol der Lebensfülle und Stärke waren, sah man in ihnen auch einen Baum, der hilfreich sein konnte gegen böse Dämonen, Hexen und Teufel, ja, sogar gegen angehexte Krankheiten, denn seine grünen Nadeln waren ja immer gesund.
So wurden bei allen großen Festen – Hochzeit, Taufe, Totenfeiern – die Fußböden der Häuser mit Fichtenzweigen bestreut. In Griechenland holte sich der Bräutigam am Abend der Hochzeit seine verschleierte Braut aus deren Elternhaus. Dabei trug er eine Fackel aus dem stark harzhaltigen Kienholz der Fichten. So ist das Attribut des geflügelten Hochzeitsgottes Hymenaios eine brennende Kienfackel.
Wenn der Winter endgültig besiegt war, wurde und wird am 1. Mai eine große Fichte aus dem Wald geholt, mit bunten Bändern geschmückt und als Mittelpunkt des Maitanzes auf den Dorfplatz gestellt.
Ebenso wird eine kleine Fichte oder eine aus Fichtenzweigen gebundene Richtkrone von den Zimmerleuten auf das Dach eines neuen Hauses gesetzt, wenn ihre Arbeit getan ist. In China nimmt man bei dem gleichen Anlaß eine kleine Kiefer und sagt dazu (1981): »Wenn die bösen Geister darüber fliegen, so sollen sie gar nicht merken, daß jetzt ein Haus hier steht, sondern denken, es ist Wald, und weiterreisen« – einen ähnlichen ursprünglichen Bezug dürfte dieser Brauch auch in Europa haben.
Doch gerade wegen ihrer starken Kräfte war die Fichte, wie fast alle immergrünen Pflanzen, auch Symbol des Todes. Sie erwartete geduldig die Wiederkehr des Lichtes – ein gleiches sollte auch der Tote tun. Bei vielen europäischen Völkern, vor allem bei den Römern, zeigte ein Fichtenbaum vor der Haustür an, daß einer der Hausbewohner verstorben war. Scheiterhaufen zur Totenverbrennung wurden mit Fichtenzweigen behängt. Noch jetzt werden zur Beerdigung die offenen Gräber mit Fichtenreisig ausgekleidet, sofern nicht grüner Plastikrasen diese ersetzt.
In den heiligen Fichtenhainen der Esten waren die Bäume mit Kriegstrophäen und Opfergaben reich geschmückt. Diese

Bäume waren selbst Objekte der Anbetung. Alle, die Hilfe suchten, kamen zu ihnen, vor allem Frauen vor der Niederkunft.

Der »Großen Mutter Kybele«, Landesgöttin der Phryger, war die Fichte heilig, an vielen Stellen Kleinasiens wurde sie auf orgiastische Weise in Fichtenhainen verehrt. Die Griechen setzten diese Erd- und Fruchtbarkeitsgöttin mit Rhea, der kretischen Zeusmutter, gleich. So ist es nicht verwunderlich, daß Fichten mehr als tausend Jahre später zum Marien-Attribut wurden. So wie diese Bäume zum Himmel streben, so wurzele auch Maria nicht in irdischer Liebe, sondern erhebe alle ihre Gefühle zum Himmel. Von Filippo Lippi hängt in den Uffizien in Florenz eine wundervolle »Anbetung des Kindes«, auf der in diesem Sinn Fichten Maria umgeben.

Auf eine ganz besondere Weise hat sich die Gaunersprache der »Fichten« bemächtigt. »Einen in die Fichten führen« – das meint, jemand hinters Licht, ins Dunkel führen, ihn hintergehen –, ist allgemein geläufig. »In die Fichten gehen«, d.h. ausreißen, wird schon von weniger Menschen benutzt. Die Spezialisten waren sich wohl im klaren, daß ihre Arbeit am besten das Tageslicht scheuen und im Dunkel, etwa dem tiefen Schatten im Fichtenwald, ausgeführt werden sollte. »Fichtegänger« heißt der nächtliche Dieb, der Betrogene »Fichtner«. »Den Fichtner machen« heißt: Der-Betrogene-Sein.

Eine eigene Symbolik ist dem Fichtenzapfen vorbehalten. Durch seine phallische Form stand er zu den Liebesgöttinnen der verschiedenen Religionen in enger Beziehung. Allgemein wird die Krönung des Thyrsosstabes und das Emblem im Augsburger Stadtwappen als »Fichtenzapfen« bezeichnet, obwohl er einem Pinienzapfen ähnlicher sieht. Da Augsburg St. Afra als Stadtheilige verehrt und ihre Grabstätte im dortigen Dom ist, muß man es vermutlich so sehen, denn St. Afra ist die Schutzpatronin der Prostituierten.

Lektüre: 54, 80, 101, 102, 109, 111, 123, 141

GÄNSEBLÜMCHEN · *Bellis perennis* · *Compositae*

Symbol für: Mutterliebe. Gesegnete Seelen im Himmel. Wiederkehr Christi. Anspruchslosigkeit. Reinheit. Kindliche Unschuld. Bescheidenheit. Ritterliche Liebe.

Attribut von: Ostara, Freyja, Aphrodite/Venus, Maria, Weiblichem Märtyrer, dem mystischen Lamm Gottes.

Volksnamen: (D) Maßliebchen, Tausendschön, mhd.: vridelsouge (Auge der Geliebten), (GB) daisy, day's eye, Miss Modesty (Fräulein Sittsam), (F) pâquerette, (CH) Müllerli, Geißevierzel.

Die Gänseblümchen sind Blumen fürs Gemüt. Liebling der Kinder und alten Leute. Ostara, der Frühlingsgöttin, und Freyja, der Liebesgöttin, geweiht. Symbol der Mutterliebe, da sie am Abend oder bei Regen den Blätterkranz schützend über dem Blütenkorb schließen. Für viele christliche Tugenden sind sie symbolisch: die Reinheit, die Anspruchslosigkeit, die Bescheidenheit. Auf zahlreichen Tafelbildern der großen Meister erscheinen sie auf dem Grasteppich zu Füßen von Maria, Jesus oder Heiligen zusammen mit Veilchen und Erdbeeren. Auf Botticellis »Geburt der Venus« reicht eine Nymphe der Göttin einen Mantel, der ganz mit Bellis bestickt ist. Zur Zeit des Minnesangs durfte der Ritter, der das Herz seiner Dame gewonnen hatte, Bellis auf sein Wappenschild gravieren. »Maßliebchen« erinnert an das holländische Sprichwort: »Mâte lêfte, lânge lêfte« = »maßvolle Liebe, lange Liebe«. Christian Grunert schreibt: »Dem Ruhm des Tausendschönchens ist nichts hinzuzufügen.«

Lektüre: 1, 60, 80, 89, 102, 123, 141

GETREIDE

Symbol für: Fruchtbarkeit. Reichtum. Brot des Lebens. Leben. Tod *und* Auferstehung. Erneuerung des Lebens. Das Heilige. Gesittung.

Attribut von: (altmesopotamisch) Aschnan, (altsemitisch) Atargatis, (alt GR) Demeter, (Ä) Isis und Osiris, (Rom) Ceres, (☧) Maria als virgo caelestis.

Redewendungen: »Spreu vom Weizen sondern«. »Sein Weizen blüht«.

Die körnerreiche Ähre des Getreides ist in einer naheliegenden Deutung Fruchtbarkeits- und von daher Reichtumssymbol. Als solches erscheint sie auf zahlreichen Münzen von der Antike bis zur Moderne. In der Frühzeit war die Bedeutung eine noch weiterreichende. Bereits in der ägyptischen Hochkultur war das Getreide – erwachsen aus der in der Erde geborgenen Saat – zum einen Sinnbild der mütterlichen Erdgöttin Isis, zum anderen Symbol ihres vom Tode auferstandenen Gemahls Osiris geworden. In den Grabkammern des 1336 v. Chr. gestorbenen Königs Tutanchamun fand Howard Carter bei deren Öffnung am 22. November 1922 einen über zwei Meter langen Kasten. Er enthielt eine flache Holzform in der Figur des Osiris. Diese war mit Sand, vermutlich aus dem Nil, gefüllt, in den Gerste ausgesät und etwa acht Zentimeter hoch gekeimt war. Symbol der Auferstehung.
In der Erinnerung der alten Völker war der Moment, in dem die Menschen anfingen, Getreide anzubauen, seßhaft zu werden, ein entscheidender Einschnitt. Bildung, Sitte, Ordnung wurden möglich, weil nötig. Der Kreislauf von Leben, Tod und Wiedergeburt vollzieht sich analog im Ackerbau. Nur ein göttliches Wesen konnte daher die Menschen diese Kunst gelehrt haben. Für die Griechen war dies Demeter. Aus Kummer über den Verlust ihrer Tochter Persephone, die Hades in die Unterwelt entführt hatte, verließ sie freiwillig den Götterhimmel, um ihrer Tochter nahe zu sein und die Menschen im Ackerbau zu unterweisen. Denn Zeus hatte auf ihr Flehen hin

entschieden, die Tochter dürfe zu ihrer Mutter zurückkehren, wenn sie noch keine gemeinsame Mahlzeit mit Hades gehalten. Hermes, der geflügelte Bote der Götter, kam jedoch mit der Nachricht aus der Unterwelt zurück, Persephone habe, als er sie erblickte, von der Frucht des Granatapfels, die Hades ihr anbot, gerade zwei Kerne verspeist. Um die immer lauter jammernde Demeter zu beschwichtigen, änderte der oberste Gott sein Urteil dahin ab, daß Persephone in den heißen Sommermonaten bei ihrem Gatten Hades in der Unterwelt verbringen müsse, die übrige Zeit aber bei ihrer göttlichen Mutter auf der Erde leben dürfe. So wurde Persephone selbst zum Symbol des Samens, der ein halbes Jahr in der Erde verbringt, um im Frühling zu keimen, zu wachsen, zu blühen und Frucht zu tragen. Herodot (ca. 484-430 v. Chr.) berichtet von Griechenland: »Und überall sind Stätten der Demeter, in denen alles getan werden muß zu seiner Zeit und in denen alles getan wird zu seiner Zeit.« Sehr ähnlich sagt der frühe chinesische Philosoph Lü Bu Wei in seiner Abhandlung »Über den Landbau«: »Alles was uns gegeben wird, ist die Zeit.« In Rom stand Ceres als Fruchtbarkeitsgöttin an der Stelle Demeters. Ovid schreibt in den »Metamorphosen« XXV: »Ceres zuerst hat die Schollen mit hackigem Pfluge gewühlet, / Ceres zuerst gab Früchte dem Land und mildere Nahrung, / Ceres gab die Gesetze: durch Ceres' Geschenk sind wir alles.«

Doch immer blieb – und bleibt – den Menschen die sorgenvolle Ungewißheit, ob die ausgebrachte Saat auch keimen, blühen und Ähren tragen wird, ob die Ernte gelingt. Die Hilfe göttlicher Mächte schien unerläßlich dazu. So waren reife Ähren immer Teil der Opfergaben. Gelang die Ernte, fiel sie reich genug aus, so war dies ein Zeichen, daß der Segen der Götter auf dem Volk lag. Im ersten Buch Mose heißt es (26. 12): »Und Isaak säte in dem Lande und erntete in jenem Jahre hundertfach, denn der Herr segnete ihn.« Alle kennen die Bibelstelle, die von den sieben fetten und den sieben mageren Jahren berichtet. Die Abhängigkeit vom Wetter und den sich in größeren Abständen wandelnden Klimabedingungen waren für den seßhaft gewordenen Menschen viel größer als für die herumstreifenden Jäger und Sammler.

Aus dem Nahen Osten stammende Wildgräser waren die ersten Feldfrüchte, die Eltern unserer heutigen Getreidesorten. Der wilde Emmer und das Einkorn, beides Weizenarten, und die Gerste gehörten zum ersten Getreide, das unsere Ahnen feldmäßig anbauten. Rund zehntausend Jahre ist das her. Die frühesten Aufzeichnungen über Ackerbau berichten von einer Fruchtfolge von Korn und Brache. Während des Brachjahres wurde genügend Stickstoff für das folgende Fruchtjahr erzeugt und freigesetzt.
In der frühen Zeit der Römer entwickelte sich eine förmliche Getreidereligion. Verehrt wurden besondere Götter für Säen, Keimen, Hervorsprießen, Spelzen- und Körnerbildung.
In der christlichen Religion wurde aus den Feldfrüchten »das Brot des Lebens«, das Kelche, Monstranzen, Altartücher schmückt. Maria wurde als Erdmutter, als »Madonna im Ährenkleid« verehrt. Im Sternbild der Jungfrau heißt der hellste Stern Spica – Ähre. Beim Abendmahl brach Christus das Brot und sagte: »dies ist mein Fleisch« – in der heiligen Eucharistie wird noch heute die symbolische Wandlung gefeiert.
In der Traumdeutung ist das Getreide die Frage des Menschen an sich selbst: was ist in mir gewachsen und was möchte ich ernten?

»Windet zum Kranze die goldenen Ähren,
Flechtet auch blaue Cyanen hinein!
Freude soll jedes Auge verklären,
Denn die Königin ziehet ein,
Die Bezähmerin wilder Sitten,
Die den Menschen zum Menschen gesellt
Und in friedliche feste Hütten
Wandelte das bewegliche Zelt.«

Friedrich von Schiller in:
»Das eleusische Fest«

Lektüre: 24, 41, 51, 65, 85/1, 102, 123, 135

GINKGO · *Ginkgo biloba* · *Ginkgoaceae*

Symbol für: Unbesiegbarkeit. Hoffnung. Langes Leben. Fruchtbarkeit. Zuneigung. Freundschaft. Anpassung.

Volksnamen: (D) Mädchenhaarbaum, (GB) maidenhair tree, (F) Tausend-Taler-Baum, (Japan) Joho (Ginkyo ist ein alter literarischer Name), (China) Ya Chio = Entenfuß, Yin Hsing = Silberaprikose, Kung Sun Shu = Großvater-Enkel-Baum.

Erst seit etwa zweihundertfünfzig Jahren wachsen wieder Ginkgo-Bäume in Europa. Engelbert Kaempfer hat sie 1712 nach seinem zweijährigen Japan-Aufenthalt beschrieben, und vermutlich brachten holländische Händler um 1730 Samen mit nach Europa. Er war bald als Parkbaum geschätzt. Dendrologen und Naturwissenschaftler wie Goethe interessierten sich für ihn, da sie in seiner scheinbaren Fremdartigkeit mehr als nur ein Geheimnis erfühlten.
Doch in das allgemeine Interesse trat er erst, nachdem bekannt wurde, daß in Hiroshima ein Ginkgo, der etwa achthundert Meter vom Zentrum der Explosion der ersten Atombombe entfernt stand, im folgenden Frühling 1946 ein frisches, schüchternes Reis aus dem alten Wurzelstock trieb. Der Baum schien zuvor, wie alles in dieser Zone, völlig vernichtet. Damit war ein neues Symbol geboren. Ein Symbol der Unbesiegbarkeit, der Hoffnung. In den fast fünfzig Jahren, die das Ereignis zurückliegt, ist wieder ein großer Baum aus diesem Ginkgo geworden, doch es ist ein Baum, dem man das schwere Leid ansieht, das ihm widerfahren ist. Wie die Menschen, die die Katastrophe überlebt haben, ist er gezeichnet. Aber er wächst.
Seitdem haben sich die Wissenschaftler, mehr noch als zuvor, des *Ginkgo biloba* angenommen. Ständig werden neue Erkenntnisse über ihn veröffentlicht. »Einen Weltenbaum, der die Geheimnisse einer unermeßlichen Vergangenheit bewahrt«, nannte ihn der Paläobotaniker Sir Albert C. Seward. Langsam versucht man, ihm die Geheimnisse seiner über dreihundert Millionen Jahre dauernden Geschichte zu entrei-

ßen. Vielleicht ist er der allererste Baum dieser Erde. Er ist noch kein Blattbaum (obwohl er scheinbar Blätter trägt), kein Nadelbaum (die erst zweihundertfünfzig Millionen Jahre nach ihm entstanden), sondern ein ganz eigener Versuch der Natur, aus der man die Ordnung der Ginkgoales bildete. In jedem Falle eine der ersten Pflanzen, denen es gelang, Lignin in ihren Zellen zu bilden, welches das Aufleiten von Wasser und Nährstoffen in die Senkrechte gestattet, das verholzende Zellen anlegt, den Baum ermöglicht.

Die Familie der *Ginkgoaceae* umfaßte im Laufe ihrer langen Existenz etwa dreihundert Arten, die zeitweise die gesamte nördliche Halbkugel bis Australien hin besiedelten. Überall, auch in Europa, findet man Versteinerungen von ihnen. Doch *Ginkgo biloba* ist die einzige Art der Familie, die überlebte. Die Zeit der größten Verbreitung liegt etwa einhundertfünfzig Millionen Jahre zurück, lange bevor die Dinosaurier lebten und bevor die ersten Menschen die Erde betraten. Widerstandsfähigkeit gegen Pilze, Insekten, Umwelteinflüsse, vor allem aber die enorme Anpassungsfähigkeit ermöglichten *Ginkgo biloba* das Überleben in den chinesischen Provinzen Zhejiang, Anhui und in Japan auf der Höhe des 50. nördlichen Breitengrades. Es scheint eine der rätselvollen Ironien der Weltgeschichte zu sein, daß die gesamte chinesische Philosophie das Überleben durch Anpassung lehrt.

Ginkgo ist zweihäusig – Herr Ginkgo und Frau Ginkgo entwickeln ihre Geschlechtszellen auf verschiedenen Bäumen. Im Gegensatz zu den archaischen Tieren, die meist zwittrige Wesen sind wie Würmer und Schnecken, neigen die frühen Pflanzen dazu, ihre Geschlechtszellen zu trennen. Der Ginkgo hat eine in der Pflanzenwelt einmalige Form der Vermehrung entwickelt. Was unseren Augen von dem herbstlichen Ginkgobaum wie Mirabellen entgegenleuchtet, hat, mit den Augen eines Naturwissenschaftlers betrachtet, mehr Ähnlichkeit mit Eiern als mit Früchten. Und zwar mit Eiern, die von einer Henne stammen, die noch kein Hahn besucht hat. Jean Marie Pelt schreibt: »Das Ei« (des Ginkgo) »bildet sich bereits vor der Befruchtung, wird meist auf der Erde abgelegt, wo es vom Pollen« (des männlichen Ginkgo) »erreicht werden kann. Der Embryo, der daraufhin entsteht, gönnt sich keine Pause, wächst, schlägt Wurzeln und gedeiht zu einem neuen Baum. Von diesem Gesichtspunkt aus gesehen, ist der Ginkgo auf der Entwicklungsstufe der Fische stehengeblieben, bei denen die Befruchtung außerhalb des Mutterleibes im Wasser stattfindet.« In der Wissenschaft nennt man den *Ginkgo biloba* einen »oviparen Baum«.

Doch bis es soweit ist, daß der Baum geschlechtsreif wird, vergehen dreißig bis vierzig Jahre. Daher heißt der Baum in China auch Großvater-Enkel-Baum. Wer die »Früchte« ernten will, muß einen Ginkgo besitzen, den der Großvater gepflanzt hat. In Ostasien sind die den späteren Embryo umhüllenden Kerne als Delikatesse geröstet sehr geschätzt, zumal sie Gesundheit und langes Leben bringen sollen. Bei Hochzeiten und anderen großen Festlichkeiten werden sie rot eingefärbt und heißen dann Hsi Huo. Den Taoisten waren sie ein unverzichtbarer Anteil ihres Langlebenselixiers.

Auch in Europa hat man mittlerweile ihre hohen pharmakologischen Eigenschaften nachgewiesen und anerkannt. Die »Früchte« enthalten in ihrer fleischigen Hülle unter anderen wertvollen Inhaltsstoffen in reichem Maße Buttersäure, die in der Kosmetikindustrie sehr gesucht ist. Allerdings gibt gerade diese Buttersäure im Herbst, wenn die »Früchte« zu Boden fallen und faulen, einen außerordentlich unangenehmen Geruch ab. Der Grund, weshalb fast nur noch männliche Ginkgos gepflanzt werden, was auf die Dauer der Art aber nicht bekömmlich sein kann.

Mehr noch als die »Früchte« werden die »Blätter« genutzt. Sie enthalten sehr seltene Moleküle, die die Natur offenbar später nicht mehr hergestellt hat. Da man sie bisher nur beim *Ginkgo biloba* gefunden hat, gab man ihnen die Namen »Ginkgolide« und »Bilobalid«. Sie haben gefäßaktive Eigenschaften, die pharmakologisch vor allem auf den Hirnstoffwechsel wirken und allgemein die Durchblutung anregen. Dies dürfte neben dem außerordentlich hohen Alter, das die Bäume erreichen, der Grund sein, daß seit sehr alter Zeit der Ginkgo in China ein Symbol des langen Lebens ist.

In diesem Land, das Bücher so verehrt, werden Ginkgo-Blätter oft als Buchzeichen genutzt, es sind beliebte symbolische

Freundesgaben. Auf ein herbstlich gelbes Blatt wird mit feinem Pinsel ein Gedicht geschrieben – und das Blatt bewahrt die Buchseiten vor Insektenfraß und Schimmelpilzen. Offenbar sind die starken Immunkräfte des Ginkgo übertragbar.

In Japan ist er ein Symbol der Fruchtbarkeit. Sehr alte Bäume, an denen Japan reicher ist als China, beginnen oft, aus noch ungeklärter Ursache, an der Unterseite der starken, waagrecht ausgebreiteten Äste aus Adventivknospen große Ausstülpungen zu entwickeln, die Frauenbrüsten ähnlich sehen. Sie werden Chichi oder Tschintschin genannt. Später erinnern sie mehr an Stalaktiten der Tropfsteinhöhlen. Doch diese Bäume sind Wallfahrtsorte junger Frauen, an denen sie reichen Kindersegen erbitten. Der einzige Baum mit Chichi in Deutschland ist im Augenblick wohl der vor der Orangerie im Botanischen Garten Karlsruhe. Der wesentlich größere Chichi tragende Ginkgo im Park von Schloß Dyck fiel 1985 einem Sturm zum Opfer.

Im beginnenden 19. Jahrhundert, als viele große Parks angelegt wurden, war ein allgemeines Interesse an seltenen Bäumen, vor allem am Ginkgo, verbreitet. Auch Goethes Herzog Carl-August wußte genau über die Standorte und den Zustand der in Europa angepflanzten Ginkgo-Bäume Bescheid. Offenbar war es das Blatt, das sich im Herbst tief goldgelb färbt, das alle begeisterte. Die ungewöhnliche Form, bei der ein langer Stiel sich teilt und mit zwei kräftigen Adern die parallel laufenden Nerven umschließt, erregte die Aufmerksamkeit. Dazu die Fächerform, bei jungen Bäumen tief eingeschnitten, an alten Pflanzen halbkreisförmig gerundet, gab zu mancherlei Vergleichen Anlaß. Im September 1815 ging Goethe mit Georg Friedrich Creuzer im Heidelberger Schloßgarten spazieren, und sie sprachen über Creuzers Spezialgebiet, die griechischen Mythen und deren Doppelsinn. Zur Erklärung dieser Theorie nahm Goethe ein Ginkgo-Blatt vom Boden auf und meinte: »... also ungefähr wie dieses Blatt, eins und doppelt.« Es war dies in der Zeit, in der Goethe am »West-östlichen Divan« arbeitete und in Frankfurt eine tiefe innere Bindung zu Marianne von Willemer erfuhr. Vermutlich formte er aus diesem gedanklichen Vergleich noch am selben Tage eines der schönsten Liebesgedichte deutscher Sprache, mit dem er zugleich die Mitte des asiatischen Denkens traf:

Ginkgo biloba

Dieses Baums Blatt, der von Osten
meinem Garten anvertraut,
gibt geheimen Sinn zu kosten,
wie's den Wissenden erbaut.

Ist es ein lebendig Wesen,
das sich in sich selbst getrennt?
Sind es zwei, die sich erlesen,
daß man sie als eines kennt?

Solche Frage zu erwidern,
fand ich wohl den rechten Sinn:
Fühlst du nicht an meinen Liedern,
daß ich eins und doppelt bin?

Heidelberg,
27. September 1815

Lektüre: 13, 23, 93, 98, 120, 141

GINSTER · *Genista spec.* · *Leguminosae*

Symbol für: Demut. Tugendhafte Seele. Menschlichkeit. Zähigkeit. Armut. Ritterschaft. Liebeskummer.

Attribut von: Christus, Thor, Hexen.

Volksnamen: (D) Brämbusch, Gäl Gerberblum, Pfriemenkraut, (GB) broom, golden chain, buckthorn, (F) genêt, (I) Ginesta, (Arabien) Gadha.

Redewendung: »Er ist durch die Brämme gegangen« (er ist durchgebrannt).

Wie in einem Goldrausch übergießt der Ginster im Frühling mit seinen Blüten weite Teile der nördlichen Halbkugel. Auswanderer haben fast alle gemäßigten Klimazonen der Erde mit dem heimatlichen Frühlingsblüher geschmückt. Je karger die Böden, desto schneller und mutiger breitet er sich aus. Durch diese Bescheidenheit seiner Ansprüche war er überall ein Symbol der Demut, der Menschlichkeit und Zähigkeit. Aber auch der Armut. Die Wurzeln sind eßbar, aber wohlschmeckend nur, wenn man großen Hunger hat. »Durch Mangel und Hunger ausgedörrt, benagen sie die Steppe und die Wüsten. Sie pflücken ab die Melde am Gesträuch, und ihre Speise ist die Ginsterwurzel.« (Hiob, 30, 3-4)
Mit den tiefreichenden Wurzeln befestigt Ginster auch leichte Schotterböden an Bahndämmen, in Sand- und Heidegebieten. Die Wurzeln leben in Symbiose mit Bakterien und Bodenpilzen, die Stickstoff fixieren. Beides führt auf längere Sicht zu einer entscheidenden Verbesserung der Bodenqualität für Folgepflanzungen.
Der Ginster ist so bescheiden, daß er selbst in der Wüste mehrere Jahre ohne Niederschläge überlebt. Doch fast immer hatten Kirchenväter keine bedeutenden botanischen Kenntnisse. Gerade die Tatsache, daß Ginster nur auf Ödland wuchs und daß einige Arten sich mit kräftigen Stacheln bewehren und dadurch zum »Stechginster« werden, machte die Pflanze in den Augen mancher Kirchenväter zu einem Symbol der

Sünde. In dem wüsten, unfruchtbaren Land, wo man den Ginster fand, glaubten sie Gott und die Heiligen abwesend. Ihnen schien Ginster nie in der Lage zu sein, ein Paradies zu bilden, er war einzig tauglich, und dies war seine Bestimmung, in der Hölle zu brennen.

Tatsächlich sind die Wurzeln ein gutes Feuermaterial, besonders weil sie die Glut bis zu vierundzwanzig Stunden halten. Eine Eigenschaft, die wir heute gar nicht mehr in ihrem Wert für die Zeiten vor Erfindung der Streichhölzer richtig einschätzen können. In der Bibel sind Ginsterwurzeln ein Symbol der Zunge des Verleumders, weil ihre Glut noch lange ähnlich empfindliche Schmerzen verursacht.

Die beiden in der arabischen Welt häufigsten Ginster, *Genista aspalathoides* und der Färberginster *Genista tinctoria* wurden aus dem gleichen Grund dort zu einem Symbol des Liebeskummers. Ein arabisches Sprichwort sagt: »Er hat mir Gadhakohlen ins Herz gelegt« (sehr lange anhaltenden Kummer bereitet).

Im arabischen Spanien machte man aus den zähen Wurzelfasern Schiffstaue und legte zu diesem Zweck große Ginsterplantagen an. Auch Taue haben, gleich Kohle und Besen, zu denen Ginster auch verwendet wurde, eine zwar wichtige, doch dienende Funktion im menschlichen Leben. Das Symbol des demütigen Dienens blieb dem Ginster bis weit in die Renaissance erhalten.

Gottfried, Fürst von Anjou und Maine (1129-1151), nahm nach seinem Kreuzzugsgelübde den stolzen, übermütigen Federbusch von seinem Helm und ersetzte ihn durch Ginsterzweige als Zeichen seiner demütigen Hingabe an die christliche Kirche. Seine Erben blieben bei der Tradition des Helmschmucks und fügten ihrem Titel den lateinischen Namen Planta genista hinzu. Daraus entwickelte sich Plantagenet. Unter diesem Namen herrschte die Familie (in Demut?) über dreihundert Jahre als Könige von England. Immerhin wurde, offenbar durch die Plantagenets, der Ginster in England auch zum Symbol der tugendhaften Seele.

Das französische Königshaus wollte dem nicht nachstehen. Ludwig IX. (1226-1270), den man später »den Heiligen« nannte, gründete zu Ehren seiner Frau Margarethe einen

»Ginsterorden«. Die Ritter trugen weiße Damastmäntel mit einer purpurfarbenen Kapuze. Die Ordenskette war in Form blühender Ginsterrispen gestaltet, eingraviert die Devise: »Deus exaltat humilis« = Gott erhöht das Niedrige.

Doch all das hat den Ginster nie recht aus dem Armutsgebäude, in das er hineingeboren war, herausbringen können. In England blieb sogar eine gewisse Unglückssymbolik an ihm hängen. Man durfte ihn nicht ins Haus bringen (»hätten wir die Plantagenets nie gesehen!«), sonst drohte Unheil und Tod. Aber wo er in der Natur wuchs, ermöglichte er den Menschen einen bescheidenen Verdienst als Besenbinder. »Seit alter Zeit ist's Brauch gewesen, / Daß man aus Pfriemenkraut und Heid' / Gebunden hat den Besen.« (Ferdinand Freiligrath).

Doch Ginsterbesen waren nicht nur zum Kehren und als Nikolausruten gut. Sie waren auch die Reittiere der Hexen in der Walpurgisnacht. Rehling zitiert den Schweizer Ethnologen Ernst Ludwig Rochholz, der den Ginster in engem Zusammenhang mit dem Donnergott Thor (Donar) sieht. Seine Priesterinnen fegten in der Nacht zum 1. Mai mit Besen aus blühendem Ginster und frischem Grün, wie mit einer auseinanderfahrenden Blitzgarbe oder gleich Thors reinigendem Wetterstrahl, in ritueller Reinigung sein Heiligtum. Diese Priesterinnen wurden Hägedissen oder Hägtessen genannt, woraus sich »Hexen« entwickelte. Im Christentum gab es fast zweitausend Jahre keine weiblichen Priester, aber Hexen!

Lektüre: 1, 10, 54, 57, 78, 80, 99, 102, 109, 134, 137, 141, 144

GRANATAPFEL · *Punica granatum* · *Punicaceae*

Symbol für: Fruchtbarkeit. Liebe und Leidenschaft. Brautnacht. Zeugung. Hoffnung. Tod und Wiederauferstehung. Gesetzestreue zur Thora. Geistige Fruchtbarkeit. Lebensfülle. (China:) Ruhm. Ehre. Familienglück.

Attribut von: allen Liebesgöttinnen der Alten Welt: Ischtar/Astarte, Isis, Aphrodite/Venus, ☧ Maria, allen Vegetationsgöttern: Rimmon, Adonis, Dionysos, Baal, Priapos; Hera und Zeus, Persephone, Juno; Spes, Saul.

Seit über fünftausend Jahren sind Granatäpfel bekannte Symbole der Fruchtbarkeit, der Felder und Gärten, der Haustiere, vor allem jedoch der Menschen. Später, im Staate Judäa, erweiterte sich der Begriff auf geistige Fruchtbarkeit, eine Form der Symbolik, die rasch vom Christentum übernommen wurde und sich bis weit in die Renaissance hinein hielt.
Einen Kranz aus Granatapfelblüten trug Spes, die Hoffnung, im Haar oder in der Hand, und die jungen Frauen Roms schmückten sich daher ebenso mit diesem Sinnbild.
Die Heimat der Sträucher, die sich auch zu Kleinbäumen entwickeln können, war vermutlich im Raum Elam, Sumer, Akkad in Kleinasien. Im Laufe ihrer langen Geschichte haben sie sich in den Gärten der Alten und Neuen Welt eingelebt, doch entwickeln sich nur in heißen Klimazonen wohlschmeckende Früchte. In England, wo sie seit 1548 kultiviert werden, hält man sie für ebenso winterhart wie Pfirsiche. Doch Parkinson schrieb 1629: die kleinen hübschen Früchte seien nicht sehr aromatisch, besser sei es, aus ihnen »to make the best sort of writing ink, which is durable till the world's end.« In Preußen erwartete man von dem Jahr 1749 besonderes Glück für das Land, da damals ein Granatapfel in den königlichen Gewächshäusern reifte.
Sucht man nach dem frühesten Zeugnis der Symbolik des Granatapfels, so wird man es in einer Alabaster-Kultvase finden, ausgegraben im Tempel Eanna von Uruk in Mesopotamien aus der Mitte des 4. Jahrtausends v. Chr. Der Tempel war Innina, auch Ichtar, Ischtar, später Astarte genannt, der

ersten historischen Fruchtbarkeitsgöttin, geweiht, Vorläuferin von Isis, Aphrodite, Venus. Eine Göttin, deren Ausstrahlung die ganze antike Welt beherrschte. Ewig jungfräulich, ewig Mutter, ewig der Sexualität hingegeben. Auf einer Tontafel heißt es in Keilschrift von ihr, daß sie »die Männer auf Straßen und Feldern erregt und verführt, damit sie ihre Bestimmung, das Leben auf Erden fortzupflanzen, nicht vergessen.« Diese Kultvase, die im Iraq-Museum in Bagdad aufbewahrt wird, zeigt auf mehreren übereinander angeordneten Friesen die Darbringung von Opfern von Feldfrüchten und Herden für die Göttin, offenbar bei einem Fest zu ihren Ehren. Im untersten Fries ist eine Baumreihe an einem Fluß stilisiert, jeder zweite Baum ist ein Granatapfelbaum mit drei Früchten.

In welchem Land, unter welchem Namen und in welchem der folgenden Jahrtausende diese von Männern als Göttin angerufene Ideal-Gestalt auch auftauchte, immer war sie von Löwen, Stieren, vor allem aber von Granatäpfeln begleitet.

In der griechischen Klassik war der Granatapfel, der gekrönte Apfel, der Apfel der Äpfel, eine heilige Frucht. Die Hauptgottheiten hielten sie in den Händen. Polyklet gab der Goldelfenbeinstatue der Hera von Argos in eine Hand einen Granatapfel, in die andere ein Szepter mit einem Kuckuck.

Zeus soll der bräutlichen Hera einen Granatapfel gereicht haben, so wurde er allgemein zum Symbol der Brautnacht, nicht das der Empfindung des Herzens, sondern der rein sinnlichen Liebe. Am bekanntesten ist die Geschichte von Hades, der Persephone, nachdem er sie in die Unterwelt entführt hatte, einen Granatapfel gab. So symbolisierten die für Pflanzen ungewöhnlich vielen Samenkerne, die für das menschliche Auge erst sichtbar werden, wenn die vollreife Frucht aufplatzt, nicht nur zahlreiche Nachkommen, sie gaben auch Hoffnung auf Wiedergeburt nach dem Tod. Überall im Altertum waren die Früchte des Granatbaumes (ebenso wie Eier) oder deren Nachbildungen in Ton, Stein, Bronze, Gold, Silber oder Elfenbein, Grabbeigaben. Andere deuten sie als Hilfsmittel zur Wiederherstellung der Lebenskräfte im Jenseits, als Symbole für die erwünschte wiedererwachende Zeugungs- und Lebenskraft.

Saul, der erste König der Juden (um 1000 v. Chr.), nannte den Granatapfel seinen »heiligen Baum«. Granatäpfel waren zu dieser Zeit in Judäa die einzigen Früchte, die in das Allerheiligste gebracht werden durften. Leuchter, Bundeslade und Priestergewänder waren damit geschmückt. In der jüdischen Tradition heißt es: »... das Feuer der Hölle soll keine Gewalt haben über diejenigen, welche voll sind von den Geboten Gottes wie ein Granatapfel.« Jeder Israelit solle aller Gebote Jahwes gedenken, der Hohepriester als Stellvertreter des gesamten Bundesvolkes solle Träger und Bewahrer des Gesetzes in dessen Totalität sein. Darum trug er am Saum der Amtstracht einen gestickten Fries von Granatäpfeln als Symbol des Gesetzes der Gesamtheit aller einzelnen Gebote Gottes. Im Talmud heißt es: »... Der Granatapfel heiligt meinen priesterlichen Saum. / Mein Ysop spritzt Blut an jede Tür. / Heilig, Heilig, Heilig ist mein Name.« Mindestens seit dieser Zeit symbolisierte diese Frucht nicht mehr nur die körperliche Fruchtbarkeit, sondern auch die des Geistes. Welche Form davon das »Hohelied Salomos« meint, wird noch lange ein Streitpunkt bleiben.
Es blieb nicht aus, daß der Granatapfel zu einem Machtsymbol wurde, nicht nur der Priester, auch der weltlichen Herrscher. Seine rote Farbe ist nicht nur Symbol von Blut, Liebe, Krieg, auch das der Sonne, des Lebens, des Herrschens. Der kronenförmige Calix machte ihn zu einem idealen Reichsapfel oder zur Zierde königlicher Szepter. Als Alexander der Große 324 v. Chr. in Susa Hof hielt, standen hinter ihm fünfhundert Mann der »Garde der Unsterblichen« in prachtvollen Gewändern, mit Speeren, deren untere Enden wie Granatäpfel geformt waren.
Die christliche Kirche sah in den vielen Kernen und in der festen Schale das Bild der Gläubigen in ihrem Schutz. Das antike Granatapfelsymbol der Wiedergeburt wurde in die eigene Religion übernommen. So malte Botticelli ein Bild der »Madonna mit dem Granatapfel«, auf dem Jesus die Frucht der Wiedergeburt hält; die vielen Kerne symbolisierten aber auch die große Zahl der Tugenden Marias: Das Öffnen der reifen Frucht die Liebe, die sich dem Nächsten öffnet und hingibt. Auf unzähligen Kirchengeräten und -gewändern wurde er in diesem Sinne dargestellt.

China erreichten die Pflanzen vermutlich mit den Händlern der Seidenstraße, etwa im 2. Jh. v. Chr. Als Samenkerne werden sie im Gepäck verstaut gewesen sein. Es war noch zeitig genug, um im Laufe von zwei Jahrtausenden eine reiche Symbolik auszubilden, möglicherweise wurde diese sogar mit dem Saatgut übernommen. Auch in China steht der Gedanke der Fruchtbarkeit an erster Stelle, zumal im Chinesischen »tse« für Samen und »tse« für Kinder wortgleich ist, nur in einer anderen Tonhöhe ausgesprochen. Granatäpfel galten, zusammen mit Pfirsich und Fingerzitrone (Buddhas Hand) als Früchte des Überflusses, und ihre Darstellung fehlt nie bei Hochzeitsgeschenken. Dabei wird der Granatapfel meist halbgeöffnet gezeigt, die Zahl der gewünschten Söhne zu demonstrieren. Ist auf einem Geschenk ein Beamtenhut und -gürtel zusammen mit einem Granatapfel vereint, so meint dies den Wunsch, daß die Beamtenwürde sich von Generation zu Generation fortpflanzen möge, denn shi = Granatapfel bedeutet, anders ausgesprochen, auch shi = Generation.

Doch zu Opferzeremonien durften Granatäpfel in China nicht verwendet werden, da die Frucht zu sinnlich verführerisch sei. Ähnlich in Griechenland, wo die Initianden von Eleusis sieben Tage vor ihrer Einweihung keine Granatäpfel essen durften, damit sie ganz frei sein könnten von unkeuschen Gedanken.

Unter dem Einfluß des arabischen Spaniens erlebte in Europa die Symbolik des Granatapfels und ihre Darstellung in der Kunst ihren Höhepunkt im späten Mittelalter. Die maurischen Könige von Granada und Heinrich IV. von England (1367-1413) trugen sie in ihren Wappen mit der Umschrift: »sauer und dennoch süß«. Das Motto wollte besagen, daß gute Könige, gleich den Granatäpfeln, Strenge und Güte miteinander vereinen.

Der Niedergang der Symbolik der Granatäpfel begann, als 1520 in Frankreich die Kanonenkugeln mit ihrem todbringenden Inhalt »Granaten« genannt wurden. In Deutschland ist der Begriff erst seit 1616 belegt, verbreitete sich im Dreißigjährigen Krieg aber rasch. Man behielt ihn allgemein bei, auch als die Granaten nicht mehr kugelförmig, sondern als Zylinder hergestellt wurden.

Erst zu Beginn dieses Jahrhunderts holte Paul Valéry die Granatäpfel in die erotische Kunst zurück:

»... Wenn die Sonnen, die ihr ertruget,
euch also zum Hochmut geraten,
daß ihr, ihr geklafften Granaten, rubinene Wände
durchschluget,

und wenn eine Kraft es gewollt,
daß der Rinde trockenes Gold
über saftroten Steinen zerspringe

so rührt sich in mir vor dem Spalt
eine meinige Seele der Dinge
und ihrer geheimen Gestalt.«

Übersetzung Rainer Maria Rilke

Lektüre: 17, 18, 35, 42, 51, 54, 78, 80, 81/1+2, 84, 85/1, 91, 94, 102, 105, 126, 132, 141

HASELNUSS · *Corylus spec.* · *Betulaceae*

Symbol für: Lebens- und Liebesfruchtbarkeit. Unsterblichkeit. Frühling und glückhaften Beginn. Wunscherfüllung. Glück. Schutz vor Behexung, vor Blitz und Schlangen. (GB) Schönheit (Blüten). Weisheit (Frucht).

Attribut von: Thor, als Gott der ehelichen und animalischen Fruchtbarkeit, Idun als Lebensgöttin.

Volksnamen: (D) Klöterbusch (norddeutsch), ahd.: hasala oder hasil, (GB) hazel-tree, nut of a man's yard, (F) noisetier, (L) Hieselter.

Redewendungen: »Gott gibt die Nüsse, aber er knackt sie nicht«. »Wer den Kern essen will, muß die Schale zerbrechen«. »Muß ist eine harte Nuß«.

Haselnüsse gehörten durch ihren Ölgehalt und die Lagerfähigkeit zu den ersten Sammelfrüchten der Europäer. Als diese begannen, seßhaft zu werden, lernten sie gewiß rasch, in der Nähe ihrer Behausungen neue Sträucher durch Samen oder Stecklinge der *Corylus avellana* anzupflanzen. Mensch und Haselstrauch haben immer die gegenseitige Nähe gesucht.
In den ältesten bisher geöffneten Gräbern fand man Haselnüsse als Totenspeise. Das Erblühen der männlichen Kätzchen oft schon Ende Januar, Anfang Februar, das meteorologisch den Beginn des Vorfrühlings anzeigt, machte sie zu einem idealen Symbol der Unsterblichkeit durch Wiedergeburt. Dies mag der Grund gewesen sein, weshalb man schon zur Zeit der germanischen Pfahlbauten (später auch in Pommern und Franken) den Toten Haselstecken mit in den Sarg gab und den Sarg selbst auf Haselstecken bettete.
Die Haselsträucher wuchsen an Feldrainen, Waldrändern und in der Nähe kleiner Gehöfte, dort, wo die Landleute für einen großen Hof mit einer Linde in der Mitte zu arm waren. Jeder konnte in der freien Flur die Früchte ernten, und das schnell sich erneuernde Holz war für mancherlei Flechtarbeiten in Haus und Hof zu nutzen.

»Frau Hasel« galt als Sinnbild des Lebens, der Fruchtbarkeit und der Selbsterneuerung. In vielen Märchen und Volksliedern tritt sie als Freund und Helfer der Menschen auf. »Hüt dich, hüt dich, Frau Haselin und tu dich wohl umschauen, / Ich hab' daheim zween Brüder stolz, die wollen dich umhauen. / – Und hau'n sie mich im Winter um, im Sommer grün' ich wieder, / Verliert ein Mädchen seinen Kranz, den find' sie nie mehr wieder.«

In England, Irland und bei den Kelten bereichert die Hasel die Poesie nicht weniger als in Mitteleuropa. Dort symbolisieren die Blüten die Schönheit und die Früchte (wegen der Vorratshaltung) die Weisheit. Da beides an einem Strauch wächst, bekam dieser den Ruf der Vollkommenheit. Man erwartete von ihm apotropäische Eigenschaften, Schutz vor allem Bösen, Schlangen, Hexen, schlimmen Geistern, Blitz und Feuer. Der Haselnußstrauch war Thor geweiht und geheiligt als Bewahrer der Fruchtbarkeit von Menschen und Haustieren. Da Thor zugleich der Herr über Blitz und Donner, vertraute man darauf, daß er »seinen« Hasel nicht mit Blitzen vernichten würde. Tatsächlich beweist die moderne Statistik, daß der Haselstrauch, aber auch der Baumhasel *Corylus colurna*, zu den Gehölzen gehören, die am wenigsten vom Blitz getroffen werden.

Hasel wurden in Westeuropa von den Herolden als offizielles Ehrenabzeichen getragen.

Zum Sinnbild der wissenden Klugheit wurden Haselnußsträucher auch durch die häufige Verwendung ihrer Zweige als Wassersucher und Regenmacher. In den Händen begabter Rutengänger zeigen die Wünschelruten noch heute schneller und billiger Wasseradern an als moderne technische Geräte. Wie viele verborgene Gold- und Silberschätze mit Hilfe von magischen Haselruten gefunden wurden, ist nirgends verzeichnet.

Haselnüsse sind Glücksbringer und Fruchtbarkeitssymbole. Nicht nur in Rom, auch in England und im deutschen Südwesten wird der Braut bei der Hochzeit ein Körbchen mit Haselnüssen überreicht, oder man bewirft das Brautpaar mit Nüssen. Im alten Rom hatte der Bräutigam Nüsse unter die Gäste zu werfen. Catull sagt in einem Hochzeitslied: »Gib den Sklaven Nüsse, Knabe / deine Zeit ist vorbei. / Lange genug hast du mit Nüssen gespielt.« Das meint, die Zeit der vielen Liebeleien ist vorüber.

Die Haselnüsse wurden in ganz vielfältiger Weise mit dem Glück in der Erotik und Sexualität in Beziehung gesetzt. Aigremont nennt sie 1909 »eine der wichtigsten Zauber- und Kultpflanzen der Liebe«. Da häufig zwei Früchte zusammensitzen, sah man in diesen ein Symbol der Paarung. Waren gar zwei Kerne in einer Schale, so galt das als ein ganz besonders gutes Omen, wenn Mann und Frau sie gemeinsam geöffnet hatten. Thomas Gray schrieb:

»Zwei Hasel warf ich in die Flammen,
und jeder gab ich eines Liebchens Namen:
mit lautem Knall zersprang die erste schnell,
im Feuer leuchtete die zweite still und hell.
Ach, wenn doch deine Liebe so erblühte,
wie deine Nuß im Feuer glühte.«

Schläft man unter einem Haselnußstrauch, so kann man im Traum die Zukunft erschauen. Es kann dann aber auch sehr viel mehr geschehen, wie die Sprichworte sagen: »Viel Hasel, viel Bengel« oder »Miteinander in die Hasel gehen«, »Viel Hasel, viel Kinder ohne Vater«, oder »Ei, du lewi Dordee-Lies, Geh mit mir in die Haselniß.« Ein Hinweis sind auch die oft deftigen Volksnamen.

Glück im materiellen Sinne brachten die Haselnüsse in alter Zeit auch vielen Bauern und Händlern in Kleinasien, Süd-Italien und Piemont. Sie waren eines der frühen Agrarprodukte, die in großem Maße exportiert wurden.

Mit dem Christentum mußte der Haselnußstrauch zwangsläufig seine Bedeutung wandeln – er war in der »Heidenzeit« zu tief verehrt worden. Wehrte er zuvor die Hexen ab, so wurde er für einige Jahrhunderte zum Sitz der Hexen und alles Bösen erklärt.

Lektüre: 1, 2, 17, 26, 61/3, 76/1, 79, 80, 81, 89, 91, 102, 109, 123, 134, 141

HEIDEKRAUT · *Calluna vulgaris* · *Ericaceae*

Symbol für: Sünde. Verdammnis. Gefühl. Liebe zur Einsamkeit. Heim und Familie. Rote Heide = Leiden. Weiße Heide = Glück.

Attribut von: Erycina, der sizilianischen Venus.

Volksnamen: Erika, Brauttreue, (GB) heather, (F) bruyère, (L) Ramett.

Redewendungen: »Eine Heidenangst haben«. »Heidenarbeit«. »Heidenspaß«. »Heidengeld«. »Heidenkrach«.

In dem relativ offenen, leicht hügeligen Gelände, in dem die Heide wächst, von Birken- und Kiefernhainen und Wacholderbüschen durchsetzt, konnte man gut Heere zum Kampf Mann gegen Mann führen. Viele große Schlachten sind im Laufe der Jahrtausende dort geschlagen worden. Die Hünengräber erzählen davon. Und die roten Blütenglocken der Heide. Das Volk war immer überzeugt, daß diese rote Farbe von dem Blut der Kämpfer stamme. So wurde die im natürlichen Lebensraum sehr seltene weiße Heide zum Symbol des Glücks, denn sie schützt vor den Gefahren der Leidenschaft.
In England, in dessen Norden vor allem es große Heideflächen gibt und wo man es meisterhaft versteht, Heidegärten zu gestalten, ist die weißblühende Heide ein Liebes- und Heimatsymbol, ähnlich wie es im übrigen Europa die Heide allgemein ist. Als der deutsche Kronprinz Friedrich Wilhelm von Preußen am 29. 9. 1855 um Prinzessin Victoria warb, pflückte er einen Zweig weißer Heide, des Heimatsymbols ihrer beiden Länder, und überreichte ihn der Prinzessin unter Andeutung seiner Wünsche, seiner Hoffnungen. Queen Victoria hat in ihrem Tagebuch relativ genau darüber berichtet.
Das Heimatsymbol blieb der Heide bis in unsere Tage erhalten. Vor allem nach dem Zweiten Weltkrieg, als viele Menschen unter meist entsetzlichen Umständen ihre Heimat verloren hatten, erlebten Heideromane, Heidefilme, Heidelieder

eine nie zuvor gekannte Verbreitung. Fast alle jedoch waren etwas zu intensiv mit Gefühl beladen, um auf Dauer im Zeitgeschmack bestehen zu können. »Schnulzen« war das wenig freundliche Wort, mit dem man sie bald abqualifizierte: »Wenn abends die Heide träumt, erfaßt mich ein Sehnen, und ich denk' unter Tränen an dich nur zurück.« Oder schon etwas frecher: »Was die grüne Heide weiß, geht die Mutter gar nichts an, niemand weiß es außer mir und dem grünen Jägersmann.« Das zackige »Auf der Heide blüht ein kleines Blümelein, und das heißt Erika« wurde plötzlich nicht mehr gesungen oder gespielt, zu oft hatte man es zu den Marschtritten erdbrauner Kämpfer gehört – für die es allerdings auch ein Heimatsymbol gewesen war.

Man weiß, daß sich im vergangenen Jahrhundert schottische Emigranten in Kanada für ihre Siedlungen Plätze aussuchten, an denen sich Heidekraut ansiedeln ließ, so daß sie die hochsommerliche Blüte nicht zu entbehren brauchten. In großen Mengen brachten sie die Pflanze in ihre neue Heimat mit.

Doch es ist nicht völlig ungefährlich, Heidekraut in neue Siedlungsgebiete einzubringen. Sowohl die Gattung *Calluna* als auch die Gattung *Erica* schaffen es, auf anmoorigen Sandböden innerhalb recht kurzer Zeit weite Gebiete zu überziehen. Sie hatten längst in der Alten Welt, von Norwegen bis zum Kap der Guten Hoffnung ihre Reviere erobert, als die Eroberung der Neuen Welt begann. *Calluna*-Heiden vor allem begünstigen auf Sandböden die Bildung von Ortstein, einer bis zu zehn Zentimeter dicken, fast undurchdringlichen Schicht im Boden. Der Oberboden versauert und die Nährstoffe werden ihm entzogen. Allein das genügsame Heidekraut, Birken, Kiefern und Wacholder können sich dann noch üppig entfalten, sagt Arens. Es ist eine ähnliche Situation wie bei den Veilchen: sie erscheinen als Blumen der Bescheidenheit, in Wahrheit aber sind sie von einem fast despotischen Herrscher- und Ausbreitungsdrang besessen.

Die Christianisierung begann in den Städten. Wer entfernt davon lebte, auf den kargen Moorböden, wo nur Heidekraut wuchs, wohin kaum ein Missionar zum Bekehren kam und zum Betreuen, erst recht nicht zum regelmäßigen Kirchendienst, der bekam selbst den Namen »Heide«. Rasch wurde das zu einem Sammelbegriff für alle Nichtchristen. Die germanische Grundbedeutung von »wild, niedrigstehend«, machte den Namen auch zu volkstümlichen Verstärkungen geeignet: »Heidenarbeit«, »Heidenspaß«, »Heidengeld«.

Da schlechte Böden für große Dörfer keine Ernährungsgrundlage bieten, stehen Heide-Höfe meist einzeln. Dies trug den Bewohnern den Ruf ein, die Einsamkeit zu lieben. Da sie aufeinander angewiesen sind, wurden sie zum Sinnbild besonders gefühlvoller Menschen. Das Heidekraut selbst wurde zum Symbol der Einsamkeit. In der altdeutschen Schrift »Von der Bedeutung der Blumen« heißt es: »Wer Heide an sich selber trägt, mit Laub und mit Blüten, der zeigt, daß er ein Gemüt zur Ungeselligkeit hat, denn Heide steht gern in der Wildnis, und hat ihre Wohnung nicht gern bei anderen Kräutern.«

Aber auch das Unheimliche schien mit unter den großen Dächern der Heidekaten zu wohnen. Nirgends gab es so viele »Spökenkieker«, so viele Wahrsager, Kräuterkundige – und natürlich auch viele, die man als Hexen verdächtigte und verbrannte. Shakespeare schildert die Hexenkonvente auf den sturmgepeitschten Höhen der schottischen Highlands. Doch es wird nur wenige geben, die sich der stillen Schönheit eines blühenden Heidegebietes, in dem nur das Gesumm der Bienen tönt, entziehen können. Ann Pratt schrieb: »... das kann kein Mensch, der ein Herz hat, das der Liebe fähig ist.«

Lektüre: 9, 35, 81/2, 102, 103, 105, 109, 111/2, 130, 132, 135, 141

HERBSTZEITLOSE · *Colchicum spec.* · *Liliaceae*

Symbol für: Alter. Todesahnung. Scheintod.

Volksnamen: (D) Nackte Jungfer, Kind vor dem Vater, Michaelisblume, ahd.: citlosa, (GB) naked ladies, naked nannies and upstart, (CH) Heulunggere, Hundshoden, (I) Zaffrano Matto (giftiger Safran), (L) Guckuckus-ee (für Frucht). Heinrich Marzell führt in »Volksnamen der Pflanzen« über fünfhundert verschiedene deutschsprachige Namen für die Herbstzeitlose auf.

Die sich so völlig gegen den Rhythmus der übrigen Natur verhaltenden Pflanzen haben immer in großem Maße Aufmerksamkeit erregt. Die blattlose Blüte im September, wenn das zweite Heu geerntet ist, der Blattaustrieb im folgenden Frühling, der im Herz die eiförmige Frucht trägt, wurde als höchst ungewöhnlich empfunden und mit vielen mehr oder minder drastischen Volksnamen belegt. Dazu kommt die hohe Giftigkeit durch das Alkaloid Colchicin. Das Weidevieh läßt jeden Blattbüschel von *Colchicum autumnale*, der bei uns wildwachsenden Art der über siebzig Mitglieder umfassenden Gattung, auf der Wiese stehen. Das Gift verbleibt auch in der Substanz des Heus, wird auch dort vom Vieh erkannt, ganze Heubüschel bleiben liegen. So hat die moderne Landwirtschaft die Zeitlosen bekämpft, und die sanften, zarten Blüten, die im Herbst noch einmal Frühlingsahnen schenken, sind fast ganz aus der Landschaft verschwunden.
In der Blumensprache sagt die Blüte: »Meine besten Tage sind vorüber.« Die tödliche Giftigkeit hat ihr auch den Namen »Teufelsküche« eingetragen – Hermann von Gilm zu Rosenegg schreibt: »Die letzte Blum', die letzte Lieb' / Sind beide schön, doch tödlich.«

Lektüre: 1, 2, 52, 53, 71, 141

HOLUNDER · *Sambucus spec.* · *Caprifoliaceae*

Symbol für: Schutz für Haus und Familie. Tod und Jenseitswelt. Hexen und Teufel. Scheinheiligkeit.

Attribut von: Frau Holle (oder Holda, oder Holde Gnädige), Freyja, Puschkit oder Partusk (Jenseitsweltgott der Slawen).

Volksnamen: (D) Holderbaum, Attich, ahd.: holuntar, (GB) elder, ellhorn, danewort (Dänenwurzel), (GR) Sambux = rot, ebulus = guter Rat.

Redewendungen: »Vor Holunder soll man den Hut abziehen, und vor Wacholder die Knie beugen«. »Auf Johannis blüht der Holler, da wird die Lieb' noch toller«.

Wann immer Menschen gelebt haben, zur Steinzeit, zur Bronzezeit, zur Eisenzeit, immer sind bei den Resten ihrer Wohnstätten auch Reste von Holunder erhalten. Bis in unser Jahrhundert hinein betrachtete man den schwarzen Holunder, *Sambucus nigra*, als »die Medizinkiste des Landes«. In den Blüten sind neben ätherischen Ölen schweißtreibende Glykoside, Flavonoide und ein noch nicht genau definierter Schleim die Hauptbestandteile. In Blättern und Rinde wurde ein Blausäure abspaltendes Glykosid nachgewiesen. Auch unreife Früchte sollen dieses Glykosid enthalten. Trotzdem wurden in der Volksmedizin alle Teile der Pflanze genutzt. Man reimte: »Rinde, Beere, Blatt und Blüte, / Jeder Teil ist Kraft und Güte, / Jeder segensvoll.«
Waren die Haselsträucher auf den Einödhöfen Helfer bei der Ernährung der Familien, so galt der Holunder als ihr Arzt. Der Name wird zum Teil von »hohle«, dem hohlen Stiel abgeleitet, aus dem man nach Entfernung des weichen Markes etwas schrill klingende Flöten, besser »Hirtentrompeten«, bauen kann. Häufiger jedoch wird der Name auf »Holda« oder »Holle«, die »Holde Gnädige« zurückgeführt. Diese früh-germanische Muttergöttin wandelte sich in eine mehr dämonische Gottheit des Hauswesens. Sie belohnte Fleiß und Ordnung (Frau Holle schüttelt die Betten aus, dann schneit es

auf der Erde), aber ebenso bestrafte sie Unordnung und Faulheit. Gleich Wodan fährt sie in den zwölf Rauhnächten als »Wilde Frau« durch die Lüfte. Ihre Gaben sind eine merkwürdige Mischung von Lohn und Strafe, Segen und Fluch, Leben und Tod.

Genau in diesen Doppelbereichen liegt auch die Symbolkraft des Holunders. Einerseits gehört er zu den heiligen Bäumen, die den Menschen Hilfe geben, wenn sie in Not sind – andererseits stand er, vor allem in England, Irland und Spanien, immer in einer rätselvollen Beziehung zum Teufel und zu Hexen, oft auch zum Tod. Niemals hätte ein Engländer Holunderholz beim Schiffsbau verwendet – in Irland gebrauchten die Hexen die Äste für ihre Luftritte. Wird Holunder in Irland zum Hausbau genutzt, geschehen den Bewohnern die seltsamsten Dinge.

Die meist strauchig wachsenden Holunder treiben, wenn sie abgeschlagen werden, immer wieder sehr rasch aus dem Boden aus – auch hierin ähneln sie den Haselbüschen. Ihre Überlebenskraft machte sie zu einem Symbol der Wiedergeburt. Tacitus schrieb, daß Holunder zu den Hölzern gehört, welche bei der Bestattung der Toten benutzt werden. Noch lange Zeit war es in Norddeutschland Sitte, daß der Schreiner einen frischen Holunderzweig schnitt, um damit das Maß des Verstorbenen für den Sarg zu nehmen. Auch der Fahrer des Leichenwagens hatte statt einer Peitsche einen Hollerstecken in der Hand.

In Litauen opferte man dem Unterweltsgott Puschkit unter einem Holunderstrauch, wenn jemand in der Familie ernsthaft erkrankt war. Möglicherweise durch slawischen Einfluß war im vergangenen Jahrhundert der Judenfriedhof in Prag ganz mit mächtigen Holunderbäumen bestanden.

Doch dieses Symbol der Wiedergeburt wurde auch in einer ganz anderen Weise genutzt: In unruhigen Zeiten mit Kriegen oder Räuberbanden wurden Wertsachen, Schmuck und Münzgold unter Holunder vergraben, und die oberirdischen Teile des Holunders danach abgehackt. Kam man nach Jahren der Flucht zurück, so hatte der Busch längst wieder ausgetrieben, und man wußte genau, wo man graben mußte, um

seine Schätze wiederzufinden – Frau Holle hatte sie gut beschützt.
An der so unterschiedlichen Reaktion auf den Duft der blühenden Holunder ist genau abzulesen, wie verschieden jeder Mensch auf Düfte reagiert. Manche empfinden ihn als süß und andere wieder lehnen ihn als außerordentlich unangenehm ab. So behauptet eine englische Sage, daß der Feldholunder so unangenehm rieche, weil er aus dem Blut der Dänen entstanden sei, die bei den Kämpfen zwischen Knud dem Großen und Edmund Ironside (um 1016) gefallen sind. Tatsächlich sollen die Dänen damals Feldholunder über das Meer gebracht haben, um ihn auf die Gräber ihrer Gefallenen zu pflanzen – als Symbol der Wiedergeburt. Andere warnen, unter dem blühenden Holunder zu schlafen, da der Duft böse Träume gebe. Mirella Levi D'Ancona schreibt, daß Holunder im Christentum wegen seiner weißen, süß duftenden Blüten und seiner schwarzen, faul schmeckenden Früchte ein Symbol der Sünde und Scheinheiligkeit sei. Eine andere christliche Deutung sagt: »Da die Blüten süß duften und die Blätter des Strauches bitter schmecken, sah man im Mittelalter im Holunder ein Gleichnis für die Christen in den Blüten und für die Juden in den Blättern, die aber beide aus einem Stamm und einer Wurzel kommen.«
Tatsächlich ist der Holunder ein Eroberer. In allen gemäßigten und subtropischen Zonen heimisch, wird er von den Förstern als »Waldunkraut« bezeichnet. Vor allem der Zwergholunder *Sambucus ebulus* besiedelt alle Kahlschläge, und es dauert lange, bis die Dunkelheit der aufwachsenden jungen Bäume ihn wieder verdrängt. Holundersamen werden stark von Vögeln verbreitet. Nicht rechtzeitig entfernt, können sie auch im Hausgarten zu einem Problem werden. Man sagte: »Nachbars Kinder und Nachbars Holunder / Bannest du nie auf die Dauer. / Schließest du ihnen die Türe, oh Wunder! / Klettern sie über die Mauer.«

Lektüre: 1, 10, 17, 35, 54, 61/4, 61/6, 76/2, 80, 96, 102, 109, 123, 131, 141

HYAZINTHE · *Hyacinthus orientalis* · *Liliaceae*

Symbol für: Schnelles Werden und Vergehen.

Attribut von: Apollon, Hyakinthos, Adonis, Maria, Jesus, Propheten.

In erster Linie sind Hyayzinthen Symbole des raschen Werdens und Vergehens alles Schönen. Im Altertum waren sie Apollon geheiligt. Nach der Sage soll dieser aus Versehen beim Spiel mit dem Diskus seinen schönen jungen Freund Hyakinthos getötet haben. Aus Hyakinthos' Blut entsproß die Hyazinthe.

Da griechische Autoren immer betonen, die Blüte trage im Herzen die dunkle Schrift Aiai, den Ausdruck des Schmerzes, kann es sich aber kaum um *Hyacinthus orientalis* handeln, diese weist keine dunkle Zeichnung auf. Doch allen von den Botanikern vorgeschlagenen anderen möglichen Blüten fehlt die wichtige Komponente des Duftes. Bei den Hyazinthen entfaltet er sich erst, wenn die Blüte voll geöffnet ist, und er verliert das Angenehme seines Odeurs, noch bevor sie ganz verblüht ist.

Während der trockenen Sommer in ihrer Heimat (von Kleinasien bis um den östlichen Mittelmeerrand) werden die künftigen Blätter und Blüten in den rundlichen Zwiebeln fertig vorgebildet. Von geschickten Gärtnerhänden behütet, können sie bereits in der Adventszeit blühen. So sah das Christentum sie als Symbol der Propheten. Die im Pflanzenreich seltene, bei Hyazinthen häufige himmelblaue Farbe machte sie zum Attribut von Maria und Jesus. Aber diese Eigenschaft rückte sie auch in die Nähe der Jenseitswelt. Und in Erinnerung an das Hochzeitslager von Zeus und Hera schmückte man in Griechenland die Bräute mit Hyazinthen.

Lektüre: 54, 80, 81, 101, 109, 132, 141

IMMERGRÜN · *Vinca minor* · *Apocynaceae*

Symbol für: Ewiges Leben. Treue. Reinheit der Jungfrau. Abwehr des Bösen. (GB) Frühe Freundschaft. Glückliche Erinnerung.

Attribut von: Jungfrauen.

Volksnamen: (D) Jungfernkrone, Singrün, Winke, Totenviole, ahd.: singruone, (GB) periwinkle, (F) pervenche, violette des sorciers (Zauberveilchen), (L) Bierseelchen.

Es ist das ausdauernde Grün, das gleichmäßige Bild, das es im Sommer und Winter bietet, was Immergrün zum Symbol von Beständigkeit, Treue und ewigem Leben werden ließ. Etwas so Zuverlässiges mußte auch in der Lage sein, schlimme Dinge abzuwehren. Soviel Treue zu sich selbst, wie diese Pflanze zeigt, sollte auch den Jungfrauen ein Vorbild sein, ein Sinnbild ihrer Reinheit und Keuschheit. Doch gerade diese benutzten Immergrün auch gern als Orakel, den Zukünftigen zu erraten. Culpepper schreibt in seinem »Herbal«: »Die Blätter, gemeinsam von Mann und Frau gegessen, verursachen Liebe zwischen ihnen.« Doch bitte Vorsicht: giftig.
Seine adstringierende Wirkung ist in der Volksmedizin schon lange bekannt. Vor allem den Kelten war es eine wichtige Heilpflanze. Da bei diesem Volk magische Handlungen stets die eigene Kraft verstärken sollten, blieb das Immergrün davon nicht ausgenommen. Fast in allen Kulturen wurden geliebten Verstorbenen, vor allem Kindern, Kopfkränze aus Immergrün als Ewigkeitssymbol in den Sarg gelegt. Doch auch Verbrecher trugen im Mittelalter bei ihrem Gang zur Hinrichtung einen Kranz aus Vinca minor um die Stirn.

Lektüre: 1, 2, 34, 99, 102, 109, 123, 141

IRIS · *Iris spec.* · *Iridaceae*

Symbol für: Sieg und Eroberung. Königtum. Heldenmut. Himmelskönigin. Königliche Heilige. Fama.

Attribut von: Iris, Ostara, Maria, Thomas von Aquino, Florenz.

Volksnamen: (D) Schwertlilie, Adebarsblom in Mecklenburg, ahd.: swertula, (GB) Jacob's sword, skeggs (kleines Schwert), (F) fleurs de Lys, (N) pinxter bloem, (I) Giaggiolo = Schwertlilie, (Japan) Hana ayame.

Die majestätische Pflanze kündet, wo die Menschen sie kennen, in erster Linie von Sieg, Herrschertum und Kraft. Im 16. Jahrhundert v. Chr. holten die ägyptischen Herrscher die Schwertlilien in das Licht der Geschichte. Pharao Thutmosis I. brachte nach seinen Siegen in Syrien eine regelrechte Sammlung von Knollen, Zwiebeln und Samen als Kriegsbeute mit nach Hause. Ärzte und Priester haben sie offenbar auf ihre Nützlichkeit für Heilung und Magie hin untersucht. Das große Pflanzenrelief im innersten Bereich des Tempels von Karnak, der nur den höchsten Priestern und Würdenträgern zugänglich war, ist Thutmosis I. und seinen Siegen gewidmet. Zwischen anderen erbeuteten Pflanzen ist auch eine *Iris orientalis*. Wenige Jahrzehnte später befestigte sein Enkel Thutmosis III. durch seinen erneuten Sieg über Syrien die Stellung Ägyptens als Führungsmacht der damaligen Kulturwelt. Bei seinem triumphalen Einzug hielt er eine Schwertlilie wie ein Szepter hoch erhoben. Seit dieser Zeit waren Iris als Siegeszeichen ein geschätztes Emblem in der ägyptischen Kunst. Sie erschienen auf Tempelwänden, Statuen und am Pharaonenszepter.
Seitdem man in Japan das »Knabenfest« am 5. Mai feiert, sind *Iris ensata* die Blumen dieses Tages. Das schwertförmige Blatt symbolisiert die Tapferkeit und die purpurblaue Blüte das adlige Blut. Zum Ritual gehört ein Bad der Knaben; im Wasser schwimmen dann einige Iris-Blüten, damit die Jungen kräftig wachsen und tapfere Männer werden.

In der kriegerischen Geschichte Mitteleuropas tauchen die Schwertlilien erst 496 n. Chr. auf. König Chlodwig kämpfte damals bei Köln gegen die Alemannen. Das Kriegsglück drohte ihn zu verlassen. Die Rettung seines Heeres war nur in der Flucht über den Rhein möglich. Doch wie durch den tiefen Strom kommen? Da sah er flußaufwärts auf einer Sandbank gelbe *Iris pseudacorus*, die Wasseriris, blühen. Dies war ihm ein göttliches Zeichen, daß er und seine Mannen dort den Fluß überqueren könnten.
Endgültig zum Wappenemblem Frankreichs und seines Königtums wurde die oft fälschlich als »Lilie« bezeichnete Iris erst 1150, als Ludwig VII. vor seinem Kreuzzug die drei stilisierten Blüten der Wasseriris auf seine Fahnen nahm. Sie symbolisierten für ihn und seine Nachfolger: Glauben, Weisheit und Heldenmut. Auf ein Denkmal der Jeanne d'Arc schrieb man später: »Das Schwert der Jungfrau schützt die Königskrone, unter dem Schwert der Jungfrau prangen die Lilien (Iris) ungefährdet.«
Viele Länder und europäische Adelsgeschlechter nahmen die Iris in ihr Wappen auf als ein Symbol der Ritterlichkeit. Das Blatt stand für das kampfbereite Schwert und die Blüte für ein reines Herz. Sizilien, Ungarn, Navarra und England (von 1340 bis 1800) gehörten dazu.
In den Offenbarungen der Heiligen Birgitta von Schweden (1303-1373) heißt es in Buch 3, Kap. 30: »Liebet die Mutter der Barmherzigkeit! Sie ist gleich der Blume der Schwertlilie, deren Blatt zwei scharfe Kanten hat und in einer feinen Spitze ausläuft... Sie ist die Blume, die in Nazareth blüht, hoch über dem Libanon sich ausbreitet (*Iris susiana*)... Wie das Blatt der Schwertlilie hat auch Maria sehr scharfe Schneiden, das ist der Schmerz des Herzens über das Leiden des Sohnes und die standhafte Abwehr gegen alle List und Gewalt des Teufels.«
Den lateinischen Namen Iris bekam die Pflanze wegen ihrer Würde und überirdische Schönheit ausstrahlenden, schimmernden Blüten nach der Göttin des Regenbogens, Iris. Sie ist die weibliche Entsprechung des Götterboten Hermes. Wie er trägt sie geflügelte Schuhe, nur wenn sie als Begleiterin Heras in den Wagen steigt, nimmt sie die Flügel engelsgleich an ihre

Schultern. Ihre wichtigste Aufgabe ist das Überbringen von Nachrichten. Sie übermittelt Tatsachen und Meinungen zwischen den Göttern und ebenso deren Wünsche an die Menschen. So ist sie ein Symbol für den Begriff »Nachricht«. In ihrem blumengleichen Kleid aus Tautropfen, in dem sich die Gestirne des Himmels spiegeln, schreitet sie über den Regenbogen. Vom Götterhimmel zum Reich der Menschen und bis hinunter an die Ufer des Styx. Sie ist die Führerin der weiblichen Seelen in die Unterwelt. In der Türkei werden heute noch Frauengräber mit blau blühenden Iris bepflanzt, auf Grabsteinen der Osmanen-Zeit erkennt man ein Frauengrab sofort an den dargestellten Iris. Anakreon hat sie in einem Gedicht als das Symbol des Schmerzes verschmähter Liebe bezeichnet. Noch immer ist sie es im Orient.
Als Überbringerin göttlicher Nachrichten wurden Iris (in der christlichen Kunst die Blume der Verkündigung) gelegentlich gemeinsam mit *Lilium candidum* auf Tafelbilder gemalt.
Ihre wichtigste symbolische Aussage ist der Regenbogen selbst, dessen Schimmer auch auf den Blütenblättern liegt – er ist die göttliche Nachricht von der Versöhnung zwischen Gott und Mensch nach der großen Sintflut, das erste, was Noah sah, zusammen mit der Taube, die den Ölzweig brachte.
Der göttliche Gemahl der Dame Iris war Zephir, Herr über die regenbringenden Westwinde. Möglicherweise geht auf ihn zurück, daß Iris auch zum Symbol der Fama – des Rufes –, des Gerüchtes wurde. Das Gerücht ist schillernd, nicht faßbar, gleich Wind und Regenbogen. Es verändert sich aus sich selbst heraus, es kann größer und bedrohlich werden oder sich auflösen, ohne erkennbaren Grund.

Lektüre: 1, 14, 17, 18, 22, 65, 80, 91, 99, 102, 132, 134, 141

JOHANNISKRAUT · *Hypericum perforatum* · *Guttifera*

Symbol für: Blut Johannes des Täufers. Christi Blut. Genesung von Kummer. Ein Warnzeichen. Schutz vor Bösem.

Attribut von: Thor, Balder.

Volksnamen: Jageteufel, Teufelsflucht, Wildgartheil, Frauenkraut, Unser Frauen Bettstroh. (GB) Saint Johan's wurte, (CH) Mannskraft, (L) Muttergotteskraut, Härgottsblutt, (I) Cacciadiavoli = Kraut zur Teufelsjagd.

Der rote Saft, der erscheint, wenn man die Blütenknospen zusammenpreßt, galt lange als Symbol für das Blut Johannes des Täufers, aber auch für Christi Opfer und Marias Schmerz. Man ordnete das Johanniskraut den segensreichen, heilkräftigen Pflanzen zu, es war daher ein Symbol der Genesung von Krankheit und Kummer.
Durch den leicht zu erzielenden roten Saft schickte man es auch als versteckte Warnung an jemand, den man in Gefahr wähnte. Im übrigen wurde die rote Farbe als Hinweis auf Hilfe in allem Liebesschmerz gedeutet. Es hieß, es vertreibe die Dämonen aus dem Kopf, vor allem wenn es an seinem Jahrestag, Johanni, gepflückt werde.
Das dünnflüssige rote Harz enthält tatsächlich wichtige offizinelle Stoffe, als wesentlichsten Hypericin, aber auch Gerbstoffe, Rutin, Rhodan und Phlobaphene. Neben einer tonischen Wirkung auf den Kreislauf ist mittlerweile wissenschaftlich einwandfrei ein Einfluß auf depressive Zustände bewiesen, die durch seelische Leiden hervorgerufen sind.

Lektüre: 2, 9, 54, 96, 110, 123, 141

KASTANIE · *Castanea sativa* · *Fagaceae*

Symbol für: Unbefleckte Empfängnis Marias. Keuschheit. Christi Auferstehung. Triumph der Tugend über das Fleisch. (China) Weise Voraussicht. (Japan) Sieg im Kampf.

Volksnamen: (D) Edelkastanie, (GB) Jupiter's nut, Sardian nut, (I) Marone, (GR) Gottes Eichel, (Japan) Kachiguri.

Eßkastanien, die bei uns nur in klimatisch bevorzugten Gegenden wachsen, werden am Mittelmeer zu mächtigen Bäumen. An den Abhängen des Ätna findet man sehr alte Exemplare, die sieben Erwachsene kaum umfassen können. In einigen Weltteilen waren die kalorienreichen Früchte bis in unsere Zeit oft das alleinige Nahrungsmittel der Ärmsten.
In Griechenland nennt man sie »Gottes Eichel«, so war es fast selbstverständlich, daß sie im Christentum Jesus zugeordnet wurden. Die harte, stachelige Schale schütze die Frucht vor Gefahren, wie der Glaube an Christus. Die so wehrhaft verhüllte Frucht ist ein Symbol der Keuschheit ebenso wie das der unbefleckten Empfängnis. Da die Pflanzen auch nach einem radikalen Rückschnitt immer wieder austreiben, sah man darin ein Bild der Wiederauferstehung Christi.
In China sind sie ein Symbol weiser Voraussicht, da man die Früchte im Herbst sammeln konnte, um sich im Winter davon zu ernähren. Entlang der Nordabhänge des Himalaya bis nach China hinein sind einige zum Teil ungewöhnlich schöne Eßkastanienarten verbreitet. Gelegentlich findet man sie als riesige Hausbäume buddhistischer Tempel, in deren Schutz sie alle Wirren der Zeit überdauerten.
In Japan sind die Früchte die klassische Neujahrsspeise. »Kachiguri« ist ihr Name, was Sieg im Kampf bedeutet. Bismarck meinte für seine Politik: »Wenn aber andere Leute sich dazu hergeben, die Kastanien für sie aus dem Feuer zu holen, warum sollte man ihnen das nicht gerne überlassen?«

Lektüre: 1, 80, 102, 123, 129, 141

KIEFER · *Pinus spec.* · *Pinaceae*

Allgemein Symbol für: Lebenskraft. Ausdauer. Bewältigung schwierigen Lebens. Anpassungsfähigkeit. Treue und Mut. Langes Leben. Lange und glückliche Ehe. Freundschaft. Winter. PINIE: Reichtum, Lebenserneuerung, Großzügigkeit, Christliche Kirche, Reinheit, Jungfräulichkeit, Himmlisches Wissen, Fruchtbarkeit, Gnadenspender, Lebensbaum.

Attribut• von: Neptun/Poseidon, Silvanus, Dionysos, Diana, Kybele, Äskulap, Antiken Ärzten und Apothekern, Maria.

Volksnamen: (D) Föhre, Pinie, Strandkiefer, ahd.: Foraha, (GB) pine tree, (F) pin, (L) Fatzeg Dänn, (GR) Pitys, Äpfel der Kybele für Pinienzapfen.

Diese Charakterbäume der artenreichen Gattung Kiefer sind in den kühlen bis subtropischen Zonen der nördlichen Halbkugel verbreitet. Sie sind weitgehend anspruchslos, sofern sie einen möglichst freien, lichtreichen Stand finden. Zu ihrer Anpassungsfähigkeit gehört es, daß sie im Gebirge wie in Alaska zu strauchig wachsenden Formen gefunden haben, während sie an anderen Orten vierzig bis fünfzig Meter hoch werdende Arten heranbildeten. Wo sie vorkommen, genießen sie aus den verschiedensten Gründen hohes Ansehen und sind mit entsprechender Symbolkraft ausgestattet.
In ihrer Jugend, zumindest in den ersten dreißig Lebensjahren, wachsen die Kiefern regelmäßig, meist eiförmig, und man kann noch keine Vorstellung davon haben, welche Schönheit diese Bäume im Alter erreichen können. Der Japaner Toyotama Tsuno schrieb: »Vollkommenheit erreicht nur ein Baum, der allein steht.« Doch dies reicht nicht aus, seinen Wuchs zu formen. Vor allem in Ostasien kann man beobachten, daß die Bäume im Alter immer charaktervollere Formen annehmen, je schwieriger der Standort ist. Berühmt sind in China die Kiefern der heiligen Berge des Taishan- und Huangshan-Gebirges, wo sie ihre tief reichenden Wurzeln in Felsspalten senken und ihre Stämme und Kronen weit über

den Abgrund hängen, preisgegeben den Stürmen, dem Nebel und dem winterlichen Schnee.

An diese Bäume denken die Chinesen, wenn sie Kiefern als Symbole der Lebenskraft, der Ausdauer, der glücklichen Bewältigung eines schwierigen Lebens ansehen. Daß man ein langes Leben, eine treue Freundschaft nur durch Anpassung an die gegebenen Verhältnisse erreicht, ist Chinesen selbstverständlich, und Kiefern sind ihnen eines der klassischen Vorbilder hierfür. Diese Bäume vertreten in China das kraftvoll männliche Prinzip des Yang.

Die in Europa bekannteste chinesische Darstellung zeigt Kiefernzweige in Gemeinschaft mit Bambus und blühender Winterkirsche (*Prunus mume*), ein Symbol der »Drei Freunde des Winters« – oder des Alters. Kiefer und Bambus, weil sie immergrün sind, die Winterkirsche wegen ihres Mutes, beim geringsten Zeichen des Frühlingserwachens sofort mit dem Blühen zu beginnen.

Die Taoisten, die ihre Einsiedeleien meist hoch in den Bergen hatten, wo sie ihre Lebenskraft ständig aus der Konfrontation mit der Natur erneuerten, aßen die Kerne der Zapfen und hofften, durch diese Samen (die ja alle Kraft des großen Baumes in sich tragen) Unsterblichkeit zu erlangen. Lu Yu (1125-1210) schrieb: »Die Samen sind in Wahrheit das ehrwürdige Tao. Ich erhalte es auf einmal. Das Rauschen der Luft über den Kiefernbäumen überwältigt mich jetzt, ich fühle, ich bin in dieser und in jener Welt.«

In der japanischen Kultur ist die Symbolkraft der Kiefern nicht geringer. Sind in der europäischen Mythologie Philemon und Baucis die Sinnbilder einer glücklichen Ehe bis ins hohe Alter, so sind es in Japan Jo und Üba. Sie leben unter einem Kiefernbaum, und Darstellungen, wie beide gemeinsam Kiefernnadeln aufkehren, sind das Symbol einer geglückten, lange währenden Ehe. Sie fehlen bei Hochzeiten auf keinem Geschenktisch.

Da gerade in Ostasien die Wohnverhältnisse oft eng sind und für einen eigenen Kiefernbaum kein Platz ist, hat man schon vor Jahrtausenden die Kunst der Bonsai-Bäume (oder wie sie ursprünglich in China hießen: Penjing) erfunden. So wie die ganze Kraft des großen Baumes in seinem Samen enthalten

ist, sah man auch in den künstlich gealterten und klein gehaltenen Bonsai ein Sinnbild bewältigter schwieriger Lebensverhältnisse. Auf Grab-Fresken der Han-Dynastie (ca. 100 v. Chr.) bringen Diener dem Verstorbenen Schalen mit Bonsai-Kiefern als Symbol der Lebenskraft.
In Nord-Europa ist vor allem *Pinus sylvestris* beheimatet. In Schottland bedeckte diese Kiefer einst große Flächen, und ihre Bescheidenheit und Zähigkeit ließ sie zum Emblem zahlreicher schottischer Clans werden. Mußte eine Kiefer gefällt werden, so wurde sie zuvor mit bunten Bändern geschmückt und der Muttergottes geweiht, wie Jahrtausende zuvor in Griechenland und in Rom Demeter, Poseidon, Dionysos, Pan und Silvanus.
Der Name »Föhre« = Feuerbaum deutet auf die leichte Brennbarkeit des Holzes. In zahlreichen Landstrichen waren die Föhren »der Baum« überhaupt. In dem Wort »Forst«, sprachverwandt mit Föhre, lebt dieses Empfinden weiter.
Kiefern hätten auch leicht zum Symbol eines verschwenderischen Lebens werden können, so üppig hat die Natur sie ausgestattet. Kiefern sind einhäusige Bäume. Die kleinen roten zapfenähnlichen männlichen Blüten sitzen auf dem gleichen Baum wie die weiblichen Samenanlagen. Der Weg des Pollens brauchte nicht weit zu sein, der Baum könnte viel Kraft sparen, hätte er nicht den Ehrgeiz einer idealen Mischung der Gene. Ein einzelnes männliches Blütenzäpfchen der Schwarzkiefer enthält über eineinhalb Millionen Pollenkörner. Die Natur hat diese Körner, die die Spermatozoiden bergen, mit zwei winzigen Ballons ausgestattet, die sie wie Flügel hoch in die Lüfte tragen. Sie überqueren das Mittelmeer in bis zu 4000 m Höhe, riskieren, daß ultraviolette Strahlung ihre Keimfähigkeit vernichtet. Haben sie endlich eine weibliche Samenanlage erreicht und befruchtet, so benötigt der Zapfen zwei Jahre bis zur Reife. Selbst ein Elefant braucht nicht so lange, seine Jungen auszutragen. Von den eineinhalb Millionen Pollenkörnern sind dann etwa zwanzigtausend Samen in den Zapfen eines Baumes herangereift. Von ihnen wachsen in freier Natur, ohne daß der Mensch eingreift, höchstens zwei zu Bäumen heran.
Im südlichen Europa bis zu den Kanarischen Inseln ist die

majestätische Schirmkiefer *Pinus pinea*, die Pinie, beheimatet, am westlichen Mittelmeer die ihr ähnliche Strandkiefer *Pinus pinaster*. Beide sind Poseidon und Neptun heilig, gewiß weil sie unzählige Seefahrer auf ihren Planken sicher zum Ziel trugen. Das Harz zum Wasserdicht-Machen der Segel und Schiffstaue lieferten sie ebenso. So waren für die frühen Fischer und Schiffer die Kiefern heilig zu haltende Überlebenssymbole. Rasch wurden sie auch zu Reichtumssymbolen: die Korinther Silberstater zeigen als Münzzeichen einen Pinienzapfen. Da Ägypten nicht über eigene Kiefern verfügte, man den Wert des harzhaltigen Holzes aber früh erkannte, war es ein wichtiger und guten Gewinn bringender Seehandelsartikel. Der Eingangsweg zur Grabkammer Tutanchamuns hat Deckenbalken aus importiertem Kiefernholz und tropischem Ebenholz. Als Symbol der Lebenserneuerung wurden Pinienzapfen in vielen ägyptischen und etruskischen Gräbern gefunden.
Die mächtigen, bis vierzig Meter hohen Bäume, die ihre halbkugeligen Kronen ebenso weit in die Breite spannen, sah man als ein Symbol der Großzügigkeit an, da sie, wenn der Boden feucht genug ist, einer großen Anzahl anderer Pflanzen unter sich Schutz bieten. Da die Pinien ausgesprochene Tiefwurzler sind, tritt wenig Konkurrenzdruck auf.
Die dachförmig gespannte Pinien-Krone wurde bald nach der Einführung des Christentums auch als ein Symbol für die christliche Kirche angesehen, die ihren Gläubigen Schutz bietet. Da die Pinie in Griechenland der jungfräulichen Göttin Diana geheiligt war, wurde sie vom Christentum selbstverständlich in ein Symbol der Reinheit und Jungfräulichkeit Mariens gewandelt.
Die fast zwanzig Zentimeter großen Pinienzapfen hängen bis zu vier Jahren am Baum, bis die Schuppen sich öffnen und die Piniennüsse herausfallen. Wenn man deren harte Schalen aufklopft, so geben sie einen mandelartigen, wohlschmeckenden Samen frei. Die antike Welt schätzte diesen in Honig eingelegt als kostbare Leckerei. Die Pinienzapfen waren daher Symbole der Fruchtbarkeit und Gnadenspender. In der Kunst der ganzen vorderorientalischen Welt tauchen sie in diesem Sinne auf, bevorzugt am Thyrsosstab des Dionysos, bei dem heilenden Äskulap, bei Ärzten und Apothekern des

Altertums und vor allem als Brunnenzier. Die Christen ordneten den Brunnen meist einen schattenspendenden Baum zu, damit das einigende Bild von Lebensbaum und Lebensbrunnen entstand.
Der Venezianer Vincenzo Cartari muß wohl einmal von einem Pinienzapfen getroffen worden sein, denn er nennt den Baum einen Betrüger, der mit seinen großen Zapfen den töten könne, der in seinem Schatten Schutz gesucht. (Le Imagini, Venice 1556). Im gleichen Sinne steht bei Martial (Epigramme, 13.25.1-2): »Poma sumus Cybelis, procul hinc discede viator, ne cadat in miserum nostra ruina caput.« (Wir sind Früchte der Kybele, eile von hinnen, Wanderer, daß wir im Fallen nicht treffen dein unglückliches Haupt.)

Lektüre: 2, 23, 41, 51, 59, 65, 80, 85/1, 98, 101, 102, 123, 129, 141

KIRSCHE · *Prunus spec.* · *Rosaceae*

Symbol für: Heitere Erotik. Weibliche Schönheit. Geistige Schönheit. Segen des Paradieses. Betrug. Verlorene Jungfernschaft. Idealer Tod.

Attribut von: verführerischen Frauen, selig Erlösten.

Volksnamen: (D) Kriese, ahd.: Kirsa, (GB) cherry, (F) bigarreau, (Japan) Sakura.

Redewendungen: »Rote Kirschen eß ich gern / Schwarze noch viel lieber, / Junge Mädchen hab' ich gern, / Alte hol' der Diebel.« »Die Kirschen in Nachbars Garten . . .«.

Rätsel: »Sitzt eine Jungfrau in der Laube, hat einen roten Rock an. Wenn ich sie drücke, weint sie und hat doch ein steinernes Herz.«

Kecke, heitere Erotik versprechen die Kirschen überall in Europa, besonders die aus »Nachbars Garten«. Als einer der ersten in strahlendem Weiß, der Farbe der Unschuld, voll blühenden Bäume, der seine leckeren roten Früchte in der Farbe der Liebe schon wenige Wochen später präsentiert, ist seine Symbolik innig mit dem Frühling und allen seinen Gefühlen, die er erweckt, verbunden. Da der Kuckuck ruft, wenn die ersten Früchte reifen, sind sie auch ein Symbol des Betruges und der verlorenen Jungfernschaft.
Kirschen waren die Favoriten der britischen Poeten und Gartenjournalisten vor allem im 19. Jahrhundert. Der führende Dendrologe seiner Zeit, John Loudon, schrieb: »The brilliant red of the fruits, the whiteness and profusion of the blossoms, and the vigorous of the tree, affording abundant similes.« (Das brillante Rot der Früchte, das reine Weiß und der Überfluß der Blüten, und die Wuchskraft der Bäume fordern zahlreiche vergleichende Sinnbilder heraus.)
Kirschzweige, die man am Barbaratag (4. Dezember) schneidet und die zu Weihnachten voll erblüht sind, gelten schon lange als Glückssymbole. Sie sind ebenso Orakelblumen und

zeigen eine bevorstehende Hochzeit an, wenn man auf rechte Weise danach fragt.

Kleinfrüchtige Süß- und Sauerkirschen sind schon für die prähistorische Zeit in Mitteleuropa nachgewiesen. Man fand ihre Kerne in größerer Menge in den Pfahlbauten der Schweizer Seen. Doch die köstlichen dicken Herzkirschen brachte erst der römische Feldherr Lucullus von Kleinasien 74 v. Chr. heim. Nach der Eroberung der Stadt Kerasos, in deren Umgebung ausgedehnte Kirschbaumanlagen gepflegt wurden, erhielt er dort zahlreiche wertvolle Tributgeschenke, Gold, Edelsteine, Silber. Doch der heute noch sprichwörtliche Genießer stellte die jungen Kirschbäume an den wichtigsten Platz – ins Zentrum seiner Schätze – um zu zeigen, daß dies die wertvollste aller Eroberungen sei. Er hatte sich nicht getäuscht. Die Wertschätzung der Kirschen brachte ihn buchstäblich »in aller Munde«, machte seinen Namen zum Symbol des sinnlichen Lebensgenusses. Wer weiß heute noch von Mithridates, den er besiegte? Wie viele bedeutendere Feldherrn und Eroberer sind längst vergessen, doch die Kirschen des Lucullus und eine nach ihm benannte Mahlzeit liebt heute noch jeder.

In Asien, vor allem in Japan, sind Kirschen geheiligte Bäume. Die Kirschblüte ist dort ein Fest, das die ganze Nation in der Bewunderung der reinen Blütenschönheit verbindet, denn die in Japan so verehrten Arten sind nicht die, die besonders gute Früchte bringen, sondern die mit den attraktivsten Blüten- und Wuchsformen. Auch heute noch werden ganze Betriebe geschlossen und man zieht gemeinsam zum Picknick unter die blühenden Bäume, denn sie symbolisieren Freundes- und Vasallentreue. In der japanischen Mythologie ist die Kirschblüte eines der wichtigsten Symbole. Eine auf Wahrheit beruhende Erzählung von der Treue des Samurei Kojima zu seinem Kaiser Go-Daigo erhellt etwas die Hintergründe: In einem der zahlreichen Kämpfe im 14. Jahrhundert geriet der Herrscher in die Hände seiner Gegner. Auf dem Weg nach Süden in das Exil hatten seine Samurei keine Chance, Kontakt mit ihm aufzunehmen. Kojima kannte die Verehrung seines Kaisers für die Kirschblüte, und er wußte einen bedeutenden Kirschbaum an einem Gasthof, in dem Go-Daigo bestimmt rasten würde. Seine Überlegung war, daß der Kaiser gewiß nicht versäumen würde, diesen Baum, der gerade in Blüte stand, aufzusuchen und ihm seine Verehrung zu bezeugen, sein Herz von dessen Schönheit erleuchten zu lassen. Kojima löste einen Streifen der Rinde und schrieb auf den weichen Bast darunter eine Ermutigung für den Kaiser und daß er ihn heimlich ins Exil begleiten wolle. Der Kaiser fand tatsächlich die versteckte Mitteilung und konnte mit Kojimas Hilfe der Gefangenschaft entfliehen.

Der Dichter Moto-ori schrieb: »Wenn einer mich fragen sollte: was ist der Geist Japans? Ich würde ihm die wilden Kirschblüten zeigen, in der Sonne schimmernd.« Dem japanischen Ritter waren die Kirschblüten strahlendes Vorbild, denn so leicht wie die Blütenblätter sich lösen und im Wind davonschweben, sollte auch er sich vom Leben trennen können.

In der japanischen Gedichtform eines einunddreißigsilbigen Tankas hat im 12. Jahrhundert der Staatsmann Fujiwara No Kintsune dieser Lebenshaltung Ausdruck gegeben: »Wie der Frühlingswind / den Blütenschnee der Kirschen / sanft mit sich nimmt / und der Erde wiedergibt, so fällt auch das Ich und vergeht.«

Lektüre: 1, 47, 69, 81, 92, 129, 141

KLEE · *Trifolium pratense* · *Leguminosae*

Symbol für: Dreifaltigkeit. Lebenskraft. Glück. Liebeszauber. In Demut harrende Minne. Hellsichtigkeit.

Attribut von: Irland, St. Patrick, Minnesänger, Cleve.

Volksnamen: (D) Himmelsbrot, ahd.: chleo, (GB) shamrock.

Das vierblättrige Kleeblatt ist vermutlich das am häufigsten gebrauchte Pflanzensymbol. Kaum jemand, der bei einem Gang über eine Wiese sich nicht zwanghaft bückt, es zu pflükken, dem es nicht Glück, Liebe, Wunscherfüllung zu verheißen scheint. Fast alle werden es aufbewahren, pressen und irgendwann weitergeben.
Dem gleichen Symbolzwang kann kein Ire am 17. März, dem St. Patrickstag, widerstehen – alle Iren tragen dann ein Kleesträußchen. Man sagt, St. Patrick habe den schwer zu bekehrenden Iren ein Kleeblatt gezeigt, um ihnen die heilige Dreifaltigkeit zu erklären: »So wie hier die Blätter an einer Stelle entspringen und zusammen doch nur ein Blatt sind, so gehen von Gott drei Teile aus, untereinander gleichberechtigt, aber dennoch ein Ganzes bildend.« Man zweifelt einerseits, ob St. Patrick den Wiesenklee, *Trifolium*, in den Händen hielt oder den gelb blühenden Futterklee, *Medicago lupulina*, den Iren zeigte; andererseits, ob es nicht eine der typischen Übernahmen von Symbolen durch das Christentum ist. Klee war schon zuvor ein Symbol der vereinten Dreiheit der keltischen Priester in drei Graden: Druiden, Barden und Ovaten. Seines kräftigen Wuchses wegen war er ein Symbol der Lebenskraft. Dem vierblättrigen Klee sprachen die Druiden bereits die gleichen Eigenschaften zu wie wir.
Lobt man einen »über den grünen Klee«, so ist das nicht ganz ehrlich. Die Redewendung geht zurück auf die Zeit, da man Gräber mit Klee bepflanzte – und über Tote darf man nichts Schlechtes sagen.

Lektüre: 54, 80, 102, 109, 111, 123, 130, 131, 141

KLETTE · *Arctium lappa* · *Compositae*

Symbol für: Lästige Anhänglichkeit.

Volksnamen: (D) Klett, Perdläus, Klädderläus, ahd.: kliba, chledda, (F) bouton de Soldat, (CH) Chläbere.

Redewendungen: »Wer sich mischt unter Kletten, wird sich unsanft betten«. »Sich wie eine Klette an jemand hängen«. »Die zwei hängen aneinander wie Kletten«.

Nichts hält zäher fest als Kletten. Fast das ganze Symbol kündet von Zusammenhalten, erwünschtem oder auch unerwünschtem in der Liebe. Oder wie der französische Name sagt, als »Knopf des Soldaten«!
Den purpurfarbenen Distelblüten folgen Früchte, die mit raffiniert konstruierten doppelten Widerhaken umgeben sind. Sie hängen sich fast unlösbar an die Kleidung dessen, der sie im Vorüber-Gehen streift. Auf diese Weise wird die Verbreitung der Art gesichert. Meist wird der Träger sie ärgerlich entfernen und wegwerfen. So besiedeln sie bevorzugt Straßenränder in der Nähe menschlicher Siedlungen. Im folgenden Frühling wird die Saat keimen, um im zweiten Jahr wieder zu blühen, zu fruchten und dann abzusterben.
Erst in der zweiten Hälfte des 20. Jahrhunderts begann die industrielle Nutzung der Hakenspitzen als Klettverschluß, den die französischen Soldaten, aus der Not geboren, schon sehr viel früher entdeckt hatten.
Offizinell haben Kletten wertvolle Inhaltsstoffe, ätherische Öle, Gerbstoffe, Sistoterin, antibiotisch und pilztötend wirkende Stoffe, die möglicherweise auch tumorhemmend wirken. Außerdem gilt Klettöl als Haarwuchsmittel und ist gut gegen Hauterkrankungen. So wurden sie im Volk auch zu einem Symbol, das Böses, meist Dämonen, abwehrt.

Lektüre: 96, 102, 111, 137, 141

KORNBLUME · *Centaurea cyanus* · *Compositae*

Symbol für: Treue und Beständigkeit. Untreue. Zartgefühl. Himmel. Christus. Preußen.

Attribut von: Chiron, Kaiser Wilhelm.

Volksnamen: (D) Roggenblume, Tremse, Flockenblume, Ziegenbein, Doller Hund, (GB) hurt-sickle, (F) bluet.

Das klare Blau ist außerordentlich selten im Reich der Blüten. Taucht es auf, erregt es besondere Beachtung, erhält besondere Deutungen.
Plinius erzählt die Sage vom Kentauren Chiron (dem die Gattung ihren Namen verdankt). Er erhielt eine vergiftete Wunde durch eine Schwalbe, die in das Blut der Hydra getaucht war. Der Kentaur bedeckte die Wunde mit Kornblumen und genas. So wurden die Kornblumen zum Feind der Schnecken (die Hydra war eine giftige Riesenschnecke) erklärt. Im christlichen Symbolkreis stehen die Schnecken für den Teufel – es war selbstverständlich, daß die strahlend blauen Kornblumen der Himmelskönigin Maria und Jesus zugeordnet wurden. Häufig erscheint auf mittelalterlichen Bildern und solchen der Renaissance Maria mit einem Kranz aus Kornblumen auf dem Kopf, und auch die sie begleitenden Engel und Heiligen sind damit geschmückt.
Kornblumen sind an Roggen gebunden – haben sie aber erst ein Gebiet erobert wie Mitteleuropa und England im Gefolge der Kreuzritter, so breiten sie sich im Übermaß als Unkraut aus, werden zur Plage der Bauern. Die Landleute sahen in ihnen Korndämonen, weil sie nicht nur die Ernte minderten, sondern auch die Sensen und Sicheln stumpf machten. Mittlerweile haben die Herbizide sie in den landwirtschaftlichen Nutzflächen ausgerottet.
Die Schönheit der Blüten hatten längst die Gärtner entdeckt. Tabernaemontanus berichtet, daß die Nachfrage nach Kopfkränzen aus Kornblumen im 16. Jahrhundert so stark war, daß man sie in großem Maße anpflanzte, denn sie waren ein Symbol von zartem Gefühl, Treue und Beständigkeit. Doch in

einer altdeutschen Schrift »Von der Bedeutung der Blumen« heißt es: »Wer sein Herz wandelt und selbst nicht weiß, wobei er bleiben will, und seinen Wankelmut verhohlen trägt, der sollte Kornblumen tragen; sie sind blau und lustiglich und färben sich weiß. Sie mögen nicht lange ihre Farbe tragen und zeigen ihren Wandel.«

Ohne Zweifel hat der deutsche Kaiser Wilhelm I. diese Blumensprache nicht gekannt, sonst hätte er die Kornblume vermutlich nicht zu seiner Lieblingsblume erklärt, sie wurde zu seinem persönlichen Symbol. Zum einen war sie wunderbar »Preußisch-Blau«, die Farbe der Treue, und Treue zur Monarchie sollte in seinen Augen für alle Untertanen selbstverständlich sein – zum anderen erzählte man, daß diese Vorliebe auf ein Kindheitserlebnis zurückgehe. Seine Mutter, die von allen geliebte Königin Luise, soll auf der Flucht vor Napoleon und seinen Truppen ihre Kinder in Königsberg und Memel mit Kornblumenspielen getröstet haben. Vermutlich hat man sich gegenseitig Kopfkränze gebunden.

Zunächst nahm Wilhelms Umgebung respektvoll von dieser Vorliebe Kenntnis. Man versuchte, an so vielen Tagen im Jahr wie nur möglich, dem Monarchen um sein Frühstückstablett einen Kranz von Kornblumen zu legen. Bald erfuhr das Volk von dieser Sitte, und vor allem in Berlin konnte, solange es die Jahreszeit erlaubte, eine Kornblume an der Brust oder im Knopfloch die Zuneigung und Treue zum Herrscherhaus dokumentieren.

Psychologisch interessant ist, wie ein durch eine mächtige Person völlig neu geschaffenes Symbol auszustrahlen beginnt und zu wirken, weit über die unmittelbare Umgebung hinaus. Zunächst in Preußen, aber bald auch in anderen Ländern. In Großbritannien hatte man die Freude, Kornblumen in den Gärten zu haben, seit zweihundert Jahren vergessen. Nun begann man auf der britischen Insel mit neuen Züchtungsversuchen. Bevorzugt wurden niedrig bleibende Gartensorten, die den englischen Windverhältnissen besser angepaßt waren. Das schönste Ergebnis war eine leuchtend blaue Sorte, die den Namen »Victoria« erhielt, die englische Königin zu ehren, die zwar keinen preußischen, aber immerhin einen deutschen Prinzgemahl aus dem Haus Coburg-Gotha hatte.

Doch sehr anders reagierte ein östliches Nachbarland. In Böhmen entbrannte in jenen Jahren ein Sprachenkampf zwischen deutsch und tschechisch. Die Kornblume wurde zu einem Symbol der deutschen Gesinnung, eine Art Parteiabzeichen. H. Rehling schreibt 1904: »Das Tragen derselben ruft deshalb auch den Haß der Tschechen wach, und in den deutsch-böhmischen Blättern liest man darum oft von beleidigenden Angriffen und Beschimpfungen, die den Trägern von Kornblumen widerfahren.«
Ich erinnere mich aus meiner Kinderzeit in den 30er Jahren, daß an bestimmten Tagen des Sommers eine Kornblume angesteckt wurde, die Leute verkauften, die laut mit einer Büchse rasselten. Mit dem Staat Preußen starb auch sein Symbol Kornblume.
Doch man irrt, wenn man glaubt, daß Wilhelm I. der erste Herrscher war, der die Kornblume zu seinem Symbol erkor. Fast dreieinhalbtausend Jahre zuvor starb in Ägypten der junge Pharao Tutanchamun. Zwischen Mitte März und Ende April (das verraten die ihn umgebenden grünen und blühenden Pflanzenteile) 1336 v. Chr. wurde seine Mumie beigesetzt. Um die Uräusschlange am goldenen Diadem legte man ihm ein zierliches Kränzchen aus Kornblumen (*Centaurea depressa*) und Olivenblättern, fein gewunden, wie von den Händen eines Goldschmiedes geformt. An der Sargbrüstung hing eine vierfache Girlande aus Kornblumen, jede Reihe mit anderem Laubwerk gebunden. Als größtmögliche Steigerung floristischer Kunstfertigkeit trug die goldene Hülle, die den Körper des Pharao im innersten Sarg bedeckte, einen fast zwanzig Zentimeter breiten Blumenkragen (neun Reihen nebeneinander gelegt) aus Kornblumen, Lotosblütenblättern und verschiedenem Laubwerk um die Schultern.
Diese floralen Kunstwerke werden im Landwirtschaftlichen Museum in Kairo und im Botanischen Garten Kew in London aufbewahrt.

Lektüre: 1, 20, 61/5, 65, 80, 102, 109, 131, 141

KROKUS · *Crocus spec.* · *Iridaceae*

Symbol für: Göttliche Weisheit. Licht. Gold. Hoheit. Leidenschaftliche Liebe. Das Unterirdische. Tod *und* Wiedergeburt.

Attribut von: Zeus und Hera, Jupiter und Juno, Demeter, Persephone.

Volksnamen: Altertum: »Blume der Nacht«, ahd.: chruogo, mhd.: saffran, (GB) saffron.

Der Klang keines anderen Blumennamens weckt so viel Erinnerungen an Frühlingserwachen, Erdduft und Hoffnung in uns wie Krokus. In welchem Kulturkreis seine Heimat ist, von Spanien bis Asien, überall ist er ein Symbol der göttlichen Weisheit: der Dauer durch Wechsel. Wenn Zentraleuropa ihn auch fast nur als Märzblüher kennt, so öffnen doch etwa ein Drittel der bekannten achtzig Arten schon ab September ihre seidenpapierzarten Blüten. In den milden, leicht feuchten Wintern Kleinasiens vergeht wohl kein Tag, an dem nicht irgendwo die kurzlebigen, meist weißen oder violetten Blumen erblühen: Symbol der Hoffnung auf Wiederkehr, aber auch der schnellen Vergänglichkeit alles Schönen, allen Glücks.
Die »Adonisgärtchen«, die man in Griechenland pflanzte, waren in Tonscherben oder Körbe gesäte Gerste, Weizen, Lattich oder Fenchel, häufig auch Krokusknollen. Alles Pflanzen, die rasch wachsen, in der Sonnenhitze auf den Dächern aber ebenso rasch wieder verwelken – Sinnbild des kurzen Lebens des Vegetationsgottes.
Von den vielen Mitgliedern der Gattung ist es einem einzigen gelungen, als eine der allerfrühesten Kulturpflanzen der Menschheit eine wirtschaftliche Bedeutung bis in unsere Tage zu erhalten. Es ist der herbstblühende Safran, *Crocus sativus*. Er war bereits zur Zeit der kretisch-mykenischen Kultur ein wichtiges Handelsobjekt, begehrt als Farbstoff für königliche Gewänder (auch Götter sah man safranfarben gekleidet), vor allem jedoch als ein Würzstoff, der bis ins europäische Mittelalter im Ruf stand, »die sinnliche Begierde der Weibsleut anzustacheln«.

Unzählig sind die Liebesabenteuer, die vor allem Griechen und Römer sich von ihren Göttern erzählten, sehr oft ist der duftende Safrankrokus dabei beteiligt. Die Erde selbst schmückt sich auf dem Berg Ida mit Krokus, Hyazinthen und Veilchen, ein Geschenk für das Brautlager von Zeus und Hera. Der Erfolg muß so beeindruckend gewesen sein, daß Zeus es bei seinen zahlreichen Amouren selten versäumte, sich mit Safranduft zu parfümieren, auch nicht, als er sich Europa in Stiergestalt nahte.
Weniger glücklich endete das Abenteuer der Persephone, als sie an einem schönen Tag mit ihren Freundinnen auf einer Wiese Sträuße von Krokus und Narzissen pflückte. Hades, der Gott der Unterwelt, nahte sich ihr werbend; als sie jungfräulich zögerte, entführte er sie in sein Reich. Milton schrieb: »Die schönen Gefilde von Enna, wo Persephone Blumen gepflückt und selber gepflücket ward vom finsteren Gott des Hades ...«.
Krokus werden auch heute noch in Griechenland bevorzugt auf Gräber gepflanzt, als Zeichen der Hoffnung auf Unsterblichkeit. Die goldgelben, duftenden Narben des Safrankrokus spielten bei den Totenverbrennungen im griechischen Reich bis in die Zeit Alexanders eine wesentliche Rolle. Diese Narben haben die goldgelbe Farbe des Lichtes – Licht ist immer Leben! Homer berichtet in der Ilias 19.1: »Eos im Safrangewand, stieg auf aus Okeanos' Fluten, Göttern und Sterblichen die Leuchte des Tages zu bringen.«
Botanisch ist der Safrankrokus ein Unikum in der Pflanzenwelt. Allein in seiner Narbe, dem weiblichen, aufnehmenden Teil der Pflanze, versammelt er alle seine wesentlichen Wirkstoffe: den Duft, die Farbe, den Geschmack, ätherische Öle, Glycoside, Psychopharmaka, Heilmittel gegen Frauenkrankheiten – und Gifte! Dioskorides sagt, daß drei Drachmen Safran einen starken Mann töten könnten, der aber sterbe »lachenden Munds«. Die Menschen müssen diese Kraft der Narben sehr früh erkannt haben, denn geerntet und gehandelt wurden immer nur sie, die getrocknet eine feine Fadenform annehmen. Etwa 120000 solcher Narben ergeben ein Kilo Handelssafran. Welcher Luxus, wenn die Hetären Roms sich bei den großen Gastmählern auf Kissen, gefüllt mit Safran,

setzten! Aber es war ihr Symbol – das Zeichen und der Duft der sinnlichen Begierde!
Riesige Felder müssen seit der alten Zeit in Monokultur mit Safran besetzt gewesen sein, niemand weiß heute mehr seine Heimat zu nennen. Safran wurde von den Landleuten gezogen, wo immer er wuchs, denn er brachte viel Geld. Doch wie bei allen Monokulturen – sie wurden in den Jahrtausenden immer schwieriger, Pflanzenkrankheiten vernichteten die Bestände ganzer Landstriche – der schwerste Schlag, der die Erzeuger traf, war die Erkenntnis, daß dieser *Crocus sativus* nicht mehr in der Lage war, sich geschlechtlich zu vermehren. Die so viel begehrte Narbe versagte den Dienst. Nur durch Teilung der Knollen konnten neue Felder bepflanzt werden. Offenbar verlor mit großer Plötzlichkeit der Safran damit auch seinen Ruf als weibliches Aphrodisiakum. Kein Brautbett wurde mehr mit Krokus bestreut, niemand brauchte mehr mit Fälschungen des echten Safrans die Todesstrafe auf sich zu nehmen, denn das Symbol hatte seine Kraft verloren. Es wurde untauglich, weil es nicht mehr wahrhaftig war. Als Alterssschicksal blieb dem Safran nur die Backzutat: »Safran macht den Kuchen gehl.«

Lektüre: 1, 2, 12, 22, 41, 51, 80, 81, 101, 123, 141

KÜRBIS · *Cucurbita spec.* · *Cucurbitaceae*

Symbol für: (China) Langes Leben. Körperliche Unsterblichkeit. Geteilte Ur-Einheit. Magische Kräfte. Heilkunst. (Afrika) Weltenei. Gebärmutter. ☧ Heil und Gottes Segen. Fruchtbarkeit. Reife. Leere getäuschte Hoffnung. Emporkömmling. Dummheit.

Attribut von: Pilgern, Erzengel Raphael, Tobias, Li Tieh Kuei, Shou Hsing.

Volksnamen: (D) Körbs, Kerwes, mhd.: kurbicz, (GB) pumpkin, gourd, (F) citrouille, courge, (I) Pepone.

Kürbis gehört zu den sehr frühen Kulturpflanzen der Menschen. Der leichte Transport der Samen, die man dazu noch unterwegs essen konnte, und die sich daraus so schnell entwickelnden Pflanzen mit den zum Teil riesigen Früchten, ließ Kürbis als Begleiter der Jäger und Sammler durch die ihnen bekannte Welt wandern.
Zentralasien und Indien gelten als die Heimat, aber schon vor sechstausend Jahren waren vor allem die Flaschenkürbisse als Nutzpflanze fast überall bekannt, wo sie angemessene Lebensbedingungen finden konnten. Daß man die reifen Früchte aushöhlen, den Inhalt essen, die Samen zur Vorratshaltung trocknen und die harte Fruchthülle ebenfalls trocknen und als Vorratsgefäß verwenden konnte, machten die Kürbisse zum wahrscheinlich ersten universell nutzbaren Naturprodukt in Menschenhand.
In China spielten und spielen viele Mitglieder der Gattung *Cucurbita* eine wichtige Rolle, weit über die Ernährung hinaus: als Symbole philosophischer und magischer Vorstellungen. In zwei symmetrische Hälften geteilt, dienten sie zur Demonstration der in zwei gleiche Teile gespaltenen Ureinheit der Welt, aller Dinge und Menschen, deren Wiedervereinigung vorstellbar, aber nicht zu erlangen sei. Yin und Yang, das Dunkle und das Helle, seien Teil jedes Lebens.
In getrockneten Kürbisbehältern bewahrte man in den Apotheken des alten China Arzneimittel auf. Kürbis wurde daher

nicht nur zum Emblem der Ärzte und Apotheker, sie waren auch ein wichtiges Symbol der Langlebigkeit, ja sogar der körperlichen Unsterblichkeit. Shou Hsing, der Gott des langen Lebens mit der hohen Stirn (was vielleicht bedeutet, daß Denken lebensverlängernd wirkt), trägt außer dem Pfirsich oft auch einen Flaschenkürbis. Neujahrskarten werden noch heute häufig mit Kürbisdarstellungen geschmückt, die Wünsche für langes Leben, aber auch für Zauberkräfte und »Zehntausend Fähigkeiten« überbringen. Zu diesen »Zehntausend Fähigkeiten« gehört offenbar auch die Idee, gefährliche Flüsse zu überqueren, indem man getrocknete Kürbisse als Schwimmblasen nutzt.

Die in der Kunst Chinas und Japans bekannteste Darstellung eines Flaschenkürbis ist die in den Händen eines »verwahrlosten Gesellen«, aus dem Kürbishals entflieht eine kleine spiralförmige Rauchwolke. Der »verwahrloste Geselle« ist einer der acht taoistischen Unsterblichen, einer bunt zusammengewürfelten und nur mit Humor zu ertragenden Gesellschaft. Sein Name ist Li Tieh Kuei. Einst war er ein hoch geachteter taoistischer Priester, reich an Kenntnissen in der Magie. Sein Geist konnte seinen Körper verlassen, um lange Wanderungen in dieser und der Jenseitswelt anzutreten. Er benutzte dabei den Flaschenkürbis als Starthilfe, und die kleine Rauchwolke auf den Darstellungen symbolisiert diesen Moment. Oft besuchte der Geist Li Tieh Kueis den größten der Meister, Lao Ttzu, im westlichen Paradies. Einmal kehrte er von dort erst nach einem längeren Aufenthalt zurück – doch man hatte seinen Körper bereits für tot gehalten und in aller Feierlichkeit, wie sie einem so berühmten Mann zukam, bestattet. Was tun? Er flog wieder zu dem großen Meister, dessen Rat zu erfragen. »Flieg zurück zur Erde und suche nach einem gerade Verstorbenen, schlüpfe in dessen Leib und du bist gerettet«, lautete die Antwort. Er flog zurück, und das erste tote Wesen, das er fand, war jener verkommene Landstreicher, dessen Leben gerade am Verlöschen war. Seine Angst, auch sterben zu müssen, war so groß, daß er überhaupt nicht überlegte, was für ein Leben er da annahm – ein Bein hatte der arme Kerl im Streit verloren und trug statt dessen ein Eisenrohr und half sich mit einer Krücke. Li Tieh Kuei akzeptierte alles – und wurde auf diese Weise einer der acht taoistischen Unsterblichen. In der spiralförmigen Wolke, die seinem Flaschenkürbis auf den Bildern entweicht, schwebt gelegentlich eine kleine Fledermaus – sie symbolisiert das Glücksgefühl des unternehmungslustigen Geistes.

In den bäuerlichen Regionen Chinas und Koreas trifft man oft locker aus schlanken Rundhölzern zusammengefügte kleine Lauben, ganz von Kürbis überrankt. Rückzugspunkte ländlicher Philosophen. Es gibt dort ein Sprichwort: »In einer Kürbislaube findest du leichter die vollkommene (innere) Harmonie, als in einem großen Palast.«

In Schwarz-Afrika verehrt man Kürbis als ein Symbol des Welt-Eies, seiner zahlreichen Kerne wegen als das der Fruchtbarkeit, und wegen der sattrunden Form vieler Arten als das der Gebärmutter.

Fast überall, wo Kürbis angebaut wird, erzählen sich die Menschen wundersame Geschichten über Kürbis, in unserem Teil der Welt meist, um damit Beispiele für die Dummheit ihrer Mitmenschen zu geben.

Die Pflanze, die, gut gedüngt, rasch wächst, an Mauern und Zäunen mutig emporklettert und ihre schweren Früchte tapfer trägt, erregt immer große Erwartungen. Doch im Zentrum seines Inneren ist gerade ein besonders dicker Kürbis meist hohl. Sein Fruchtfleisch hat keinen sehr hohen Nährwert und verfault rasch. Daher galt ein Emporkömmling, der sich aufspreizt und überall hervordrängt, um dann doch über Nacht wieder aus dem Blickfeld zu verschwinden, als »Kürbiskopf«. Oder man sagte: »Die schnell Emporgekommenen verderben schnell.«

Seine Spottschrift auf Kaiser Claudius benannte Seneca »Apokolokyntosis« – der, statt vergöttlicht zu werden, unter die Kürbisse versetzt wurde. (Dio Cass., 60/35).

Lektüre: 23, 25, 28, 54, 61/5, 80, 81, 106, 121, 123, 131, 141

LATTICH · *Lactuca spec.* · *Compositae*

Symbol für: Bittere Buße. Bitterkeit. Enthaltsamkeit. Begierde. Zeugungskraft.

Attribut von: Adonis, Min.

Volksnamen: (ahd.) ladducha, laddich, (GB) sleepwort.

Lattich hat einen starken Gehalt an Bitterstoffen. Er wurde daher in der Antike und im Christentum Symbol bitterer Trauer und bitterer Buße. Venus bettete den toten Adonis auf ein Lager von Lattich, in der italienischen Renaissance erscheint er häufig auf Gemälden des Letzten Abendmahls – und es war jahrhundertelang üblich, ihn bei Totenessen zu servieren.
Griechen, Juden und Römer beendeten mit Lattich ihre Abendmahlzeit, da die Bitterstoffe als verdauungsfördernd angesehen wurden. Durch die Römer kam er nach England, wo man ihm den Namen »sleepwort« gab, da man in ihm narkotische Eigenschaften empfand. Kein Klostergarten blieb im Mittelalter ohne Lattichpflanzen, denn Mattioli hatte geschrieben: »... alle, die Keuschheit zu halten gelobt, sollten nichts denn Rauken und Lattichkräuter essen.«
Andererseits war er in Ägypten dem Gott sexueller Fruchtbarkeit, Min, heilig. Bei den Prozessionen zu seinen Ehren wurde ein bepflanztes Lattichbeet mitgeführt, Lattich war die beliebteste Opfergabe an ihn. In China nutzt man den Lattich zur Beschwörung eines reichen Kindersegens. Im Kochtopf der Hexensalben war er ein fester Bestandteil. Aus seinem Milchsaft wurde Lactuarium, das Lattich-Opium gewonnen. Dieses nutzten auch die Indianer in Amerika für Rauchmischungen bei ihren magischen Ritualen.
Die unterschiedlichen Nutzungen und symbolischen Deutungen als Anti- aber auch Aphrodisiacum beruhen möglicherweise auf Verwechslungen mit *Lactuca virosa*, der stärkere narkotische Eigenschaften hat als *Lactuca sativa*.

Lektüre: 1, 2, 23, 80, 102, 107, 130, 141

LAVENDEL · *Lavandula angustifolia* · *Labiatae*

Symbol für: Reinheit. Klares Leben. Erinnerung. Geheimes Einverständnis. Abwehr des Teufels.

Attribut von: Maria.

Volksnamen: (D) Speik, (GB)lavender, spike.

Redewendung: »Was Rosmarin für den Geist, ist Lavendel für die Seele.«

Lavandula kommt vom lateinischen lavare – waschen. Doch anders als die saponinhaltigen Pflanzen, die zu einer tatsächlichen Reinigung beitragen können, ist es beim Lavendel nur der Duft, der die Illusion der Reinigung schafft. Im Mittelalter war der kleine Strauch ein Symbol der Unberührtheit der Jungfrau Maria. Einige tausend Jahre zuvor bedeckten die Griechen Jungfrauen, die sie als blutiges Opfer den chthonischen Göttern darbrachten, mit Lavendel.
Die Bedeutung dieser Pflanze liegt nicht in dem zarten Blau der Blüten, sondern in ihrem Duft. Dieser Duft hat die seltene Eigenschaft, zu entspannen und zugleich anzuregen, was ein Gefühl innerer Harmonie vermittelt. Oft wird Lavendelduft als Kennung älterer Damen genannt. Immer fand man den Duft hilfreich gegen Liebeskummer, Hexen und den Teufel. Englische Bräute knüpften sich aus grünem Lavendel ein Strumpfband zum Schutz vor Behexung.
Zum Symbol geheimen Einverständnisses machte ihn der Sonnenkönig. Wenn Ludwig XIV. eine Dame begehrte, so sandte er ihr in Ambra getauchte Lavendelblüten-Ähren. War sie geneigt, seinen Wünschen zu folgen, so schob sie im Angesicht des Königs eine dieser Ähren in den Mund.
Die Vorliebe für Lavendelduft blieb über die Revolution hin in Frankreich erhalten. Ein Parfüm aus Lavendel, Citrusöl und Bergamotte war der Duft der Liebe zwischen Josephine und Napoleon.

Lektüre: 4, 14, 102, 123, 141

LILIE, weiße · *Lilium candidum* · *Liliaceae*

Symbol für: Das Heilige. Keuschheit. Jungfräulichkeit. Erwählung. Hoffnung. Reinheit. Edle Gesinnung. Schönheit – Liebe – Licht. Gnade und Vergebung. Verlassene Unschuld. Tod.

Attribut von: vielen Muttergöttinen seit prähistorischer Zeit bis zu Maria, Erzengel Gabriel, Puditia = Reinheit, Thor, Oberon und Elfen, zahlreichen männlichen Heiligen, die *nicht* Märtyrer waren, allen Märtyrerinnen.

Volksnamen: (D) Ilge, Gilge, (GB) lily, (I) Giglio, (GR) »Spott der Aphrodite«, aber auch »Freude der Aphrodite«, (Rom) Rose der Juno, (Judäa) Shustram.

Nur wenige Blumen wurden allein durch ihre Ausstrahlung majestätischer Schönheit zu Symbolen. In sehr seltenen Fällen kann das Maß von Schönheit eine Grenze erreichen, die Betrachter als überirdisch wahrnehmen, die ihnen die Empfindung gibt, das Göttliche zu schauen. Bei den Pflanzen ist dies dem Lotos, den Rosen und den Lilien gegeben.
Der japanische Name für Lilie, takane no hana, der wörtlich übersetzt »die auf einem hohen Felsen wachsende Blume« bedeutet, wird in Japan auch benutzt, um eine unerreichbare Schönheit zu beschreiben.
Die Textur der Blütenblätter ist von so feiner Glätte, daß schon die Alten schrieben, dies könne von keinem parischen Marmor übertroffen werden, denn dieser sei tot, die Lilienblüte aber lebe. In ihrer vermutlichen Heimat Kleinasien, zwischen Euphrat und Tigris, aber auch bis zur Küste des Mittelmeeres wurden die Lilien schon in prähistorischer Zeit wegen ihrer göttergleichen Schönheit als heilig verehrt. Die phönizischen Seefahrer haben sie offenbar in den Teilen der Alten Welt verbreitet, in denen sie keine natürlichen Vorkommen hatten. Man findet sie heute noch wild, bevorzugt an Plätzen in der Nähe alter phönizischer Häfen. In Kreta, wo sich die frühesten Liliendarstellungen erhalten haben, wachsen sie jetzt nicht mehr wild, aber in der prähistorischen mi-

noischen Periode (3000 v.Chr.) waren sie dort das heilige Symbol von Britomartis, der großen Muttergottheit und Patronin der Jäger, Fischer und Schiffsleute. Ebenso wurden die Muttergottheiten von Sumer, Babylon, Assyrien, Ägypten und später die Griechenlands und Roms mit Lilien dargestellt.

Auch Ägypten erreichte *Lilium candidum* auf dem Seeweg. In Assuan fand man einen 4500 Jahre alten Steinsarkophag und einen Königsthron aus der gleichen Periode. Auf beiden war *Lilium candidum* als Flachrelief dargestellt, Symbole des Herrschertums, der Würde und Weisheit. Fortan waren viele königliche Szepter mit Lilien gekrönt, Zeichen des Rechtes, der Ordnung, der Macht.

Lilien zierten die Altäre der Juden und die Säulen des Tempels Salomos vor seiner Zerstörung. Da die weißen Lilien allgemein ein Symbol der Reinheit waren, ist es fast selbstverständlich, daß man den Waschbecken für die rituelle Reinigung der Priester eine lilienförmige Gestalt gab.

In Persepolis, wo die Treppenreliefs die Zerstörung durch Alexander den Großen überlebten, zeigen diese die Ankunft der unterworfenen Völker zur Tributübergabe. Die Gesandten werden geleitet durch adlige Meder und Perser, die Lotos- oder Lilienblüten tragen, offenbar eine unentbehrliche Zierde einer königlichen Festtafel.

Es gibt kaum einen Gott, kaum einen Heiligen, kaum eine Märtyrerin, die man nicht mit Lilien auszeichnete. Der Bildhauer Phidias hüllte Zeus im Pantheon in ein lilienbesticktes Gewand, Venus Urania, die himmlische Schönheit, wird mit einer Lilie in der Hand gezeigt, selbst bei den Germanen hält Thor einen Blitz in der rechten Hand und in der linken eine Lilie (aber bestimmt nicht *Lilium candidum*).

Das absolute Weiß der Lilienblüte, von keinem anderen Farbhauch berührt, ist zusammen mit dem sattgrünen Laub nicht nur Symbol der Reinheit, sondern auch der Hoffnung. Die Römer prägten Münzen mit einer Lilie und dem Rundtext: »Spes populi romani« – »Hoffnung des römischen Volkes«. Man streitet sich noch heute, ob damit die Hoffnung auf einen Thronfolger oder auf die Dauer des Augusteischen Friedens gemeint war.

Die Griechen erzählten schmunzelnd die Geschichte, daß Aphrodite sich so über die Ausstrahlung von Reinheit und Unschuld dieser Blüte ärgerte, daß sie ihr einen großen, keulenförmigen Pistill einsetzte, der an den Phallus eines brünstigen Esels erinnert. Möglicherweise hat diese Ablehnung im Aphroditekult die rasche Aufnahme der Lilie als Symbol der Keuschheit Mariens im Christentum ermöglicht. Andere sehen in der hebräischen Susanna, die während der Gefangenschaft im sündigen Babel ihre Keuschheit bewahrte, das Vorbild für die verehrte Unberührtheit Mariens. »Susanna« kommt von hebräisch Shushan – Lilie. Der Erzengel trug ein *Lilium candidum* in der Hand, als er Maria ihr Erwähltsein verkündete.

Alle Wertschätzung, die *Lilium candidum* in den frühen Kulturen erfahren hatte, wurde nun übertroffen durch die Verehrung, die man dieser Blume im Christentum zollte. Viele botanisch weniger Interessierte hatten ihre erste Begegnung mit »der Lilie« auf den Marien-Bildern, in den Marien-Liedern oder im Hohenlied Salomos.

Der Abt des Klosters Reichenau, Walafrid Strabo, schrieb um 800: »Doch der Lilie Glanz, wie kann in Vers und Gesange / Würdig ihn preisen der nüchterne Klang meiner dürftigen Leier! / Abbild ist ja ihr Glanz von des Schnees leuchtender Reinheit. / Lieblich mahnet ihr Duft an die Blüte saläischer Wälder. / Weder dem Edelgestein an Glanz noch an Duft der Narde unsere Lilie weicht.«

Es erscheint seltsam, mit der Kraft des christlichen Glaubens hat auch *Lilium candidum* seine Lebenskraft verloren. Die Zwiebelpflanzen sind kaum noch in der Kultur zu halten, selten nur noch begegnet man im Juni einem großen Tuff *Lilium candidum* in Blüte. An eine gärtnerische Massenanzucht ist gar nicht mehr zu denken. Neu gezüchtete Lilien mit asiatischen Eltern beherrschen den Markt. Sollte man auch dies symbolisch sehen?

Lektüre: 2, 15, 18, 41, 51, 53, 54, 71, 78, 79, 80, 81, 101, 102, 109, 123, 129, 132, 141

LINDE · *Tilia spec.* · *Tiliaceae*

Symbol für: Eheliche Liebe. Zärtlichkeit. Sehnsucht. Verlöbnis. Güte. Gastfreundschaft. Platz der Gemeinschaft. Gerechtigkeit. Hilfreich den Schwachen. Heimat.

Attribut von: Siegfried (Blatt), den Liebesgöttinnen Freyja, Ostara, Krasogani (Russen), Libussa (Slawen), Aphrodite.

Volksnamen: (D) Linda, (GB) lime-tree, (F) tilleul, (L) Lann, (GR) Philyra, (Slawen) Lipa.

Sucht man nach dem meist besungenen, dem meist mit Namen, in Bildern und Wappen zitierten Baum, so wird die Linde noch lange vor der Eiche erscheinen. Immer ist ihr Symbolwert weiblich, gütig, mit deutlich ethischer Betonung. Es ist die sanft erotisch werbende Liebe. Unter der Linden auf der Heiden saß Walter von der Vogelweide mit seiner Trauten. Heinrich Heine gab die Erklärung dafür: »Sieh dies Lindenblatt! Du wirst es / Wie ein Herz gestaltet finden, / Darum sitzen die Verliebten / Auch am liebsten unter Linden.«
Der Name »Linde« klingt zärtlich, weich und sehnsuchtsvoll. Er soll daher kommen, daß die Menschen alles an der Linde als süß, mild, weiblich, eben *lind* empfanden. Auch das englische lime-tree hat seine Wurzel in lind. Der Arzt Lonitzer sagt in seinem »New Kreuterbuch« im 16. Jahrhundert: »Linde hat den Namen von der Lindigkeit.«
Etwa dreißig Arten wachsen in der nördlichen gemäßigten Zone, doch wo die Linde wächst, ist sie den Liebesgöttinnen heilig. Die Slawen hatten sogar eine eigene Lindengöttin: Libussa. Ihr Name enthält das slawische liba = Linde. Libussa wurde unter einer Linde als Orakelgöttin (vor allem in Dingen der Liebe) und als Rechtsprecherin verehrt. Jene Griechen, die sich im Dienste Aphrodites fühlten, wanden sich gegenseitig Kränze aus den süß duftenden Lindenblüten. Der griechische Name Philyra ist kretischen Ursprungs. Die Blüten galten dort als das älteste bekannte Heilmittel, die Linde als der heilende Baum an sich.
Doch in keinem anderen Land ist der Lindenbaum, der bis zu

zweitausend Jahre alt werden kann, so mit dem Begriff »Heimat« verbunden wie im deutschsprachigen Raum. Vermutlich haben Linde und Eiche schon vor der Christianisierung, die Linde aber vor allem danach, das ehrwürdige, hoch verehrte Baum-Paar Esche und Erle als Spiegel der Menschen und Götter abgelöst. Eine oder mehrere Linden wurden an einem Platz im Zentrum der Ansiedlung oder zu dem Dorfbrunnen gepflanzt. Lebensbaum und Lebensquell – und damit Lebenszentrum der Gemeinschaft. Unendlich viele Flurbezeichnungen enthalten den Begriff »Linde«, im deutschsprachigen Raum über eintausend Ortsnamen (Hegi, 5 [1] S. 445, 1966), von Lindau bis Leipzig. Die Straßennamen sind nicht zu zählen, in vielen Familiennamen bis zum schwedischen Linné ist Linde versteckt, als Symbol der Treue, der Heimat, der Geborgenheit. Nichts anderes meinen wohl auch die Fernseh-Serien »Linderhof« und »Lindenstraße«. Die Gasthöfe, wo jene Wohnung nahmen, die unterwegs und somit fern der Heimat waren, lockten in ihren Namen indirekt mit dem Heimatbegriff: »Zur Linde«, »Lindenwirtin«, »Zur Lindenau«. Und in einem schon nicht mehr vorstellbaren Maß sang das Volk unter und über die Linde. »Lindenwirtin du junge«, »Am Brunnen vor dem Tore ...« (bekommt man heute in Korea von den Schulkindern vorgesungen), so wie die deutschen Studenten sangen: »Halle, alte Lindenstadt / Vivat, crescat, floreat« (lebe, wachse und blühe). War ein Eichenzweig oder Blatt im Wappen das Emblem, das auf Mut und Tapferkeit hinwies, so war eine Linde oder ein Blatt von ihr ein Friedens-, Treue-, Gerechtigkeitssymbol und ein Zeichen des freien Standes der Grundbesitzer und Viehzüchter. Martin Luther schrieb: »Wenn wir Reuter sehen unter der Linden halten, wäre das ein Zeichen des Friedens. Denn unter der Linde pflegen wir zu trinken, tanzen, fröhlich sein, denn die Linde ist unser Friede- und Freudenbaum.«

Unter – auch in – der »Linde« war der Tanzplatz des Dorfes. Bernatzki meint, daß die Idee des Baumes als Abbild des Kosmos mit seinen drei Bereichen, die sich früh in der Weltesche Yggdrasil darstellte, später auf die Linde übertragen wurde. Der Raum unter der Baumkrone gehörte den dämonischen Mächten, oberhalb der ersten Aststufe war das Reich der

Menschen, im oberen Wipfel aber wohnten die Götter. In dem Teil, der den Menschen zugeordnet war, wurde der Tanzplatz gebaut: in die unterste Aststufe. Man errichtete ein besteigbares Gerüst groß und fest genug, daß darauf die Musikkapelle und die Tanzenden Platz hatten. Solche Tanz- und Stufenlinden sind noch viele in Deutschland erhalten, doch die einzige, in der man noch einmal im Jahr tanzt, steht in Limmersdorf. Meist sind es sieben oder zwölf Steinsäulen, die einen solchen luftigen Tanzplatz tragen, denn allzu sanft ging es gewiß nicht immer zu.»... Schon um die Linde war es voll / Und alles tanzte schon wie toll. / Und von der Linde scholl es weit: Juchhe, Juchhe, Juchheisa, Heisa, He.« (Goethe, »Faust«).

Bei so viel Freude war gewiß der Übermut oft nicht weit entfernt, ein Volkslied warnt davor: »Und wann die Lind' ihr Laub verliert, / Behält sie nur die Äste, / Daran gedenkt ihr Mädlein jung / Und haltet eu'r Kränzlein feste.«

Sieben Linden waren es meist, die Gerichtsplätze umgaben, die oft auf vorchristliche Heiligtümer und Femestätten zurückgingen. Die Patrimonialjustiz, die bis in das 19. Jahrhundert hinein Adel und Grundbesitzern zustand, wurde an vielen Orten unter diesen »Gerichtslinden« ausgeübt, man sprach das Recht »subtilia«. In vielen mittelalterlichen Urkunden heißt es: »... gegeben unter der Linde ...«, »... unter der Linden vor der Kirche ...«

So wurden die Linden zu Schwur-Bäumen, nicht nur in Rechtsfragen, auch Verlöbnisse, bei denen beide Brautleute den Stamm der Linde berührt hatten, galten als unbedingt bindend. Im Mittelalter wurde es üblich, Trauungen aus der Kirche unter die Linde zu verlegen. Immer galt sie als Schutz der Schwachen, der Wehrlosen, der Liebenden.

In der Traumdeutung verspricht die Linde Heilung und ist ein Kraftort, an dem man Energie tanken kann – obgleich ein Lindenblatt auf Siegfrieds Schulter diesem die Unverwundbarkeit verwehrte – es machte ihn verwundbar, und er fiel durch Hagens Speer.

Lektüre: 1, 21, 31, 54, 81, 102, 123, 131, 135, 141

LÖWENZAHN · *Taraxacum officinale* · *Compositae*

Symbol für: Christliche Lehre und ihre Ausbreitung.

Attribut von: Maria, Christus, Veronica.

Volksnamen: (D) Pusteblume, Kuhblume, Mönchsplatte, Bettseicher, (GB) dandelion, piss-a-bed, (CH) mehr als einhundert Volksnamen, (Japan) Tampopo.

Löwenzahn ist eine Allerweltspflanze. Von der Natur so ausgestattet, daß sie sichere Ausbreitungschancen hat: Pfahlwurzeln, gefaltete Blätter, die den Regen in das Innere der Blattrosetten leiten, reicher Samenansatz mit guter Flugsicherung, Möglichkeit der »Jungfernzeugung«, das meint, selbst ohne Staubbeutel und Narben können Früchte entstehen. Der Löwenzahn liebt den reichen Stickstoffgehalt im Boden, wie man ihn in Menschennähe findet. Vorgeschichtler schließen deshalb auf Siedlungsplätze, wo sie größere Mengen Löwenzahnpollen in Erdproben feststellen.
Möglicherweise als Zeichen für »Jungfernzeugung«, vielleicht auch als altbekanntes Heilkraut – im beginnenden 15. Jahrhundert fehlte Löwenzahn fast auf keinem Tafelbild in der Nähe Marias. Wie gut die botanische und religiöse Bildung der Maler dieser Zeit war, ist sehr genau im Wallraf-Richartz-Museum zu erkennen. Auf einigen Bildern von Christi Geburt sind die Blütenknospen noch geschlossen. Im Verlauf seiner Lebens- und Leidensgeschichte schreitet auch die Entwicklung der Blüten und Früchte fort. Auf einem Auferstehungsbild sind alle Samen flugbereit oder schon ausgeflogen. Die Ausbreitung der Lehre beginnt! Robert Campin (1375-1444) malte ein Bildnis der Heiligen Veronika mit dem Schweißtuch Christi. Die Fruchtstände sind voll entfaltet, bereit sich auszusäen. Auf einem Grabstein aus dem Jahr 1480 in Straßburg ist Löwenzahn in allen Lebensstadien abgebildet. Die Schrift sagt: »O mensch zart, bedenck der Blumen Art.«

Lektüre: 18, 71, 141

LORBEER · *Laurus nobilis* · *Lauraceae*

Symbol für: Reinigung. Entsühnung. Frieden. Erbrachte Leistung. Triumph. Jungfräulichkeit. Prophetische Gaben.

Attribut von: Apollon, Daphne, Äskulap, Orakel von Delphi, Dichtern und Sängern, Kassandra, Merkur.

Volksnamen: (ahd.) Lôrpaum, (GB) bay laurel, sweet bay, (F) laurier, (I) Lauro, (GR) Daphne, (hebräisch) Oren.

Redewendungen: »Vor den Lorbeer setzen die Götter den Schweiß«. »Vorschußlorbeeren«. »Er ruht auf seinen Lorbeeren aus«.

Apollon tötete im wilden thessalischen Tempetal den Pythondrachen und reinigte sich danach mit Lorbeer vom Drachenblut. Die Vorstellung der entsühnenden, kathartischen Kräfte des Lorbeers blieb über Jahrtausende als Sinnbild erhalten. Bei den Triumphzügen der Helden nach gewonnener Schlacht wurde der Lorbeer als Symbol der Reinigung von vergossenem Blut getragen. Erst sehr viel später wandelte er sich in das allgemeinere Symbol für Sieg und Triumph und blieb dies bis in unsere Zeit. Am 16. Juni 1871 zogen die in Frankreich siegreichen deutschen Truppen wieder in Berlin ein. Die Berliner Behörden kauften für zehntausend Reichstaler Lorbeerlaub und ließen daraus Kränze für Offiziere und Soldaten binden. In Rom umwand man Briefe, die Siegesnachrichten überbrachten (litterae laureatae), mit Lorbeerzweigen. Da ein entscheidender Sieg meist zu einem Waffenstillstand oder Frieden führte, war Lorbeer ein sicheres Symbol dafür, vielfältig in Kunst und Religion verwandt.
In der ganz frühen Zeit weihten die Menschen viele Pflanzen, die sie nützlich oder von bedeutender Schönheit fanden, bestimmten Göttern. Doch die Finger einer Hand reichen aus, die Pflanzen aufzuzählen, die so eng mit einem Gott verbunden sind wie Lorbeer und Apollon. Er ist der Gott, der entsühnt, erleuchtet, triumphiert; doch die Beziehung zum Lorbeer verdankt er seiner einzigen Niederlage: In jenem zer-

klüfteten Tempetal, in dem er später den Drachen tötete, traf er am Fluß Peneus die Nymphe Daphne, die erste Frau, die seinem Werben widerstand. Sie flehte ihren Vater Peneus, den Gott des Flusses, um Schutz an und wurde von ihm in einen Lorbeerbaum verwandelt, der auf griechisch Daphne heißt. Der sieggewohnte Apollon war verzweifelt, selbst das Holz des Baumes bebte noch vor seinen Küssen zurück. »Weil es mir verwehrt ist«, rief der Gott, »daß du Gattin mir werdest, sollst du doch sicher, ich will es, als Baum mir gehören: für immer wirst du, oh Lorbeer, das Haar, die Leier, den Köcher mir schmücken ...« (Ovid, Metamorphosen).

Ob Lorbeer tatsächlich in Griechenland ursprünglich heimisch war, bezweifeln die Botaniker (Victor Hehn), ob Apollon, die Mythologen. Vermutlich sind beide gemeinsam mit dem Sonnenkult aus Kleinasien eingewandert. Apollons erstes Heiligtum, die Orakelstätte von Delphi, war ein Lorbeerhain. Der spätere Tempelbau wurde mit Lorbeer umpflanzt und mit Lorbeer geschmückt. Dieser erste steinerne Apollon-Tempel trug die Aufschrift: »Erkenne dich selbst«.

Im Inneren dieses Lorbeer-Heiligtums saß die Seherin Pythia und verkündete das Schicksal. Um sich in Trance zu versetzen, kaute sie Blätter vom heiligen Lorbeerbaum, was in Delphi niemandem außer ihr gestattet war. Der Saft der Blätter enthält ätherische und fette Öle, Bitterstoff und Zucker, einige Glyceride und Myricilalkohol. Er hat verschiedene officinelle Eigenschaften, doch ob er auch psychoaktiv wirkt, ist noch nicht bewiesen, obwohl schon die mesopotamischen Kulturen Lorbeerlaub als ein kultisches und magisches Räuchermittel nutzten, das die Kraft gäbe, Verborgenes zu schauen. Ob Apollon zum Gott der Dichtkunst wurde, weil der Genuß der Blätter seines Baumes nicht nur seherische Fähigkeiten, sondern auch Inspiration verlieh, ist unklar. Doch war der Lorbeerkranz bis in unsere Tage das Symbol jener Dichter und Musiker, die die Kraft besaßen, zu bezaubern und zu entrükken. »Laß Herr, des Opfers Düfte steigen, / Und mit des Lorbeers muntern Zweigen / Bekränze dir dein festlich Haar ...« (Friedrich von Schiller).

Das Christentum nutzte den Lorbeer als Siegeszeichen in der Ikonographie. Wichtiger war vielleicht noch der Gedanke der

Keuschheit, der sich wunderbar in den Marienkult einfügen ließ. Maria wurde als »himmlischer Lorbeer« gepriesen. Das immergrüne Laub war zugleich ein Ewigkeits- und Unsterblichkeitssymbol. Lorbeer war dem Reinen, dem Licht verschwistert, er stand der düsteren Todesmacht entgegen. So findet er, ähnlich wie Rosmarin und Zitronen, seit der Renaissance in Mitteleuropa im Begräbniskult Verwendung. Lorbeerzweige waren wichtige Objekte auf den so zahlreich gemalten Vanitas-Bildern des Barock. Verwandt der alten Mahnung des ersten Apollon-Tempels: »Erkenne dich selbst«, mahnte er auf den Bildern: »Vergiß nicht, daß du sterblich bist.«

In Rom übernahm man den heiligen Lorbeer der Griechen, auch Apollon selbst spielte als Gott lange Zeit dort eine Rolle. Man benutzte Lorbeerreiser und -kränze in Rom auch für zahlreiche andere Götter, wie er in Griechenland auch Äskulap sowie der jungfräulichen Artemis heilig war.

Obwohl es keine Beweise dafür gibt, behaupteten die Römer, daß in Lorbeer niemals der Blitz einschlage. Kaiser Tiberius soll, wenn ein Gewitter drohte, einen Lorbeerkranz aufgesetzt haben. Doch die wohl am seltsamsten anmutende Sitte war die, nach der römische Kaufleute am Merkurfest (15. Mai) versuchten, die entsühnende Kraft des Lorbeers zu nutzen. Mit ihren Waren zogen sie zu dem Merkur (dem Gott der Kaufleute und der Diebe) geweihten Brunnen, tauchten Lorbeerzweige hinein und besprengten sich und ihre Waren mit dem Brunnenwasser. Ihr Gebet dazu lautetet: »Wasche ab die Meineide meiner vergangenen Leben und die falschen Worte am vergangenen Tag! Wenn ich irgendeinen Gott oder eine Göttin zum falschen Zeugnis gerufen habe, so müssen nun die Winde den falschen Schwur verwehen! Gib mir aber Gewinn und lasse mich des Gewinnes erfreuen.«

Lektüre: 1, 31, 41, 51, 54, 61/5, 80, 90, 91, 99, 101, 102, 107, 123, 126, 132, 141

LOTOS · *Nelumbo nucifera* und *Nymphaea spec.* · *Nymphaeaceae*

Symbol für: Weltschöpfung. Wiege des Universums. Das Heilige. Nirwana. Geistige Offenbarung. Tag und Nacht. Entwicklung. Das Ewige. Vollkommenheit. Unsterblichkeit. Weibliche Schönheit.

Attribut von: Wischnu, Brahma, Buddha, 82 buddhistischen Heiligen, Isis, Osiris, Harpokrates.

Volksnamen: (D) Seerosen, (GB) sacred oder Indian lotus, (F) lotus sacré, (N) Plompe, (GR) Herakleios, (Indien) Tamalla, (China) Ho lien = Friede, (Japan) Hasu.

In den Gebeten Millionen Gläubiger des Buddhismus werden Tag für Tag die Lotosblüten angerufen: »O mani padme hum« – »Du Juwel in der Lotosblüte« klingt es über die Berge und durch die Täler des Himalaya. In den Kosmogonien Indiens, der Geschichte der Weltschöpfung, erwächst aus dem Nabel des Gottes Vishnu, der auf einem Schlangenfloß auf den Chaosfluten des Ur-Wassers treibt, eine Lotosblüte. Aus ihr wird der Schöpfergott mit den vier Gesichtern, Brahma, geboren, der Berge, Flüsse, Pflanzen, Tiere, Menschen und Jahreszeiten erschafft. Lotos ist nicht Helfer der Götter oder das Ergebnis ihrer Verwandlung, Lotos ist die Pflanze, aus der Götter geboren werden, im indischen Subkontinent, in Ägypten und in Griechenland. Lotos ist der mütterliche Schoß, Symbol der Weltschöpfung und alles Werdens aus dem Feuchten. Er ist »die heilige Blume« in der Kunst der Himalaya-Völker, Indiens, Süd-Ostasiens, Chinas und Japans.
Bereits in der Weda-Literatur, die der Sanskrit-Literatur bis zum 1. Jahrtausend v. Chr. vorausging, spielte Lotos die entscheidene Rolle in der Mythologie. Offenbar ist Lotos immer der weibliche Aspekt des Göttlichen, vor allem, wenn er als Geburtsstätte oder Thron erscheint. Er ist »die Muttergottes« – durch ihn wandelt sich das Absolute in die Schöpfung. Und er ist fortschreitend ein Symbol für die menschliche Entwicklung vom Anbeginn der Welt bis zur höchsten Stufe des Be-

wußtseins. Ein Sinnbild der Vollkommenheit, der geistigen Offenbarung und der Hoffnung auf Nirwana.
Der indische Lotos *Nelumbo nucifera*, der vom Kaspischen Meer bis Japan und Australien beheimatet ist, wächst nur in stehenden Gewässern. Die Blätter, die in tropischen Klimaten bis zu einem Meter Durchmesser erreichen können, werden in Peking meist nur halb so groß. Sie erheben sich bis eineinhalb Meter über die Seeflächen, und darüber öffnen sich im Sonnenlicht die großen rosa oder weißen Blüten, die sich in der Dämmerung schließen. In diesem Sich-Öffnen und Schließen und Wieder-Öffnen ist für die Chinesen ein Symbol der Harmonie von Tag und Nacht verborgen. Die Pflanzen zeigen zur gleichen Zeit Samenstände, Blüte und Knospe – Vergangenheit, Gegenwart und Zukunft – und sind daher in China Symbol der Ewigkeit.
Buddha hat zum Zeichen seiner Vollkommenheit und Reinheit meist eine Lotosblüte als Thron; die geöffnete Lotosblüte wird in der Kunst häufig auf den Fußsohlen Buddhas dargestellt und symbolisiert dort seine Leber (das Organ der Reinigung). Im älteren China wurden auf die Sohlen der weißen Grab-Pantoffeln Lotosblüten gestickt, damit der Verstorbene leicht den Fluß zum Jenseits überschreiten könne, auf Blumen wandelnd wie Buddha.
Über achtzig buddhistische Heilige haben Lotos als Attribut, meist sind die Blüten in diesem Falle mit Bändern geschmückt, die den Heiligenschein repräsentieren oder den heiligen Lichtstrahl, der von der mystischen Blume ausfließt.
In China sind viele Glückwunschkarten mit Lotos geziert, oft ist ihnen ein Kranich zugeordnet. Beide »stehen« im Sumpf der Teiche, ernähren sich aus ihm, ohne ihre Reinheit zu verlieren: Sie wenden sich dem Licht zu, das ihr Leben ist. Oft wurden und werden solche Bilder als schmeichelhafte Geschenke oder als versteckte Anfrage für »unbestechliche« Beamte genutzt.
Der Dichter Chou Tun-J (1017-1073) schrieb einen Essay, den früher alle Schulkinder auswendig lernen mußten: »Viele verschiedene Blumen wachsen auf der Erde. Tao Yüan Ming (365-427 n. Chr.) liebte Chrysanthemen. Seit den Tagen der Tang-Dynastie gilt es als vornehm, Paeonien zu besitzen.

Aber meine Favoritin ist allein die Lotosblüte. Sie taucht empor aus dem trüben, schmutzigen Grund, aber sie ist nicht befleckt, sie entfaltet sich nobel über dem Wasser. Der zarte Duft durchzieht die Luft nah und fern. Es ruht in der Pflanze eine absolute Klarheit, die eine gewisse Distanz erfordert. / Nach meiner Meinung ist die Chrysantheme die Blume der Abgeschiedenheit und Muße, die Paeonie von Reichtum und Stand. Aber der Lotos ist die Blüte von Reinheit und Unbestechlichkeit. Ach, seit Tao Yüan Ming haben einige die Chrysantheme geliebt, aber niemand liebt den Lotos so wie ich. Doch ich kann gut verstehen, warum so viele die Paeonien bevorzugen!«

In Ägypten war dieser großblumige, großblättrige Lotos *Nelumbo nucifera* ursprünglich nicht heimisch, er wurde erst im Gefolge Alexanders vor der Zeitwende eingeführt. Der heilige blaue Lotos der ägyptischen Dynastie war *Nymphaea caerulea*, ein naher Verwandter unserer in Mitteleuropa heimischen Seerose *Nymphaea alba*, aber botanisch eine andere Gattung als der asiatische Lotos. Die »Braut des Nils«, vom Volk als wichtiges Nahrungsmittel genutzt, besonders in der Zeit vor dem Getreideanbau, ist *Nymphaea lotus*, deren Wurzeln und Samen des hohen Stärkegehaltes wegen verzehrt wurden. Wenn im Frühling die jährlichen Überschwemmungen einsetzten, erweckten diese die am Ufer im Sand ruhenden Rhizome zu neuem Leben. Je weiter der Fluß über die Ufer trat, desto größer war der Segen. *Nymphaea lotus* waren dem Volk das Symbol des stets wieder auflebenden, sich erneuernden Seins und des oberägyptischen Landesteils.

Die im Kult der Pharaonen und Priester wesentlichere Pflanze war jedoch die blau blühende *Nymphaea caerulea*. Sie ist es, die in allen den Ägyptern bekannten Kunstformen von der 5. bis zur 22. Dynastie dargestellt wurde. Sie war die geheiligte Blume, Wiege der Götter, Grabblume und das Jenseitsversprechen für die Herrschenden. Da ihr Same schon in der Fruchthülle keimt *(plantae viviparae)*, war sie Ewigkeitssymbol und zugleich Symbol des verborgenen Werdens. Die Blüten öffnen sich am Morgen etwa um 7 Uhr 30 und schließen sich wieder um die Mittagsstunde, gegen Abend versinken sie im Wasser, um am nächsten Tag wieder aufzutauchen.

Ein Kind, das in einer Lotosblüte sitzt, ist Sinnbild des jungen Tages. Aber es gilt die Lotosgeburt auch für zahlreiche ägyptische Götter, am bekanntesten ist die des Harpokrates. Alle diese Götter sind mit der Sonne und dem Universum verbunden.

Die Ethnopharmakologen (William A. Emboden, J. L. Diaz) vermuten, daß *Nymphaea caerulea* (ähnlich wie die amerikanische *Nymphaea ampla*) psychoaktive Stoffe wie Nupharine und Nupharadine enthalten. Sie waren, wenn nicht allein, so doch in Kombination mit anderen Pflanzen wie *Mandragora autumnalis* und/oder verschiedenen Pilzen, sowohl in Ägypten wie im präkolumbischen Amerika der Priesterkaste, den Schamanen und den Herrschern vorbehalten, die sich damit in Trance und Ekstase versetzten. Zumindest lassen Ausgrabungen vieler Maya-Städte und in Ägypten darauf schließen.

Die europäische Seerose, *Nymphaea alba*, soll ihren Namen nach einer Nymphe haben, die aus unerwiderter Liebe zu Herakles starb, im Griechischen heißt sie Herakleios. Sie galt den Alten als ein Symbol der Keuschheit (besser der unfreiwilligen Keuschheit), und Samen und Wurzeln waren daher im Mittelalter Speise der Nonnen und Mönche.

Gleich welcher Gattung und Art die Seerosen angehören, sie sind auch ein Sinnbild aller Fruchtbarkeit, die aus dem Feuchten kommt, und sie können an ihnen zusagenden Plätzen eine solche Wuchskraft entwickeln, daß sie zur Plage werden. Innerhalb weniger Jahre decken sie große Seeflächen völlig zu, wenn der Mensch nicht eingreift und sie reduziert.

Cixi, die letzte Regentin Chinas, die 1908 starb, war eine große Gartenfreundin. Mit dem Etat der Marine baute sie den Sommerpalast wieder auf, den Engländer und Franzosen im zweiten Opiumkrieg zerstört hatten. Als der von ihr sehr geliebte große Kunmingsee dieses Palastgebietes völlig mit Lotos zuzuwuchern drohte, soll sie sich nicht gescheut haben, selbst die Röcke zu schürzen und in hohen Stiefeln aus dem abgelassenen See Lotoswurzeln zu entfernen und neue zu pflanzen. Vielleicht, weil sie eine ganz besondere Beziehung zu dieser Pflanze hatte: Die Luftkanäle im Innern der Blattstiele von *Nelumbo nucifera* sind von sehr feinen, elastischen,

seidenähnlichen Fäden umgeben. Es gab viele vergebliche Versuche, sie als Textilfasern zu nutzen. In der Mythologie der Chinesen sind die Kleider der Unsterblichen aus Lotosseide. Der kaiserlichen Regentin Cixi hatte »das Volk« einmal zu ihrem Geburtstag im Dezember ein Cape aus Lotosseide geschenkt, innen war es mit Pelz gefüttert. Nur sie hat jemals ein solches Gewand getragen!
Alle Seerosen der Welt, welcher Familie sie auch angehören, waren zu allen Zeiten und bei allen Völkern Symbol weiblicher Schönheit.

»Siehst du der Lotosblumen Frische,
den süßen Duft, der ihre Mitte trägt?
Sie gleicht dem Glanz der Schale voller Perlen,
In die man schwarze Ringe eingelegt.«
Ibn Abschad, 11. Jh.

Lektüre: 2, 23, 28, 32, 45, 51, 75, 80, 86, 99, 102, 107, 110, 131, 132, 141

MAIGLÖCKCHEN · *Convallaria majalis* · *Liliaceae*

Symbol für: Glück und Liebe. Heil der Welt. Ende allen Kummers. Seelenreinheit. Demut. Jungfräulichkeit Marias. Ewiges Heil in Christus.

Attribut von: Ostara und Ohlwen, Maria, Christus, dem mystischen Lamm Gottes, Ärzten des 15./16. Jahrhunderts.

Volksnamen: (D) Maischellchen, Maililie, Zeupchen, Frauentränen, mhd.: weißgilgen, (GB) lily of the valley, lady-tears, ladder to heaven, lily constancy, (CH) Maierysli, (I) Salus mundi – »Heil der Welt«, (F) muguet.

Die lieblichen, süß duftenden Blumen, die versteckt in schattigen Tälern zu Beginn des schönsten Monats blühen und die Maria und den Frühlingsgöttinnen geweiht waren, sind dem Volk ein Symbol der Hoffnung auf Liebe, Glück und das Ende allen Kummers. Da man sie mit Maria identifizierte, auch eines der Demut.
Stefan Lochner malte in Köln den großen »Weltgerichtsaltar«. Auf dem figurenreichen Bild blüht im Zentrum des Kampfes der guten und der bösen Kräfte um die menschlichen Seelen ein Maiglöckchen. Es ist das Zeichen des in Christus ruhenden Heils, das am Platz der Entscheidung gewählt werden muß.
Lange bevor das Christentum das Symbol in seinem Sinne beanspruchte, war seine medizinische herzstärkende Wirkung bekannt, die auf den Glycosiden Convallaria und Convallamaria beruht. Die Ärzte des Humanismus, für die es noch das Hauptherzstärkungsmittel war, erwählten es als ihr Berufs-Emblem. Man nannte es *salus mundi* = Heil der Welt. Der Arzt Ulisse Aldovandi (1522-1605) ließ sich mit Maiglöckchen und Lorbeer malen – Lorbeer, der dem Heilgott Äskulap für die Wirksamkeit seiner medizinischen Verordnungen verliehen worden war, Maiglöckchen als Symbol der Wirksamkeit von Medikamenten.

Lektüre: 10, 18, 61/5, 80, 85.1, 141

MALVE · *Malva spec.* · *Malvaceae*

Symbol für: Bitte um Vergebung. Verzeihung. Wohltätigkeit. Segen.

Attribut von: Althaia, St. Simeon.

Volksnamen: (D) Pappel, Allerkrankheitskraut (herba omnimorbium), Herzleuchte, Simeonswurz, Eibisch, Himmelsbrot, Pißblume, (GB) fairy cheeses, walisisch: hocys bendigaid = heilige Malve.

In ihrem außerordentlich großen Verbreitungsgebiet werden die Malvaceen von den Menschen seit sehr früher Zeit medizinisch genutzt. Wurzel, Stengel, Blüten und die scheibenförmigen Früchte enthalten bei fast allen Mitgliedern der Familie schleimige Inhaltsstoffe, die entzündungshemmend, schleimhautschützend und augenheilend wirken, vor allem aber harte alte Geschwüre aufweichen. Daher war bei den frühen Völkern die Übergabe von Malvenblättern ein Symbol für die Bitte um Vergebung. Im Christentum wurde das Symbol erhalten als Bitte um Vergebung der Sünden einer verhärteten Seele.

Der greise Simeon der Bibel heilte seine Augen mit einem Extrakt der Malvenwurzel. Er segnete das Kraut, das seine Augen noch hatte den Heiland schauen lassen. »Felriss« heißen die Malven im »Garten der Gesundheit«, weil sie die Kraft hätten, das Fell von den Augen zu nehmen.

Die Priesterinnen des Apollon in Rom sollen sich Eibischsalbe auf die Fußsohlen gestrichen haben, ehe sie zu Ehren des Gottes über glühende Kohlen liefen.

Gärtnerisch gelten Malven als Anzeige für reichlich Stickstoff im Boden. Sie wachsen oft an Wegrändern oder bei Unratplätzen. Bauern gaben ihnen den drastischen Namen »Pißblume«. Aber sie fehlte als Medizinpflanze in keinem Bauerngarten. In der Blumensprache des 19. Jahrhunderts sagt die Malve: »Ich schätze dich als meinen teuersten Freund.«

Lektüre: 1, 9, 80, 102, 123, 130, 137, 141

MANDELBAUM · *Prunus dulcis* · *Rosaceae*

Symbol für: Wachsamkeit. Hoffnung. Eile und Hast. Wiedergeburt. Verkündigung. Gottes Wort. Christus aus der Wurzel Aarons. Samen des Zeus. Fruchtbarkeit. Bitternis und Trauer. Mittlerer Weg des Herzens.

Attribut von: Zeus, Maria.

Volksnamen: (GB) almond, (F) amandie, (I) Nuxgraeca, (GR) Amygdala, (Judäa) Luz, schaked.

Redewendung: »Wer eine süße Mandel essen will, muß die harte Schale zerbrechen.«

Mandelbäume dehnen ihre Knospen schon, wenn andere Pflanzen erst richtig in den Winterschlaf fallen. Im Süden kann man dies schon Ende Dezember deutlich beobachten. Vier Wochen später blühen sie bereits in einem weißen und rosa Rausch rund um das Mittelmeer. Ursprünglich von Syrien bis ins westliche Nordafrika beheimatet, wurden sie im zweiten vorchristlichen Jahrtausend schon in ganz Kleinasien plantagenmäßig kultiviert. In Griechenland sind im fünften Jahrhundert vor Christus mehrere Edelsorten nachgewiesen. Die Römer führten sie erst etwa zweihundert Jahre später ein und nannten sie *nux graeca*, die griechische Nuß.

Selbstverständlich stand die wirtschaftliche Nutzung der Kerne im Vordergrund, doch hat auch die ungewöhnlich frühe Blüte weit vor allen anderen Bäumen, begleitet höchstens von einigen Zwiebelblumen wie Krokus, den allerersten Iris und Narzissen, zu einer reichen Symbolbildung geführt. Die Mandelbaumblüte galt als ein »Erwecker der Hoffnung«, war ein Symbol für Wachsamkeit und Selbstschutz, weil die Bäume bei der ersten günstigen Wetterlage zu blühen beginnen und dabei immer eine ausreichende Anzahl nicht erblühter Knospen in Bereitschaft halten, falls doch ein später Frost oder Sturm die geöffneten Blüten schädigen sollte. In einer späteren Phase können sie dann so reichlich nachblühen, daß die Erhaltung der Art gesichert ist.

Im Hebräischen heißt der blühende Mandelbaum direkt *schaged* – »der Wachsame«. Er erschien dem Propheten Jeremia (I,II) so schön wie der über sein Wort wachende Gott. Wie der Mandelbaum als erster blüht, so soll das Volk Israel durch seine Dienste an Gott das erste sein.
Schon allein das Herkunftsland machte den Mandelbaum zu einer der wichtigen Pflanzen der Bibel. Den Hebräern war das so ungewöhnlich frühe Blühen fast unheimlich, und Mandelblüten wurden ihnen einerseits zum Symbol für Eile und Hast, jedoch auch für Gottes Wort. Als es bei dem Marsch der zwölf jüdischen Stämme durch die Wüste zu einer Empörung gegen Aaron und dessen priesterliche Vorrechte kam, befahl Jahwe, daß jeder der Stammesfürsten seinen Herrscherstab mit seinem Namen gezeichnet zu Mose bringen sollte. Im Angesicht aller legte Mose die zwölf Stäbe am Abend vor die Bundeslade. Am nächsten Morgen, als die Israeliten erwachten, hatte Aarons Stab ausgeschlagen, Blüten hervorgebracht und trug reife Mandeln. (Num, Kap. 17).
Im Christentum war das Hoffnungszeichen der frühen Blüte bald schon, gleich der Lilie, ein Verkündigungssymbol. »Floris amygdalum signavit Gabriel«, schrieb Hermann von Reichenau (1013-1064). Er identifizierte den Mandelbaum als den »Baum des Lebens« aus dem Paradies und sah ihn als ein Attribut der Jungfrau Maria.
Viele berühmte Maler der Renaissance wie Tizian, Fra Angelico und Cosmè Tura haben Mandelzweige, Blüten und Früchte Maria zugesellt, aber auch der Passion Christi, wenn er vor dem Garten Gethsemane hinter der verschlossenen Tür blüht, während Christus im Garten betet.
Speziell die süßen Mandelkerne in der harten Schale wurden zur Metapher der Prediger für die Inkarnation Christi, dessen göttliche Natur in der menschlichen verborgen ist.
Es scheint, als sei dem griechischen Denken die Mandelfrucht wichtiger gewesen als die frühe Blüte des Baumes. »Samen des Zeus« nannten sie die Früchte, oder mit einem sehr frühen Wort der griechischen Sprache »amygdala« – wonach sie lange Zeit botanisch *Prunus amygdalus* hießen. Der jetzt korrekte botanische Name ist *Prunus dulcis*.
Berühmt waren die süßen Mandeln von Napos, Chios und

Cypern, aus denen Mandelmilch zur Schönheitspflege und zu medizinischem Gebrauch hergestellt wurde, die bitteren Mandeln lieferten ein Öl, das offenbar eine sexuelle Bedeutung hatte. In diese Richtung weist die Sitte, bei Hochzeiten dem Brautpaar Mandeln zuzuwerfen: man sah einerseits in dem in der festen Schale verborgenen Kern ein Symbol der Schwangerschaft und Fruchtbarkeit, andererseits bezeichnete man die außen von einer pfirsichähnlichen Haut umgebenen Fruchtkerne als »Hoden«.

Die Mandelbäume kamen möglicherweise mit den entsprechenden Mythen aus Kleinasien nach Griechenland. Kybele, die von dort stammende wilde Fruchtbarkeitsgöttin, hatte »Galloi« genannte Diener, die ihren Kult für die Göttin in ekstatischen Tänzen feierten, die sie bis zur Selbstgeißelung, ja Selbstentmannung trieben. Kybele soll nach einem solch wahnsinnigen Fest die Hoden ihres Geliebten Attis unter einem Mandelbaum begraben haben, der fortan nur noch bittere Früchte trug. So ist, weit über den phrygisch-griechischen Kulturkreis hinaus, die bittere Mandel ein Symbol des Schmerzes, der Trauer, der Reue.

In den buddhistischen Ländern werden Mandel- und Maulbeerblüten oft gemeinsam dargestellt. Die Maulbeere blüht sehr spät, die Mandel sehr früh. In dieser Kombination ist es ein Sinnbild der Aufforderung, zwischen Langsamkeit und Eile den mittleren Weg zu wählen. Ein im Buddhismus häufig gebrauchter Lehrsatz ist: »Geh' den mittleren Weg, den Weg des Herzens.«

Lektüre: 1, 51, 76/2, 80, 81, 85.1, 92, 123, 141, 144

MARGERITE · *Leucanthemum vulgare* · *Compositae*

Symbol für: Orakel. Unentschlossenheit zur Liebe.

Attribut von: Johannes, Christus und Märtyrern, Gretchen.

Volksnamen: (D) Großes Maßlieb, Weißes Mädchen, Priesterkragen, (GB) ox-eye-daisy, dog-daisy, gool daisy.

Margarita = die Perle, gab ihr den Namen. Gleich den Perlen haben sie manche Träne gebracht – aber auch getrocknet. In der Kunst der Renaissance wurden diese Perlen-Blumen-Tränen als ein Symbol der Passion Christi, aber auch der Märtyrer, auf die Tafelbilder gemalt.
In der ritterlichen Minne gaben die Damen ihre Unentschlossenheit zur Liebe zu erkennen, wenn sie auf dem Turnierplatz mit einem Kopfkranz aus Maimargeriten erschienen. Eine altdeutsche Schrift sagt dazu: »Wer Rupfblumen trägt ungerupft, der weiß nichts besonderes an seinem Liebsten ...« Königin Margaret von Anjou, Gemahlin Heinrichs VI., trug stets drei Margeriten als Wahlspruch auf ihre eigenen Kleider und die ihrer Pagen gestickt, sie fühlte sich als Perle der Perlen.
Das bekannteste Symbol ist aber das des Orakels. Über den zukünftigen Beruf verlangten die Kinder von der Rupfblume Auskunft: »Edelmann, Bettelmann, Bur« – die Jungen, doch »heiraten, ledig bleiben, Klosterfrau« – die Mädchen. Die Alten fragten, wie es denn mit der ewigen Seligkeit bestellt sei: »Himmel, Hölle, Fegefeuer«. Aber vor allem die Liebenden, wie Fausts Gretchen in Goethes Gartenszene: »Er liebt mich – liebt mich nicht.«
In Ostpreußen orakelten die Jungfrauen: »Der erste tut's um die Dukaten, / Der zweite um ein schön Gesicht, / Der dritte weiß sich nit zu raten, / Der vierte, weil Mama so spricht, / Der fünfte fühlt sich so allein, / Der sechste will doch auch mal frein, / Der siebte und achte sind so dumm, / Sie wissen selber nicht warum.«

Lektüre: 1, 24, 34, 73, 102, 109, 123, 141

MIMOSE · *Acacia spec.* · *Leguminosae*
MIMOSE · *Mimosa pudica* · *Leguminosae*
AKAZIE · *Robinia pseudoacacia* · *Leguminosae*

Hier muß, als Ausnahme, ein Exkurs in die botanische Nomenklatur vorangestellt werden, da die Symbolik sonst unverständlich ist: Was allgemein unter dem Begriff »Mimose« bekannt ist, wird botanisch richtig als *Acacia* bezeichnet. Es sind bedornte Sträucher, Bäume oder Kletterpflanzen mit einem großen Verbreitungsgebiet von Afrika, Kleinasien über Indien bis in den Himalaya, in Mittelamerika, vor allem jedoch in Australien. Das Laub ist sommergrün, aber es gibt auch immergrüne Arten. Die Blattformen sind sehr unterschiedlich. Fast alle sind mit kräftigen, z.T. bis 18 cm langen Dornen bewehrt. Die Standorte sind alle subtropisch bis tropisch, nur wenige, wie die meist als Schnittblume genutzte *Acacia dealbata* sind in Cornwall oder an geschützten Plätzen der Riviera beschränkt winterhart. Das für Laien entscheidende Kennzeichen ist, daß alle gelb oder weiß blühen, mit runden oder ovalen, feinen, meist wohlduftenden Quastenblütchen.
Mimosa pudica ist zwar verwandt, in Brasilien beheimatet, blüht jedoch rosa bis hellviolett. *Robinia pseudoacacia* (falsche Akazie) kam erst 1620 aus Nordamerika nach Europa. Wenn man von Akazien spricht, meint man meist diese »falsche«, weißblühende Akazie. Sie haben keine eigene Symbolik.

MIMOSE · *Acacia ssp.* · *Leguminosae*
Symbol für: Unveränderlichkeit. Beständigkeit. Unsterblichkeit. Einweihung. Freundschaft. Leben. Leiden Christi. Weibliche Stärke.

Attribut von: Ägyptens Göttern, besonders Horus-Falke, Attis.

Volksnamen: Hebräisch: Sittingholz oder shittah, arabisch: Sayal, Berber: Tamat, chinesisch: Ranke des goldenen Glücks. (D) Mimose, Gummiarabikum, (GB) Shittah tree, Shittim wood, (F) arbre à gomme.

Es gibt kaum eine Pflanze mit zarteren, sensibleren Blüten als die gelbe *Acacia*-Mimose, zugleich aber kaum eine, die eine größere Zähigkeit und Lebenskraft im Holz hat. Und es gibt auch kaum eine Gattung mit besserer Anpassungsfähigkeit an komplizierte Standorte. So ist die gelb blühende, zart duftende *Acacia*-Mimose zum Symbol echter Weiblichkeit und ihrer verborgenen Stärken geworden. Am 8. März, dem Frauentag, schenkt man in Italien Mimosen.
Die Indianer des südlichen Nordamerika geben bei dem Ritual des Verlöbnisses der Braut einen (möglichst blühenden) *Acacia*-Mimosenzweig als Zeichen ihrer festen und beständigen Liebe.
Der Baum mit dem fast unverweslichen, auf vielfältige Weise nutzbaren Holz war in der alten mittelmeerischen Welt hoch verehrt. In Ägypten wurden aus ihm die Götter geboren, im Kapitel 125 des Totenbuches geleiten Kinder den Verstorbenen zu einer Akazie. Die Freimaurer übernahmen das Symbol eines Akazienzweiges häufig für Todesanzeigen – gerade weil die Unverweslichkeit des Holzes das ewige Leben darstellte. Aus gleichem Grund gab es ein »Gesetz des Mose«, wonach nur das Sittingholz zum Bau der Stiftshütte, der Bundeslade und der Schaubrottische verwendet werden durfte. Es war »geheiligtes Holz«, das nicht für profane Zwecke wie Möbel, Hausbau usw. genutzt wurde. Der israelische Botaniker Michael Zohary vermutet, daß von den verschiedenen dort beheimateten Akazien *Acacia raddiana* das Sittingholz oder shittah der Bibel ist. Die Bäume erreichen dort eine Höhe von 6-8 m und verzweigen sich zu einer schirmförmigen Krone. Die langen, sehr scharfen Dornen sind in Wehrhaftigkeit umgewandelte Nebenblätter. Für Tempelbauten ist es eigentlich eine sehr langsam wachsende und verhältnismäßig klein bleibende Art der 800 bis 900 Mitglieder zählenden Gattung *Acacia*. In Transvaal gibt es von *Acacia galpinii* über 70 m hohe Exemplare mit 8-9 m Stammdurchmesser, deren Krone fast 60 m breit ist.
Acacia nilotica var. *arabica* ist weit verbreitet durch das subtropische Afrika, durch Asien bis Indien und Nepal. Besonders in Nepal ist sie einer der göttlichen, geheiligten Bäume. Nepali glauben, daß verschiedene Götter und Heilige in diesem

Baum wohnen, und deshalb darf ihn niemand fällen. Selbst ein Verpflanzen ist mit Hinweis auf die Göttlichkeit der *Acacia* verboten – was aber durchaus auch seinen Grund in dem unbeschreiblich schlechten, lang anhaftenden Geruch der Wurzel haben kann.

Die medizinische Nutzung fast aller *Acacia*-Arten ist außerordentlich vielfältig. Sie wirken meist adstringierend, wundheilend und sollen die Empfängnis der Frauen fördern. In Nepal bringen ihnen heute noch kinderlose Frauen Opfer dar. Der Botaniker Trilok Chandra Madjupurias aus Kathmandu sieht in der reichen pharmakologischen Nutzbarkeit der Acacia einen Grund für ihre Heiligung und den Symbolwert.

Daß sie in vielen Ländern unter so strengen Schutz der religiösen Autoritäten gestellt wurde, könnte auch ökonomische Gründe haben. Seit dem 1. Jahrhundert bis in unsere Zeit ist das aus einigen *Acacia*-Arten gewonnene Gummiarabikum ein wichtiges Welthandelsprodukt.

Jene sensible *Mimosa pudica*, die bei leiser Berührung schon ihre feinen Fiederblätter schließt und deshalb in Japan den treffenden Namen »Schlafkraut« hat, ist die Attraktion jedes botanischen Gartens. Man unterscheidet sie am sichersten von der *Acacia*-Mimose durch ihre rosa oder hellvioletten Blüten, die aber ebenso empfindlich auf Abschneiden und trokkene Luft reagieren wie die *Acacia*-Blüten. Karl Krolow hat sie sehr exakt porträtiert: »Aber bitte, dieses Gelb oder Rosa ist so erschrocken, weil es blüht. Es genügt eine Kleinigkeit für eine Sensitive. Der Reiz ist immer zu heftig. Ich lebe erschrokken. Ich kann nicht anders: auf der Flucht vor Berührung durch Leben, das stärker ist. Es genügt ein Augenblick und mein eigenes stirbt vor Empfindung.«

Lektüre: 5, 6, 27, 54, 71, 79, 80, 85.1, 86, 99, 108, 113, 123, 143

MINZE · *Mentha spec.* · *Labiatae*

Symbol für: Liebesleidenschaft. Gastfreundschaft. Heilkraft.

Attribut von: Hades, Demeter, Aphrodite/Venus.

Volksnamen: (D) Minze, (GB) mint, (F) menthe, (L) Munz, (GR) Menta, hedyosmos = Wohlgeruch.

Minthe, die reizende Tochter des Unterweltsflußgottes Kokytos, wurde von Hades verführt, der nach dem Urteil des Zeus die Hälfte des Jahres ohne seine Frau Persephone in der Unterwelt leben mußte. Hades' Schwiegermutter Demeter (andere sagen Persephone) wurde darüber so zornig, daß sie die schöne Minthe in Stücke riß und diese am Berge Pylos verstreute, wo aus ihnen Unkraut erwuchs. Hades, immer noch in Minthe verliebt und sowieso in ständigem Streit mit seiner Schwiegermutter, gab dem Unkraut seinen Penis, das daraufhin einen unbeschreiblich aromatischen Wohlgeruch annahm, der Menschen und Götter entzückt.
Dieser Duft der Minze, der anregt und zugleich löst, wurde lange als Liebesmittel betrachtet, und jeder griechische Bräutigam bekränzte sich zur Hochzeit mit Minze. Sie war in der gesamten Alten Welt ein Symbol leidenschaftlicher Liebe und blieb es in der Blumensprache bis ins 14. Jahrhundert. Ein altes griechisches Sprichwort, daß man im Krieg Minze weder säen noch ernten dürfe, wurde von Aëtius so erklärt, daß die durch Minze angefachte Leidenschaft alle Kräfte der Soldaten aufzehre. Doch wurde sie andererseits sehr früh schon gerade als Geist und Körper stärkendes Pharmakon genutzt. Als Zeus einst Philemon und Baucis besuchte, bekränzten diese die Tafel mit Minze als Zeichen ihres Wunsches nach Gesundheit bis ins hohe Alter.
Die heute vorwiegend gebrauchte Pfefferminze, *Mentha longifolia var. piperita*, ist offenbar erst im 16. Jahrhundert in England als eine Naturhybride entstanden. Nur die japanische Minze hat noch intensiveren Duft und Wirkung.

Lektüre: 34, 73, 80, 81/1, 81/2, 101, 130, 141

MISTEL · *Viscum album* · *Loranthaceae*

Symbol für: Wintersonnenwende. Vegetationssegen. Fruchtbarkeit und Wachstum. Glücksbringer. Sperma. Unterweltsöffner.

Attribut von: den Druiden, Aeneas, Balder, Loki, Höd, Freyr, Frigg.

Volksnamen: (D) Heil allen Schadens, Vogelleimbeere, ahd. Affolder, (GB) All-heal = Alles Heiler, kiss and go, (Wallisisch) oll-iach = Allheilmittel, (F) gui.

Redewendungen: »Zäher als Mistelleim«. »Er ist ihm auf den Leim gegangen«.

Zwei Hauptströme sind es, von denen die Symbolik der Mistel bestimmt wird: die kultische Verehrung der auf Eichen gewachsenen Misteln durch die keltischen Druiden-Priester und der Tod des germanischen Sonnengottes Balder durch einen Mistelpfeil. In der griechischen und römischen Mythologie sind nur dort Spuren der Mistel geblieben, wo das Land, wie die Po-Ebene, jahrhundertelang von den Kelten besetzt war oder wohin die Galater, ein keltischer Stamm, im 5. Jahrhundert vor Christus gelangt waren.
Der einzige authentische historische Text über den Mistelkult der Druiden stammt von Plinius dem Älteren (24-70 v. Chr.). In seinen botanischen Schriften (liber XVI, Kap. 93-94) gibt er eine genaue Beschreibung, auf der alle späteren Autoren fußen: »Bei der Behandlung dieses Themas sollte die Bewunderung, welche man in ganz Gallien dem Mistelzweig entgegenbringt, nicht übersehen werden. Die Druiden, denn so nennt die Bevölkerung dort ihre Zauberer, achten nichts heiliger als die Mistel und den Baum, auf dem sie wächst, vorausgesetzt, daß dies eine Eiche ist. Abgesehen davon wählen sie jedoch Eichenwälder zu ihren heiligen Hainen und vollziehen keine Kulthandlung ohne Eichenlaub, so daß schon der Name der Druiden als eine griechische Bezeichnung gelten könnte, die ihrer Verehrung der Eiche entnommen ist.

Sie glauben nämlich, was auf diesen Bäumen wächst, sei vom Himmel gesandt und ein Zeichen, daß der Baum von Gott erwählt sei. Die Mistel ist (auf Eichen) sehr selten anzutreffen, wird sie aber gefunden, dann pflückt man sie mit aller Feierlichkeit. Dies geschieht vor allem am sechsten Tag des Mondes, von dem die Gallier den Beginn der Monate datieren, sowie des dreißigjährigen Zyklus, weil am sechsten Tag der Mond schon große Kraft besitzt und noch nicht die Hälfte seiner Bahn zurückgelegt hat. Nach genügenden Vorbereitungen für ein Opfer und ein Fest unter dem Baum begrüßen sie den Mistelzweig als das Allheilmittel und führen zwei weiße Stiere, deren Hörner noch nie gebunden waren, an die Stelle. Ein weißgekleideter Priester klettert auf den Baum und schneidet mit einer goldenen Sichel die Mistel ab, die von einem weißen Tuch aufgefangen wird. Dann opfern sie die Tiere und beten, Gott möge sein eigenes Geschenk bei denen gedeihen lassen, denen er es zuteil werden ließ. Sie glauben, ein aus der Mistel hergestellter Trank bewirke, daß unfruchtbare Tiere zeugen, und daß die Pflanze ein Mittel gegen alles Gift sei.«

Die für die Symbolik der Mistel entscheidende Aussage liegt im letzten Satz verborgen. Der klebrige Saft, der den Mistelsamen umgibt, wurde von den Druiden mit dem Sperma Gottes gleichgesetzt. Gott selbst mußte es zwischen Holz und Borke der Äste gesenkt haben, damit daraus eine Pflanze erwüchse, die den Menschen und Tieren Hilfe gäbe in allen Nöten.

Diese Hoffnungen wurden ohne Zweifel auch durch die von fast allen anderen Pflanzen abweichenden Lebensgewohnheiten der Mistel geweckt, die zu beobachten die keltischen Priester in allen drei Rängen, den Druiden, Barden und Ovateis, auf jeden Fall in der Lage waren.

Es gibt, vor allem in Zentral- und Nordeuropa, nur wenige Pflanzen-Arten, die gelegentlich epidendrisch leben, die Mistel ist die einzige, die als Halb-Schmarotzer prinzipiell auf Bäumen wächst. Alle anderen Pflanzen wenden ihre Wurzeln geotropisch der Schwerkraft der Erde zu – ein Prinzip nach dem die Mistel nicht lebt, ja ihre Wurzeln sind nicht einmal klar erkennbar, wenn man die Wirtspflanze öffnet.

Die Blütezeit im Februar/März und das Fruchten im November/Dezember sind ebenfalls gegen die Norm. Alle Pflanzen suchen das Licht, das ihren Stoffwechsel steuert, doch Mistelbüsche entwickeln sich auch unter einem dichten Blätterdach und werden für die Betrachter meist erst im Herbst, wenn das Laub gefallen ist, sichtbar. Dies machte sie zum Symbol des Herbstes und des Winters, aber auch, und dies vor allem, zu einem der Wintersonnenwende. In China sagt man: »Wenn die Dunkelheit am größten ist, ist die Kraft des Lichtes am stärksten, denn es wird sie besiegen.« So ist der Mistelzweig mit Früchten immer Glück verheißend, ein Symbol für Hoffnung auf Segen und Fruchtbarkeit. Die Druiden durften sie nur mit einer goldenen Sichel ernten: das Gold, geheiligtes Symbol des immerwährenden Lichtes, schien allein fähig, die Zauber-Pflanze zu schneiden, ohne sie in ihren Kräften zu zerstören.

Schon die Kelten hatten beobachtet, daß dieser Halb-Parasit sich nur über bestimmte Wirte ernährt, meist sind es Laubholzarten, vor allem Pappeln, Ahorn, Äpfel, Weiden, aber auch Weißtannen und Kiefern. Sehr selten kommen sie auf Eichen vor (und wurden daher besonders dort so verehrt), gar nicht auf Buchen oder Buchsbaum. Es scheint so, daß bei Eichen eine genetische Fixierung den Befall ermöglicht.

Die ursprünglich aus Gallien stammenden Kelten, die eine unruhige, weit umherziehende Völkerschaft waren, hatten ihr geistiges Zentrum offenbar auf den britischen Inseln. Dort wurden ihre Priester ausgebildet. Für die anglikanische Kirche ist die Mistel noch heute ein heidnisches Symbol, weshalb sie es nicht gestattet, Kirchen mit Mistelzweigen zu schmükken. Jedoch jeder Engländer weiß: »no Mistletoe, no luck« – keine Mistel, kein Glück. Und entsprechend reichlich werden die Zweige in englischen Privathäusern zum Weihnachtsfest aufgehängt. Der Kuß unter dem Mistelzweig ist oft mehr als ein gern geübter Brauch. Früher war es üblich, daß der Mann nach jedem Kuß eine Beere pflückte, bis er die letzte entfernte, war sicher meist die Zeit gekommen, daß der alte Fruchtbarkeitszauber zu wirken begann.

Trotz aller Unterdrückung der »Zauberpflanze«, durch das Christentum blieb über fast drei Jahrtausende im Volk die Kenntnis der offizinellen Eigenschaften von *Viscum album* und ihrer Nutzung in der Medizin. In erster Linie dient der Extrakt auch heute noch zur Behandlung von Bluthochdruck, er wirkt herzstärkend und ausgleichend auf das Nervensystem.

Erst in der zweiten Hälfte des 19. Jh.s, als die Völker begannen, sich ihrer nationalen Vergangenheit zu vergewissern, sich deren Traditionen und Symbolen erneut zuzuwenden, entdeckten die Franzosen ihre gallisch-keltischen Ahnen neu und begannen deren Ideale zu erforschen. Die Begegnung mit der Mistel war unumgänglich. Obwohl man sie eigentlich nie vergessen hatte, immer war sie Glückssymbol geblieben für ein gutes Neues Jahr. »Au gui l'an neuf« – mit Mistel ins neue Jahr. Die ersten Spuren hinterließ sie auf den Neujahrskarten des Jugendstils. Den Künstlern dieser Zeit war sie ein nahezu unverzichtbares Glückssymbol. Der gabelförmige Wuchs der Sprosse ähnlich dem der Wünschelrute, ließ sich graphisch wundervoll darstellen, die mondfarbigen Früchte auf Schmuckstücken ideal mit kostbaren Perlen besetzen. Und sie gemahnten an Aeneas, der bei Vergil mit einer goldenen Mistel die Pforten der Unterwelt öffnete.

Erst in einer zweiten Phase erinnerten sich Mediziner des alten Volksheilmittels und daran, daß die heilenden Priester der Kelten, die Ovateis, Misteln mit Erfolg zur Behandlung von Geschwüren und bestimmten Tumoren bei Mensch und Tier eingesetzt hatten. Heute ist *Viscum album* eine der großen Hoffnungen der Krebsforschung, wichtiger, zumindest im Augenblick noch, als die Eibe, aus deren Rinde das Medikament noch nicht wirtschaftlich extrahiert werden kann.

Den Kelten waren die Misteln nie ein negativ besetztes Symbol, immer ein Heilszeichen und ein Zeichen guten Gedeihens. Anders bei den germanischen Völkern. Hier ist die Mistel (bis ins 18. Jh. *der* Mistel) Werkzeug eines blutigen Verbrechens der Götter aneinander. Dem Licht- und Sommergott Balder träumte, er solle getötet werden. Er erzählte es seiner Mutter Frigg, der Göttin von Liebe und Ehe, Gemahlin Odins. Um den Sohn, den strahlenden Liebling aller Götter zu schützen, nimmt sie allen Dingen und Wesen im Himmel und auf der Erde den Schwur ab, Balder kein Leid zuzufügen. Jeder wähnt ihn nun unverletzlich. Doch Frigg hat die kleine unscheinbare Mistel östlich von Wallhalls Tor vergessen. Loki, der schön, aber böse von tief innen heraus ist, bemerkt dies, schneidet die Mistel und schnitzt aus ihr einen Wurfpfeil. Beim Spiel der Götter gibt er dem blinden Höd den Pfeil in die Hand und weist ihm die Richtung zu Balder. Höd wirft und Balder bricht tödlich getroffen zusammen. Die Mistel als Wintersymbol hat den lichten Sommergott besiegt.

Schon seit langer Zeit verstanden sich unsere Ahnen darauf, aus dem klebrigen Saft der Mistelfrüchte Vogelleim herzustellen. Generationen von Zugvögeln wurden damit gefangen und dann aufgegessen. »Turdus ipse sibi malum cacat« – »Die Drossel macht sich ihr Unglück selbst.«

Längst wissen die Menschen, daß nicht die Götter den Mistelsamen verstreuen, sondern daß Vögel ihn verbreiten. Mit ihrem Kot klebt er sich an den Ästen fest, und langsam, sehr langsam, dringt eine Saugwurzel zwischen Rinde und Kambium ein. Ein Jahr dauert es, oft mehr.

Lektüre: 1, 10, 26, 40, 61/6, 81, 101, 102, 105, 109, 130 137, 141

MOHN · *Papaver spec.* · *Papaveraceae*

Symbol für: Fruchtbarkeit. Schlaf. Vergessen. Tod. Versuchung. Selbstverlorenheit. Liebesleid. Trost. Passion Christi.

Attribut von: Demeter/Ceres, Aphrodite/Venus, Hera, Kybele, Morpheus, Hypnos, Hermes, Teufel.

Volksnamen: (D) Klatschrosen, ahd. Magsame, (GB) poppy, (F) pavot, (L) Schlofseemiche, Engelsblumm.

Alle einhundert Mitglieder der Gattung *Papaver* enthalten mehr oder weniger Alkaloide, die als Beruhigungsgifte seit prähistorischer Zeit den Menschen wohlvertraut sind. Die stärkste Wirkung entfaltet *Papaver somniferum*, der Schlafmohn, aus dem das Opium gewonnen wird. Bei den Assyrern des Mesopotamischen Reiches trug er den Namen »Pflanze der Freude«. In sumerischer Keilschrift und in äygptischen Hieroglyphen sind diese uralten Pharmaka als schlafbringend, heilend, beruhigend gepriesen, doch man hat auch eine Keilschrifttafel entziffert, die im 3. Jahrtausend v. Chr. vor dem Mißbrauch des Mohns und anderer Narkotika warnte. Wie ein roter Faden zieht sich die verharmlosende Idealisierung und die Verfluchung des Mohns durch die Menschheitsgeschichte. In einem alten Glossar der lateinischen Sprache steht, der Name *Papaver* komme von Papa, pater = Vater. Früher habe man unruhigen Kindern Abkochungen von Mohnblüten gegeben, sie zu beruhigen »wie ein strenges Machtwort des Vaters«.
In der Botanik der Griechen und Römer wird die Opiumherstellung exakt beschrieben. Mohn war in der Alten Welt eine heilige Pflanze der Götter. Zusammen mit vielen anderen Gift- und Heilkräutern wuchs er im Garten der Hekate. Dieser Garten lag hinter neun Klafter hohen Mauern versteckt, Artemis, die jungfräuliche Jagdgöttin, bewachte ihn. Es ist bezeichnend, daß in den fortschreitend sich entwickelnden Kulturen die hochgiftigen Pflanzen in die »Gärten der Götter« und der Priester verpflanzt werden, um die Menschen vor ihnen zu schützen.

In einer griechischen Sage, die von Theokrit erzählt wird, wuchs die Mohnpflanze aus den Tränen Aphrodites über den Tod ihres Geliebten Adonis. Aphrodite übertrug ihre Liebe auf die Pflanze, in den »Umarmungen« mit ihr fand sie Ruhe und Vergessen. So schnell, daß sie auch den geliebten Adonis bald vergaß und rasch ein neues Liebesverhältnis mit Anchises begann. Seit damals gilt der Mohn als Symbol des rasch vergessenen Liebesleides. »Ohne Tränen wischte sie die Erinnerung an Florentino Ariza aus, löschte sie vollständig und ließ dann in dem Raum, den dieser Mann in ihrer Erinnerung eingenommen hatte, eine Mohnwiese erblühen«, schrieb Gabriel García Marquéz in der zweiten Hälfte des 20. Jh.s.
In Griechenland verehrte man Morpheus als Gott der Träume, als einen der tausend Söhne des Schlafgottes Hypnos. Beiden wurden Kränze aus Mohnblumen geopfert, vor allem Morpheus galt als der große Trostspender in menschlichem Leid. Ovid verlegte den Wohnsitz des Hypnos an den Eingang der Unterwelt und beschrieb die Umgebung seines Palastes:

»Rings um die Pforte der Kluft sind wuchernde Blumen des Mohns
und unzählige Kräuter, woraus sich Milch zur Betäubung sammelt die Nacht.«

Mohnkapseln gehörten zu den klassischen Grabbeigaben Ägyptens. Besonders in die Grabkammern jung verstorbener Prinzessinnen gab man große Girlanden aus Mohnblüten – war es ein Symbol des rasch verblühten Lebens, gleich der Mohnblüte, oder der Wunsch für einen glücklichen Schlaf?
In England gedenkt man der verlustreichen Kämpfe im Sommer 1915 in Flandern mit Mohnblüten, die jeder am Sonntag des Gedenkens an die Gefallenen im November ansteckt.
Die große Anzahl der feinen Samenkörner (in einer gut entwickelten Kapsel von *Papaver somniferum* über dreißigtausend Stück, fast alle von vorzüglicher Keimkraft) machte den Mohn in der antiken Welt zu einem Symbol der Fruchtbarkeit. Alle Göttinnen der Liebe und Fruchtbarkeit, von Kybele bis Demeter, von Hera bis zu Aphrodite und Venus werden mit Mohnkapseln bekrönt oder tragen sie in den Händen. Da Fruchtbarkeit auch immer Reichtum bedeutete, wurde auch

Hermes, der Gott der Kaufleute und der Diebe, mit Mohn geschmückt. Auf den Münzen zahlreicher Städte erscheinen sie, so in Korinth, Sykion, Metapontion, aber auch in Mekon als Symbole des Reichtums dieser Siedlungsplätze.
Einen Irrweg ging man im 19. Jh. in England. Nach der Eroberung Indiens unter der Führung von Robert Clive bemerkte man, welch riesige Mengen Opium man dort auf preiswerte Weise erzeugen konnte. Um den Absatz vom eigenen Land fernzuhalten, suchte man nach Abnehmern und glaubte sie in China zu finden, wo das Opium seit alter Zeit »Lenzmittel« heißt. In drei Kriegen erzwang man gegen den Willen der Regierung von dem Weltreich die Einfuhrbewilligung. Zur Deckung dieser erzwungenen Importe mußte China praktisch seinen gesamten Staatsschatz an Gold und Silber hergeben. Unzählige Menschen, vor allem Intellektuelle, starben auf qualvolle Weise oder vegetierten dahin. Es wirkt wie ein von höheren Mächten gesetztes Symbol, daß jener Indien-Eroberer, Robert Clive, ein militärisches Genie, später als Opiumsüchtiger an einer Überdosis starb.
Der Mohn, der noch bis in die Mitte des 20. Jahrhunderts, bis Herbizide ihn vernichteten, die Getreidefelder Mitteleuropas feuerrot glühen ließ, ist *Papaver rhoeas*, der Klatschmohn der Kinder. Das leuchtende Rot der rasch vergänglichen Blüten ließ ihn nicht nur die Kürze der Liebe symbolisieren, der christlichen Kirche ist er Sinnbild der Passion Christi und der Eucharistie, denn der Weizen steht für den Leib, die Blütenfarbe für das Blut des Herrn.
Doch auch des Teufels Rock ist noch auf den Bühnen unserer Zeit meist mohnrot. Otto Brunfels schrieb 1530 zum Mohn: »Mit diesen ›Rosen‹ haben die Heiden auch ihr Gaukelspiel getrieben und den Fürsten der Hölle, Dis oder Orcus genannt, in seinen Tempeln und Schauspielen einen Rock daraus gemacht, darum es auch genannt wird orcitunica.«
So ist der Mohn, seitdem der Mensch mit ihm in Berührung kam, eine echte Zauberpflanze: sie gibt ihm die Chance der Balance zwischen Gefahr und beglückender Heilung – doch stets mit der Möglichkeit, ins Bodenlose abzustürzen.

Lektüre: 1, 34, 60, 80, 99, 101, 107, 123, 130, 131 136, 141

MYRTE · *Myrtus communis* · *Myrtaceae*

Symbol für: Liebe. Ehe. Fruchtbarkeit in der Ehe. Jugend. Jungfräulichkeit. Schönheit. Hochzeit. Sexuelles Verlangen. Heimat. Lebenskraft. Hoffnung auf paradiesisches Glück. Unblutigen Sieg. Frieden. Tod und Unterwelt.

Attribut von: Aphrodite/Venus, Hermes, Hera, Diana, Eros, Erato, Adonis, Persephone, Myrrha, Lea.

Volksnamen: (D) Brautmyrte, (GB) myrtle, (hebräisch) hadassah.

Voll Kummer sah Gott der Herr, daß Adam und Eva sein Gebot gebrochen und vom Baum der Erkenntnis gegessen hatten. Sie durften nicht länger im Paradies bleiben. Doch er gewährte ihnen die Bitte, drei Dinge mitnehmen zu dürfen. Adam entschied sich für getrocknete Datteln zur Erinnerung an die Süße des Paradieses, Eva für Weizenähren, weil sie das beste Mehl geben, und gemeinsam griffen sie nach Myrtenzweigen wegen des köstlichen Duftes. So erzählt eine arabische Legende.
Jahrtausende nach Adam trugen griechische Auswanderer, die auszogen eine neue Kolonie zu gründen, Myrtenzweige mit sich, Symbole der Heimat, des paradiesischen Glückes, der Schönheit der Welt, die sie verließen, und der Hoffnung, gleiche Schönheit zu finden oder zu schaffen.
Eine Begegnung mit Myrten in der freien Natur ist unvergeßlich! Ihr graziöser Wuchs, die einschmeichelnden Bewegungen im Wind, wenn die feinen Zweige mit den kleinen lackgrünen Blättern und den weißen Blütenwölkchen sich wie im Tanze wiegen. Die glatten, schlanken Stämme der kleinen Bäume oder Büsche, aber vor allem der Duft, den die feinen Öldrüsen der Blätter und die Blüten in den heißen Klimazonen verströmen, hat noch alle bewegt, die es erleben durften.
Ursprünglich waren die Myrten in Israel und im Zweistromland beheimatet. Die Hebräer sahen in ihnen ein Attribut ihrer Stamm-Mutter Lea. In der assyrischen Sprache heißt die

Myrte hadas, hadasu, die Braut. Seit der Zeit der Gefangenschaft des jüdischen Volkes in Babylon trugen junge Jüdinnen als Zeichen der Liebe und des Brautstandes einen Myrtenkranz. Man nennt die Myrte dort heute noch hadassah.
Ein Machtsymbol war diese Pflanze für die Mitglieder des Athener Magistrats. Sie trugen als Zeichen ihrer Würde Myrtenkränze, und die Bittenden nahten sich ihnen mit Myrtenzweigen in den Händen, um Anteilnahme zu erwecken.
Obwohl aus dem harten Holz ihrer Stämme Waffen hergestellt wurden, galt die Myrte überall als Symbol des unblutig errungenen Sieges, nur dann trug der Triumphator zum Einzug eine Myrtenkrone. Plinius bemerkt in seiner »Naturalis historia« (15,29), daß ein Myrtentrank eine Reinigung der Galle bewirke. Nach dem Raub der Sabinerinnen habe er zur Besänftigung der Gemüter und zur Versöhnung der Entzweiten beigetragen. Schon das Alte Testament erwähnt Myrten häufig als ein Friedenssymbol und eines des Mitleids: »... Ich will dir in die Wildnis Myrten pflanzen ...« (Jesaja 41; 19)
Wie alle immergrünen Pflanzen, noch dazu wenn sie duften, galten Myrten als ein Symbol starker Lebenskräfte, die auf den Träger übergehen. Oft wurden sie jungfräulich Verstorbenen mit ins Grab gegeben. Jene, die durch heftige Leidenschaften ihr Leben verloren hatten, dachte man sich in der Unterwelt durch Myrtenalleen wandelnd. Bei den Griechen waren Myrten vor allem ein Zeichen der Liebe über den Tod hinaus. Doch die christlichen Kirchenväter verboten diesen Brauch als heidnisch. Leider vergaß man später dieses Verbot: die wundervollen Myrtenwälder Madeiras wurden von den Portugiesen fast restlos abgeholzt, um die Zweige im Mutterland zum Schmuck der Kirchen an den heiligen Festen zu verwenden. Der Brautkranz aus Myrten allerdings war bis weit hinein ins christliche Mittelalter noch als »heidnisch« verboten. Erst 1538 soll die Tochter Jakob Fuggers in Augsburg als erste Deutsche einen Myrtenkranz zu ihrer Hochzeit getragen haben.
In dem Myrtenkranz der jungfräulichen Bräute von Judäa über Griechen, Römer bis Augsburg deutet sich an, daß die Myrte weit wichtiger als in allen bisher genannten Deutungen ein strahlendes Symbol der jungen, vor der Erfüllung stehen-

den Liebe ist. Denn dieser Brautschmuck war eigentlich nie ein Element der Jungfräulichkeit vor der Hochzeitsnacht, sondern Sinnbild bevorstehender Liebesfreuden. Als Aphrodite bei Kythera aus dem Meer geboren wurde, verbarg sie sich am Strand in einem Myrtengebüsch, weil sie sich ihrer Nacktheit schämte. Adonis erlöste sie daraus und wurde ihr Geliebter. Beide sind mit Myrtenkränzen geschmückt. Auch ihr Sohn Eros trug bei all seiner Nacktheit stets einen Myrtenschmuck. Erato, die Muse der lyrischen und hymnischen Dichtung, trat nie ohne Myrtenkranz auf. Die drei Grazien aus dem Gefolge der Aphrodite trugen eine Rose, eine Myrte und einen Würfel: die Rose für die Schönheit, die Myrte für die Liebe und den Würfel für ihre harmlose Jugend (die so schnell verspielt ist).

An jenem schicksalsschweren Tag, an dem die Göttinnen Hera, Athene und Aphrodite stritten, wer denn die Schönste von ihnen sei, und das Urteil darüber dem jungen Hirten Paris überließen (Aphrodite versprach ihm heimlich die schöne Helena), war Aphrodite natürlich geschmückt mit einem erlesenen Myrtenkranz, einem Meisterwerk floristischer Kunst.

M. von Strantz schrieb 1875 über die Wachstumseigenschaften der Myrte: »Wie die Liebe will auch die Myrte ganz allein das Terrain beherrschen, dessen sie sich einmal bemächtigt hat; ihre langen Wurzeln verbannen vollständig jede andere Pflanze aus ihrer Nähe. Man findet in den Myrtenwäldern keinerlei Unterwuchs; mithin konnte die Liebe kein passenderes Abbild der Tyrannei Amors, dessen Symbol sie ist, finden, und es leuchtet aus dieser einen, vielleicht wenig bekannten Tatsache deutlich hervor, daß der Schmuck der Blumen den Alten nicht bloß zur Zierde diente, sondern daß sie in den meisten Fällen einen tiefen Sinn damit verbanden.«

Lektüre: 2, 51, 54, 80, 81, 85.1, 91, 102, 103, 105, 109, 111, 123, 126 132, 133, 141

NARZISSE · *Narcissus spec.* · *Amaryllidaceae*

Symbol für: Eigenliebe. Unfähigkeit, andere zu lieben. Frühling und Fruchtbarkeit. Schlaf und Tod. Brautstand (weiße Narzisse). Wiedergeburt. Sieg Christi über den Tod. Unglückliche Liebe. Ritterlichkeit. Eitelkeit.

Attribut von: Hades und Pluto, Persephone, (GB) Wales.

Volksnamen: Norddeutschland: Gäle und witte Zitzen, (GB) affodilly, daff-a-down-dilly, (CH) Bergilge, fleur de coucou = Kuckucksblume, (China) shui-hsien = Wasserfee, (Japan) Suisen.

Wie viele Zwiebelpflanzen des Mittelmeerraumes verschlafen auch die Narzissen scheinbar träge die Sommerhitze, doch wenn der Winter beginnt, sind die Blüten für das kommende Jahr bereits fertig in den Zwiebeln vorgebildet. An den ersten linden Tagen beginnen sie Blätter zu schieben und die Knospen zu entfalten. So sind Narzissen, soweit die Erinnerung der Menschen zurückreicht, immer ein Symbol des erwachenden Frühlings und der wiederkehrenden Lebenskräfte der Natur. Und sie sind heute noch ein Sinnbild für die Überwindung der Dunkelheit des Todes. Sie wachsen auf vielen Gräbern, und in der arabischen Welt sind sie auf zahlreichen Grabsteinen als Symbol der Hoffnung auf Wiedergeburt dargestellt.
In Griechenland, das früher von ausgedehnten Wäldern bestanden war, in denen sich wasserreiche Wiesen versteckten, gab es Plätze, die im Frühling in allen Farben von Blumen leuchteten. Der starke Duft der *Poeticus*-Narzissen (der Name soll von griechisch narkein = betäuben abgeleitet sein), überströmte in der Sonnenwärme die Lichtungen. So etwa muß man sich die Szene denken, in der die jungfräuliche Persephone von Hades geraubt wurde. In der homerischen Hymne (5,21) an Demeter heißt es: »Fern von Demeter, der Herrin der Ernte, die mit goldener Sichel schneidet, spielte sie und pflückte Blumen mit den Töchtern des Okeanos, Rosen, Krokus und schöne Veilchen, Iris, Hyazinthen und Narzissen. Die Erde brachte die Narzisse hervor als wundervolle Falle für

das schöne Mädchen nach Zeus' Plan, um Hades, der alle empfängt, zu gefallen. Sie war für alle, unsterbliche Götter und sterbliche Menschen, ein wundervoller Anblick, aus ihrer Wurzel wuchsen einhundert Köpfchen, die einen so süßen Duft verströmten, daß der ganze weite Himmel droben und die ganze Erde lachten und die salzige Flut des Meeres. Das Mädchen war bezaubert und streckte beide Hände aus, um die Pracht zu ergreifen. Doch als sie es tat, öffnete sich die Erde und der Herrscher Hades, dem wir alle begegnen werden, brach hervor mit seinen unsterblichen Pferden auf die Ebene von Nysa. Der Herr Hades, Sohn des Kronos, der mit vielen Namen genannte. Um Erbarmen flehend, wurde sie in den goldenen Wagen gezerrt.«

Seit dieser Zeit schmückte Hades seine Krone mit Narzissen, und auch die Furien bekränzten sich damit. Da im Altertum der Brautraub eine häufig geübte Sitte war, wurden Narzissen zu einem Sinnbild des Brautstandes, wobei die Erfahrung, daß jede Vermählung auch etwas von Sterben und Wiedergeboren-Werden besitzt, gewiß eine Rolle spielte.

Bei dem chinesischen Neujahrsfest gilt die »einhundertköpfige Wasserfee« als ein ganz besonderes Glückszeichen. Man schneidet dazu auf geschickte Weise die Zwiebel vor der Lagerung mehrfach ein, so daß sich bis zu zehn Blütenstiele aus einer Zwiebel entwickeln. Mehrere Zwiebeln werden zusammen in flache Schalen gesetzt; und da man dazu büschelblütige Sorten nimmt, ist es tatsächlich möglich, in einer kleinen Schale einhundert Blüten zu erzeugen. Diese Narzissen sind nicht im chinesischen Zentralreich beheimatet. Vermutlich wurden sie durch arabische Händler über die südliche Seidenstraße dorthin gebracht. Sie haben meist ein orangerotes kurzes Krönchen und einen weißen Blütenblätterkranz. In der islamischen Welt sah man dieses Krönchen als »Auge«, vielfältig taucht es als Metapher in der Lyrik des Ostens für das Erkennen irdischer und himmlischer Liebe auf. Der Dichter Ghalib meint, daß die Narzisse geschaffen wurde, um als »Auge des Gartens« die Schönheit von Rose und Gras zu sehen. Der Prophet Mohammed sagt: »Wenn du zwei Brote hast, so verkaufe eines und kaufe dir dafür Narzissen, denn das Brot nährt deinen Körper, die Narzissen aber nähren deine Seele.« Die Blüte war hier das Symbol der Liebe, die sehnsuchtsvoll ausschaut. In den spanischen Gebieten, die jahrhundertelang von der arabischen Kultur beeinflußt wurden, gilt die Poeten-Narzisse mit dem roten Auge heute noch als Symbol sehnsüchtiger, begehrender Liebe, aber der geraden, glatten Stiele wegen auch als das des aufrechten Mannes.

In der christlichen Kirche erschienen Narzissen, sowohl die weißen wie die gelben Osterglocken, zuerst in der Buchmalerei. Erst im ausgehenden Mittelalter begannen sie auch die großen Altarbilder zu schmücken. Zeichen der Wiedergeburt, des Triumphes der Göttlichkeit Jesu und des ewigen Lebens durch den christlichen Glauben.

In Griechenland war einst Liriope, der Gemahlin des Flußgottes Kephisos, geweissagt worden, daß sie einen schönen Knaben gebären würde, der aber jung sterben müsse, dann, wenn er sich selbst erkenne. Tatsächlich wuchs das schöne Knäblein zu einem noch schöneren Jüngling heran, den jeder bewunderte, der ihn sah. Seine Mutter behütete ihn über alle Maßen, und er lernte kaum Spielgefährten kennen. Die schöne Nymphe Echo, eine der dreitausend Töchter des Okeanos, verliebte sich ohne jeden Verstand in seine Schönheit, doch er blieb völlig unberührt von ihrer Liebe. Sie wurde immer schmaler, und eines Tages war vor lauter Kummer nur noch die Stimme von ihr übrig. An jenem Tag kam Narzissos, so hieß der Schöne, an einen kleinen, klaren Teich. Ihn dürstete, und da er lange keine Quelle gefunden hatte, beugte er sich darüber und wollte trinken. Doch das schöne Jünglingsbild, das ihn aus dem Teich anschaute, verwirrte ihm den Verstand. Zum ersten Male fühlte er Liebe, heiße, brennende, alles verzehrende Liebe. Er wollte dem geliebten Wesen nahe sein, sank ins Wasser – in seinem Todesmoment verwandelten ihn die gnädigen Götter in die schöne Blume, die heute noch seinen Namen trägt und wie damals schon, noch immer Symbol rücksichtloser Eigenliebe ist. Einer sich immer weiter verbreitenden menschlichen Eigenschaft, dem Narzißmus, hat er seinen Namen gegeben.

Lektüre: 1, 2, 23, 53, 80, 101, 102, 109, 123, 136, 141

NELKE · *Dianthus spec.* · *Caryophyllaceae*

Symbol für: Göttliche und irdische Liebe. Verlöbnis. Eitelkeit. Freundschaft. Kämpferische Gemeinschaft.

Attribut von: Französischen Royalisten, Sozialdemokraten.

Volksnamen: (D) Nägelein, Hochmut, (GB) carnation, sweet William, castle pink, (F) œillet = Äuglein, (I) Garofano.

Es ist das Schicksal der Nelken, Modeblume zu sein. Als epochenspezifische Symbole erscheinen und verschwinden sie, um später mit gewandeltem Symbolgehalt wieder aufzutauchen. Der deutsche Name Nelke oder Nägelin wurde ihnen im Mittelalter wohl wegen der Ähnlichkeit ihrer Gestalt mit der der Gewürznelken gegeben, mit denen einige Nelken-Arten auch den Duft teilen. Die Gewürznelken hatten den Ruf eines Aphrodisiakums, und dieser Ruf übertrug sich mit dem Namen auf die Blumen. Sie zieren vom Mittelalter an Brautbilder, waren ein Symbol des Verlöbnisses, der Liebe, und in diesem Sinne Verwandte der Rose. Auch die göttliche Liebe wurde durch sie dargestellt. Die Bilder sind nicht zu zählen, auf denen zwischen dem 15. und 17. Jh. Maria mit Nelken geschmückt ist. Den Namen »Nägelein« haben viele Künstler als einen Hinweis auf Christi-Passion verstanden, und so findet man auf einigen Kreuzigungsszenen Nelken. Da sie kostbar und noch selten waren, galten sie zugleich auch als Symbol von Eitelkeit und Hochmut. Nach einer Zeit des Vergessens kamen sie erst Ende des 18. Jh.s wieder in Mode. Die Royalisten trugen auf dem Weg zum Schafott rote Nelken als Zeichen ihrer Königstreue und des Mutes. Seit 1890 ist kaum eine SPD-Veranstaltung, vor allem keine 1.-Mai-Feier, ohne rote Nelken denkbar. »Nelken! Wie find' ich euch schön! Doch alle gleicht ihr einander, / Unterscheidet euch kaum, und ich entscheide mich nicht.« (Goethe)

Lektüre: 1, 61/1, 80, 85.1, 99, 101, 141

NESSEL · *Urtica spec.* · *Urticaceae*

Symbol für: Schmerzliche Liebe. Sinnliche Begierde. Laster. Unkeuschheit. Speise der Ärmsten. Faulheit. Mut und Kampfbereitschaft.

Attribut von: Thor.

Volksnamen: (D) Heiter oder Heddernessel, Donnernessel, Pest der Gärten, (GB) nettle, devil's leaf, hokey-pokey, (I) Ortica, (GR) Knede.

Redewendungen: »Sich in die Nesseln setzen«. »Dem Angreifer feindlich wie eine Nessel«.

Nesseln sind dem Volk immer nahe gewesen. Als Stickstoffsucher wachsen sie gerne auf Schutthalden, an Grabenrändern, meist in der Nähe der Bauernhäuser, der kleinen Katen oder in den Vororten der Städte. Nach dem Zweiten Weltkrieg auf dem Trümmerschutt. Als ein bedeutungsvolles Symbol sind sie im Volksglauben, in oft deftigen Sprichworten, in der Volksmedizin, aber auch im Alten Testament und in der Literatur zu finden.
Ihre farblosen Brennhaare, die aus einer einzigen, weinflaschenförmigen Zelle bestehen, brechen bei leisester Berührung ab. Die verkieselte Spitze verursacht eine kleine Stichwunde, und in diese spritzt der schmerzhafte Saft. Viele Flüche sind in solchen Momenten schon ausgestoßen worden, sie sind in bildlichen Wendungen festgehalten, die an Deutlichkeit oft nichts zu wünschen übriglassen: ». . . so wisch ich meinen Arsch nicht gern an Nesseln«, sagten die Landsknechte.
Die Schmerzen, die wie Feuer brennen, meist aber ebenso rasch wieder vergehen, doch nachhaltig sich dem Gedächtnis einprägen, wurden und werden immer wieder mit der Liebe in Beziehung gesetzt – im positiven und im negativen Sinne. Seit Ovid gibt es zahlreiche Rezepte für Liebestränke, die aus oder unter Verwendung von Nesselblättern oder deren Samen zu brauen sind. Mattioli empfiehlt im 16. Jh.: »Nesselblätter in

Wein gesotten und getrunken, locken zur Unkeuschheit, Nesselsamen noch kräftiger, in süßem Wein gesotten. Es werden auch Latwergen daraus gemacht.« Und es fehlt auch nicht an Klagen über die Folgen: »Das Nesselkraut, das sie mir bot, das wächst in ihrem Garten, sie spielt mit mir und ich mit ihr und läßt mich auf sie warten.« (Erlach)

Nesseln, die brannten wie die Lust, galten als Symbol unkeuscher Mädchen. In Herefordshire in England heftete man Mädchen, die ihre Keuschheit ganz offensichtlich verloren hatten, zum Spott einen Erlenzweig (Symbol der Frau) mit einem Busch Nesseln an die Tür. »Was hast gewonnen? Nun begucks! Mit Nesselkränzlein fein beschmucks.« (Fischart, 1572). »Ich weiß eine Stolze, die die Veilchen zertrat, die sie suchen sollte, und dabei in die Nesseln fiel.« (Gustav Freytag).

Brennesseln sind Frühlingspflanzen, der Austrieb beginnt früh im März, wenn alle Säfte steigen. Die Blätter brennen dann noch wenig, und man kann Salat aus ihnen machen. Im Altertum wurden sie als kultische Speisen bei den Frühlingsfesten verzehrt, »multis etiam religiosum in cibo«, schreibt Plinius. Aber nicht nur der Liebe und dem Götterkult dienten sie, sondern durch ihre Vitamine, Mineralsalze und andere Inhaltsstoffe auch der Ernährung und Gesundheit. Bis in dieses Jahrhundert hinein waren sie der Spinat der Armen. Der gesamte Stoffwechsel wird durch Nesselspeisen angeregt, sie sind der Hauptinhaltsstoff der besonders im Frühling in der Volksmedizin so wichtigen Blutreinigungstees. In England ist überliefert, daß die römischen Soldaten in der Zeit der Besatzung, als sie unter dem ungewohnten Klima litten, sich gegenseitig die schmerzenden Glieder mit Nesseln schlugen. Auch im übrigen Europa wurde die Urtication, das Auspeitschen mit Nesseln, das die Hautdurchblutung anregt, bei verschiedenen Krankheiten angewandt, überwiegend aber für erotische Geißelungen. Die Nesseln waren dem Donnergott Thor/Donar heilig, der im Glauben der bäuerlichen Germanen der Gott der Zeugung und Fruchtbarkeit war.

Im Alten Testament sind Nesseln Zeichen des strafenden Gottes: »Auf dem Weinberg des Faulen waren eitel Nessel darauf« (Sprüche 24,31) oder: »Nesseln werden wachsen und

Dornen in ihren Hütten« (Hosea 9,6). Nesseln sind hier Symbole des Lasters der Faulheit.

Das Volk suchte immer seine eigenen aus Erfahrung gewonnenen Weisheiten, und da boten sich die Nesseln als ideale Bilder an. »Er legt sein Ei nicht in die Nessel«, meint, er weiß für seinen Vorteil zu sorgen und geht allen Unannehmlichkeiten aus dem Weg. Oder: »Ein Weiser zürnet nicht, daß eine Nessel brennt, es ist der Nessel Art, ihr weichet, wer sie kennt«, ist ein alter Volksreim. Shakespeare sagt: »... aus der Nessel Gefahr pflücken wir die Blume Sicherheit.« (Heinrich IV, 1, 1,3).

Die Verteidigungsbereitschaft der Nessel nötigte den Menschen hohe Achtung ab. Bei allen negativen Wertungen, mit der die Nessel versehen wurde, war sie immer zugleich eine geachtete Pflanze, man empfand sie als ein Symbol des Mutes, des nur scheinbar Kleinen und Schwachen. »Was eine Nessel werden will, fängt beizeiten an zu brennen.« Auch den Volksnamen »Heiternessel« bezieht man darauf, daß sie stets kampfesfroh dasteht, den Feind mutig erwartend. »Nesseln brennen Freund und Feind«, sagt Götz von Berlichingen.

Aus der großen Nessel, *Urtica dioica*, einer jährlich nachwachsenden Staude, wird gleich dem Flachs ein Faden gewonnen, der grob versponnen und ungebleicht zu Nesseltuch verarbeitet wird, einem der billigsten Naturstoffe. Alle die Schiffe, die früher auf Entdeckungsreisen oder mit Auswanderern und Handelsgütern an Bord oder zu Eroberungen die Weltmeere kreuzten, hatten Segel aus Nesseltuch. Es ist besonders wetterfest und fast unzerreißbar. Doch die mehrfachen Bedeutungen der Nessel zeigen sich auch hier – man fand eine Technik, den Faden so fein zu spinnen, daß hauchdünne Batiste und Musseline daraus gewebt werden konnten. Vor einhundertfünfzig Jahren schrieb der Botaniker Matthias Jakob Schleiden zum Thema »Nessel«: »Jeder fürchtet das Brennen, zumal die zartesten Frauen, / doch umfängst als Gewand oft du den zartesten Leib.«

Lektüre: 1, 54, 61/1, 80, 96, 102, 111, 130, 135, 137, 141

OLIVE · *Olea europaea* · *Oleaceae*

Symbol für: Seßhaftigkeit. Versöhnung zwischen Gott und Menschen. Frieden. Bürgerliche Ordnung und Rechtschaffenheit. Göttliche und menschliche Weisheit. Fruchtbarkeit. Unblutig errungenen Sieg. Ankündigung. Christliche Kirche. Islamischen Lebensbaum.

Attribut von: Athene/Minerva, Noah, Abraham, Maria, Erzengel Gabriel, zehn christlichen Heiligen, Aequitas.

Volksnamen: (D) Öl, (GB) oil, (F) huile, (I) olio, (E) deo.

Redewendung: »Öl auf die Wogen gießen.«

Die Olive war in der Alten Welt, gleich den Feldfrüchten, das Symbol der Seßhaftigkeit, zugleich aber auch des Endes des »Goldenen Zeitalters«, in dem die Menschen geerntet hatten, ohne zu pflanzen. Dies: »durch deiner Hände Arbeit sollst du dein Brot verdienen«, setzte nicht nur die Kenntnis der möglichen Nahrungspflanze voraus, sondern in gleichem Maße auch die der Anbautechniken und die Bereitschaft zur geduldigen Pflege. Und es verlangte zwischenmenschlich die Achtung von Besitz, Rechtschaffenheit und Gerechtigkeit. Dies alles machte die Olivenbäume zu einem frühen Symbol bürgerlicher Ordnung und des Friedens – den sie für ihre lange dauernde Entwicklung benötigten. Gemeinsam mit Aequitas, die in Rom die personifizierte Rechtschaffenheit im Finanzwesen war, erschienen Olivenzweige auf vielen römischen Münzen.

Wer Olivenbäumen Schaden zufügte, wurde streng bestraft, nicht nur von menschlichen Richtern, sondern auch von den Göttern. Die Spartaner verwüsteten Mitte des 5. Jahrhunderts v. Chr. Athen, aber sie verschonten die Olivenhaine, denn sie fürchteten die Rache der Götter. Man nahte den Olivenbäumen mit Ehrfurcht, denn die große Allmacht hatte sie in ihrer Weisheit den Menschen zum Geschenk gemacht. ». . . da wartete Noah nochmals sieben Tage, dann ließ er die Taube abermals fliegen. Die kam um die Abendzeit zurück

und siehe da! sie trug einen frischen Ölzweig in ihrem Schnabel.« Dies Friedenszeichen Gottes blieb den Menschen für alle Zeiten im Gedächtnis und in ihrem Tun verhaftet.
Olivenbäume bezeichneten die Grenzen eines bestimmten Lebensraumes; außerhalb der Ölbäume umhergehen, war eine römische Metapher für Grenzen-, Schranken-Überschreiten, in Reden und Handlungen Ausschweifen. (Friedreich).
Die Römer hatten die Olivenbäume Jupiter und Minerva zugeordnet. Sie sahen in ihnen Zeichen der Überlebenskraft, des unblutig errungenen Sieges und des lang dauernden Friedens. Aus diesem Grund wurden außer Feigen und Weinstöcken auch Olivenbäume auf das Forum gepflanzt. Wenn Frost oder Mutwillen Olivenbäume zerstörten, treiben diese, in einem allerdings langwierigen Prozeß, aus dem Wurzelstock wieder junge Schößlinge. Überhaupt sind sie von großer Lebenskraft, man kennt Exemplare, denen ein Alter von über zweitausend Jahren zugeschrieben wird. Goethe ließen sie bei seiner Italienreise erstaunen: »Die Ölbäume sind wunderliche Pflanzen, sie sehen fast aus wie Weiden, verlieren auch den Kern und die Rinde klafft auseinander, aber sie haben dessen ungeachtet ein festeres Ansehen. Man sieht auch dem Holz an, daß es langsam wächst und sich unsäglich fein organisiert.« Diese Beobachtungen von Langlebigkeit und Erneuerung des Lebens ließen Olivenzweige zu idealen symbolischen Geschenken bei Geburten, Hochzeiten und auch bei Todesfällen werden. In ägyptischen Mumiengräbern fand man Zweige oder Kränze von Olivenlaub.
Für die Griechen geht der Olivenbaum auf Pallas Athene zurück. Im Streit mit Poseidon um den Besitz Athens schleuderte sie ihre Lanze auf den Burgfelsen. Aus ihr erwuchs ein Olivenbaum. Das Schiedsgericht der Götter sprach der Göttin der Weisheit, der Kunst und Wissenschaft den Besitz der Stadt zu, da ihre Gabe, die Olive, nützlicher sei als das Pferd, das Poseidon dem Land geschenkt hatte. Geheiligte Olivenbäume beherrschten über Jahrhunderte das Land.
War der Lorbeer, vor allem in frühen Zeiten, nur das entsühnende Zeichen des in blutigem Kampf errungenen Sieges, so der Olivenkranz Symbol und Preis des Sieges im friedlichen, sportlichen Wettkampf. Als die Soldaten des Xerxes bei ihrem

Einfall in Griechenland von den Olympischen Spielen und dem dabei zu gewinnenden Olivenkranz hörten, rief Artabaxos aus: »Mit welch einem Volk haben wir es zu tun, das nicht um Geld, sondern um Ruhm kämpft!«
Das aus den Früchten gewonnene Öl war als Speiseöl wie als Salböl und als Lampenöl ein fast unverzichtbares Naturprodukt in der griechischen Welt. Dem Salböl schrieb man große lebenserhaltende Kräfte zu. Vor allem im Winter ölte man die Körper täglich damit ein, um den Wärmehaushalt zu regulieren. »Die Leiber glänzten wie aus parischem Marmor.« Da der Olivenbaum ein Götter-Geschenk war, war auch sein Produkt, das Öl, geheiligt, eine Vorstellung, die sich in bestimmten Zusammenhängen bis heute erhalten hat. Fürsten, Könige und Priester wurden seit der griechischen Klassik bei der Amtseinführung mit Olivenöl, meist mit Balsam versetzt, gesalbt. Symbol ihrer göttlichen Würde und Autorität. Die »Letzte Ölung«, das Sterbesakrament der katholischen Kirche, ist in diesem Zusammenhang zu sehen.
Das Olivenöl, das schon in minoischer Zeit die Lampen Kretas füllte und das in den dunklen Jahreszeiten Licht brachte, wurde oft, vor allem später im Neu-Platonismus, als ein geistiges Licht empfunden, ein Sinnbild der Kraft und Klarheit Gottes. Glaubte man doch, daß das Öl auch die Kraft habe, die Wogen des Meeres zu glätten.
Der Olivenbaum galt, als ein Geschenk der jungfräulichen Pallas Athene, den Hellenen gleich dem Lorbeer als ein keuscher Baum. Er sei so rein, daß er nicht wüchse oder ewig unfruchtbar bliebe, wenn er von einer Dirne gepflanzt wurde. Diese Vorstellung ließ ihn im Christentum zum Zeichen für Maria werden. St. Gregory Thaumaturgus schrieb im 6. Jh. über die unbefleckte Empfängnis: »Sie (Maria) ist in das Haus Gottes gepflanzt wie eine früchtereiche Olive.« Dieses Symbol wurde in der italienischen Renaissance besonders von den Künstlern Sienas bevorzugt, da die Lilie als Zeichen Marias zugleich die Wappenblume der Siena feindlichen Stadt Florenz war.

Lektüre: 31, 41, 54, 80, 81, 85.1, 101, 102, 123, 141

ORCHIDEE · *Orchidaceae*

Symbol für: Sexuelle Lust. Fruchtbarkeit. Raffinement. Schönheit. Ungezählte Nachkommen. Reichtum und Macht.

Attribut von: Satyrn, Serapis, Demeter/Ceres, Frigg, Freyja, einem Gentleman.

Volksnamen: allein im deutschsprachigen Raum mehr als fünfzig erotische Volksnamen, u.a. Pfaffenhödlein, Knabenkraut, Heiratswurzel, Kuckucksblume, Geilwurz, aber auch: Marienschuh, Herrgottsschuh, (GB) lady's slipper, (I) Scarpa della Madonna, (GR) Cynosorchis = Hundehoden.

Redewendung: »Du hast wohl Orch-ideen.«

Die Familie der Orchidaceen ist eine der jüngsten in der Pflanzenwelt, aber dennoch unendlich viel älter als die Menschen. Botaniker bezeichnen sie als die »intelligentesten Pflanzen«. Dieser Intelligenz verdanken sie ihre große Fähigkeit zur Anpassung an die verschiedensten Lebensverhältnisse. Man kann Orchideen ebenso in den heißesten Tropen begegnen wie an den Grenzen der polaren Eiskappen. Demgemäß ist ihre Erscheinungsform sehr verschieden; bescheiden verbergen sich kleine Rispen im Gras, und phantasievoll aufgeputzte Riesenblüten wetteifern mit den Schmetterlingen und schaukeln vierzig, fünfzig Meter hoch, vor den Blicken der Vorübergehenden verborgen, in den Baumkronen der Tropenwälder. Doch allen ist gemeinsam, daß sie Betrüger der sie befruchtenden Insekten sind, daß sie ihre Nachkommen von Ammen aufziehen lassen (die sie dann aber ihrerseits miternähren) – und daß sie in den Augen der Menschen, in welchem Land der Erde sie auch wachsen (bis auf eine Ausnahme), in erster Linie Sexualsymbole sind, geschlechtliche Lust und reiche Fruchtbarkeit repräsentierend.
Trotz der fast unüberschaubaren Forschungsergebnisse der modernen Naturwissenschaften bleiben noch immer viele Rätsel um die Orchideen ungelöst. Die Griechen nannten die Orchidee »Cosmossandalon« = Weltsandale. Sie hielten sie

für die Lieblingsblume der Fruchtbarkeit spendenden Göttin Demeter, die in Orchideenschuhen über die Welt wandert, und die Familie der Orchideen hat es ja tatsächlich auch getan und schon zur Zeit der Griechen Weltgegenden erobert, von deren Existenz diese keine Ahnung hatten. Wie also kamen die Griechen dazu, diesen symbolträchtigen Namen zu bilden?
Bei den Thesmophoria, dem Hauptfest der Demeter zur Zeit der Aussaat, das auf vornehme, verheiratete Frauen beschränkt war, saßen diese am dritten Tag, dem Kalligeneia = dem Tag der schönen Nachkommenschaft, auf Blüten von Cosmossandalon. Zu Demeters Frühsommerfesten zogen in der Prozession viele weißgekleidete, reich mit Cosmossandalon geschmückte Knaben (die »Heranwachsenden«) mit.
Im germanischen Raum war das Knabenkraut *Orchis mascula* Frigg geheiligt, der nordischen Entsprechung der Demeter. Man nannte die Pflanze »Friggagras« und schmückte Knaben, gelegentlich auch Mädchen, damit bei den Umzügen zum Frühsommerfest.
In Griechenland und dem arabisch-spanischen Raum baute man Orchideen bis weit in das 19. Jahrhundert hinein feldmäßig an, um aus den getrockneten, knollig verdickten Wurzelknollen »Salep« zu gewinnen. Dies ist ein stärke- und schleimhaltiges Mehl, das einerseits als Nahrungsmittel diente und als Heilmittel gegen Durchfall, andererseits als »Motor zur Erweckung sinnlicher Leidenschaft«. Eine Orchideenart heißt in Griechenland »Satyrion«, wer von den Knollen aß, sollte selbst zum Satyr werden, gleich den ewig geilen Begleitern des Dionysos.
Chemisch gesehen enthalten die Knollen fast aller Orchideen verschiedene Schleimdrogen, Glykoside, seltener Alkaloide. Nur bei einigen konnten bisher halluzinogene oder narkotisierende Stoffe nachgewiesen werden (Rätsch). So ist bekannt, daß das mexikanische Knabenkraut (*Oncidium cebolleta*) von den Eingeborenen gelegentlich anstelle des Peyotl-Pilzes als Rauschmittel genutzt wird.
Diese knollenförmigen Wurzelverdickungen entstehen als Folge der Ammenwirtschaft der Orchideen. Alle haben, wie man es von einem Attribut der Fruchtbarkeitsgöttinnen erwartet, sehr zahlreiche, aber ungewöhnlich feine Samen. Eine

einzige *Anguloa ruckeri* produziert 3,9 Millionen Samen im Jahr. Keimten und wüchsen sie alle, könnte bei entsprechenden Klimaverhältnissen in wenigen Jahren die gesamte Erde von diesen großen Orchideen bedeckt sein. Viele dieser tropischen Orchideen wohnen als »Kinder der Luft« epiphytisch auf alten, modernden Baumstümpfen oder in Astgabeln, in denen durch Blattfall natürlicher Humus entstanden ist. Wenn der Wind die federleichten Samen aufgenommen und wieder abgelegt hat, so ist der Same zu schwach, den Keimling mit Nährstoffen zu versorgen. Ein Pilz nährt die junge Orchidee, bis diese selbst stark genug ist, Nährstoffe aus dem Humus aufzunehmen und zu verarbeiten. Doch wenig später schon versucht der Pilz, seinerseits die Orchidee als Wirtspflanze zu nutzen, sich von ihr ernähren zu lassen. Gegen ein Übermaß an Forderungen der alten Amme schützt sich die Orchidee, indem sie ihre Wurzeln zu knolligen Bulben verdickt, in denen sie die Hauptmenge der von ihr aufgenommenen Nährstoffe vor dem Zugriff der Pilze schützen kann, fairerweise gibt sie diesen jedoch eine »Überlebensmenge« ab.

Diese Knollen, die in ihrem ersten Lebensjahr hell und straff sind, im zweiten dunkel, wachsen bei einigen Orchideenarten handförmig heran, bei anderen erinnert ihre Form an Hoden. Das gab, vor allem in der Zeit der Signaturenlehre (Gleichförmiges hilft Gleichförmigem), zu unendlich vielen Spekulationen Anlaß. Die gleich den männlichen Hoden geformten Knollen sind vermutlich am häufigsten zu Liebeszauber und zur Produktion von Salep genutzt worden. Bei den handförmigen Knollen galt die junge Weiße als »Marienhändlein«, die ältere Schwarze als »Teufelshand« oder »Satansfinger«. Man legte sie gemeinsam aufs Wasser und freute sich, wenn das »Marienhändlein« oben schwamm und die »Satansfinger« untergingen – das Gute hatte gesiegt.

Daß Orchideen zu einem Sinnbild charakterlichen Raffinements wurden, ist verständlich, wenn man bedenkt, daß die Botaniker einer ganzen Gruppe von Orchideen die Bezeichnung »Sexualtäuschblumen« gaben. In Europa sind es u.a. die Fliegen-Ragwurz *Ophrys insectifera* und die Hummel-Ragwurz *Ophrys holoserica*, in den südamerikanischen Anden unzählige Verwandte, die zur Begattung bereite Insektenweibchen in deren Farbe, Form, Behaarung und geschlechtsspezifischem Duft imitieren. Das paarungswillige Männchen läßt sich täuschen, befliegt die geöffnete Blüte und beutelt sie in seinem Begehren. Dabei heftet ihm die Orchidee mit einer Klebscheibe ein Pollenpaket an. Fliegt er zur nächsten Blüte weiter, wird er dort, ungewollt, die Bestäubung vornehmen. Doch er ist ein doppelt Betrogener: weder hat für ihn eine Begattung stattgefunden, noch wurde ihm Nektar zur Verfügung gestellt. Die Orchidee hat ihre Nachkommenschaft gesichert, aber den Energieaufwand zur Nektarproduktion gespart.

Auf einem großen Triptychon von Hieronymus Bosch (im Lissaboner Museum) trägt eine Hexe eine große Orchideenblüte als Kopfschmuck; sie reicht einem riesigen Frosch einen Liebestrank. Der Frosch ist von einer orchideenförmigen Aureole umgeben.

Eine *Orchidaceae* ist auch die echte Vanille, *Vanilla planifolia*, aus den mittelamerikanischen Regenwäldern. Ihre Blüten sind nur vierundzwanzig Stunden geöffnet und können nur von winzigen Kolibris und einer stachellosen Bienenart, die den dortigen Indianern heilig ist, befruchtet werden. Im präkolumbischen Mexiko waren die Bienen ein Symbol der Schöpfung, der Kolibri Sinnbild des Phallus und des Liebeszaubers. Duft galt allen frühen Völkern als ein von den Göttern geschenkter Löser des fixierten Bewußtseins. Aus der Zusammenfassung von: Duft – Schöpfung – Phallus – Bestäubung erklären die Indianer die Wirkung von Vanille als Aphrodisiakum. Hernández berichtet, daß bei der Eroberung Mexikos die Fürsten, die Kaziken, den größten Wert auf Orchideen legten, sie galten ihnen als heil- und segenbringend, aber auch als Machtsymbole.

Ähnliches berichten die Eroberer Ostindiens: Dort durften nur Aristokraten in ihren Gärten Orchideen besitzen, nur Prinzessinnen und Fürstinnen sich mit deren Blüten schmükken.

In China waren Orchideen zu allen Zeiten ein nationales Symbol, auch unter Mao Tse Tung. Seine Frau Tschiang Tsching und sein Kampfgefährte vom Langen Marsch, der

General Zhu De hatten beide große Orchideensammlungen. Man sagt, der General habe während des Bürgerkrieges über sechstausend Pflanzen gesammelt! Obwohl Konfuzius zur Zeit der Kulturrevolution verachtet war, hatten alle, die damals an der Macht waren oder danach strebten, in der Schule noch seinen Text auswendig gelernt: »Die Orchidee wächst im tiefen Wald, aber sie sendet ihren Duft zu den Menschen, daß sie sie betrachten kommen. Sie ist wie ein Gentleman in Selbstdisziplin, im Angesicht der Armut vergißt er nicht einen Moment seine Rechtschaffenheit.« Dieses Symbol der Rechtschaffenheit sah auch der letzte wirklich bedeutende Kaiser Chinas, Cheng Lung (1736-95) in den Orchideen: »Wenn ich Freude an Orchideen finde, liebe ich Rechtschaffenheit.«
Dem Ideal konfuzianischer Gelehrten folgend, waren Orchideen auch ein Symbol unverbrüchlicher Freundschaft. Chinesen lieben den Duft der bei ihnen heimischen *Cymbidium* so sehr, daß sie schwärmerisch behaupten, die Anwesenheit einer Blüte erhöhe einen Raum in seiner Bedeutung so, wie ein Mensch von innerem Adel seine Begleiter.
Ein Bild mit Orchideen als Geschenk bedeutete aber auch, unausgesprochen, den Wunsch für zahlreiche Söhne. Im dreitausendfünfhundert Jahre alten »Buch der Lieder« finden sich viele Andeutungen, daß zum Frühlingsfest mit seinen rituellen Hochzeiten Orchideen im Haar getragen wurden. Im Chu Ci, einer Gedichtsammlung aus der Frühlings- und Herbstperiode (770-476 v. Chr.), heißt es über den gleichen Anlaß, daß ein jeder Girlanden und Gürtel aus Orchideen um die Hüften trug als Zeichen der Lebenskraft.
Das Schriftzeichen, die älteste und sicherste Quelle chinesischer Symbolik, setzt sich für Orchidee aus drei Teilzeichen zusammen: »Blüte« – »Tor« – »Einladung«.

Lektüre: 2, 14, 22, 23, 28, 32, 102, 106, 107, 109, 132, 141

PALME · *Phoenix dactylifera* · *Palmae*

Symbol für: Sieg. Frieden. Gottesbaum. Lebensbaum. Zeit. Auferstehung. Gerechtigkeit. Wahrheit. Macht. Wohlstand.

Attribut von: Apollon, Helios, Victoria, Christus, Märtyrern, Thoth, Re, Osiris.

Redewendungen: »Es wandelt niemand ungestraft unter Palmen.« »Um die Palme ringen.« »Einen auf die Palme bringen.« »Jemand die Palme zuerkennen.«

Jericho halten die Archäologen für die älteste Stadt der Welt – die Bibel nennt sie die »Stadt der Palmen«. Vor allem *Phoenix dactylifera* war eine der ganz frühen Kulturpflanzen des Jordantales, Assyriens und Ägyptens.
Seit man von den Dattelpalmen weiß, wurden sie der immergrünen Blätter, ihrer stolzen Wuchsform und der nahrhaften Früchte wegen zu kultischen Zwecken genutzt. Die süßen Früchte, aber auch ihr stolzes Erscheinungsbild ließen sie ein Symbol des andauernden Wohlstandes sein. Sie waren Baum des Lebens und durch das ganzjährige Wachstum neuer und das Absterben alter Blätter Symbol ständiger Erneuerung, ein Bild der Zeit, die ständig vergeht und ständig neu beginnt. Es gibt sicher eine Verbindung des Namens zu dem Sagenvogel Phönix, der sich selbst verbrennt und aus der Asche neu ersteht. In diesem symbolischen Sinne der Unsterblichkeit sind auch die Palmbaum-Darstellungen auf griechischen Grabsteinen zu deuten. Nur was stark im Leben ist, kann den Tod überwinden. In Ägypten reicht in der XII. Dynastie (2460 bis 2260 v. Chr.) die Himmelsgöttin aus einem Palmbaum heraus dem Toten (auf einer anderen Darstellung seinem Seelenvogel) Speise und Trank. Fast viereinhalb Jahrtausende später, am Ende des 20. Jahrhunderts, werden in Europa Nachrufe, Kranzschleifen und Grabsteine mit zwei Palmwedeln geschmückt, auch wenn deren symbolische Bedeutung allenfalls noch unbewußt weiterwirkt.
Palmen, tropische bis subtropische Gehölze mit etwa dreitausendvierhundert Arten in zweihundertsechsunddreißig

Gattungen, sind eine der zehn artenreichsten Familien der Blütenpflanzen. Dem Menschen unserer Region sind die vertrautesten die Dattelpalmen. Sie benötigen zu gutem Gedeihen Sandboden über feuchtem Untergrund und große Hitze. Die Araber sagen: »Der König der Oasen taucht seine Füße ins Wasser und reckt sein Haupt in das Feuer des Himmels.« Alle Völker der Alten Welt haben die Phönix-Palme dem himmlischen Feuer, der Sonne, zugeordnet. In der Palme selbst manifestierte sich der Gott der Sonne, wie schon in Assyrien, in Apollon und Helios bei den Griechen, in Re bei den Ägyptern, viel später im Mithras-Kult.

Dattelpalmen werden bis dreißig Meter hoch und bis zu dreihundert Jahre alt. Fast nie werden sie vom Sturm geknickt oder entwurzelt. Sie waren wichtiges Material im frühen Tempelbau, später hat man sie in Stein nachgebildet. Die besondere Festigkeit der Stämme liegt in ihrem Wachstum begründet, das dem unserer Waldbäume entgegengesetzt ist. Bei den zweikeimblättrigen Waldbäumen wächst der Stamm von innen nach außen, das älteste, härteste Holz liegt im Kern. Die gleich den Gräsern und Orchideen einkeimblättrigen Palmen wachsen entgegengesetzt. Ihre Stammanatomie ist röhrenförmig, mit großer Festigkeit an der Peripherie und verhältnismäßig weichem Gewebe im Inneren (Palmherzen, Palmitos etc.). Die hohe Elastizität und Bruchfestigkeit entsteht durch die Statik des zylindrischen Röhrenbaues der Rinde, unabhängig von der Konsistenz des Marks. Aristoteles und Plutarch sahen in der Kraft der Palme die Ursache dafür, daß sie zum Siegessymbol wurde. Sie steht immer aufrecht, ohne daß der Stamm sich krümmt oder beugt.

Victoria, die Göttin des Sieges hieß Dea palmaris. Die Toga palmata trugen römische Feldherren am Tage ihres Triumphes, in das purpurfarbene Gewand waren goldene Palmwedel eingewebt. Im 2. Jahrhundert v. Chr. benützten die Makkabäer Palmen als Siegessymbol auf ihren Münzen, während eine römische Münze aus dem 1. Jahrhundert eine trauernde Frau unter einer Palme sitzend als Symbol für das unterjochte Judäa zeigt. Die Umschrift lautet: »Judaea capta«. Die Legionen hatten 53 v. Chr. nach der Zerstörung und Plünderung Jerusalems Palmzweige als Triumphzeichen durch den Ort ihrer Zerstörung getragen. Zur Erinnerung an den Einzug Christi in Jerusalem werden am Palmsonntag, der die Karwoche eröffnet, die Kirchen mit geweihten Palmzweigen geschmückt.

Doch fast immer sind Sieges- auch zugleich Friedenssymbole. Der Sieg, der meist das Ende einer Kampfhandlung anzeigt, läßt auf einen langen Frieden hoffen (→ Lorbeer). Die vielen christlichen Heiligen tragen den Palmschmuck einerseits als Zeichen des Sieges ihres Glaubens, andererseits als das des Friedens, den dieser Glaube den Menschen bringt. Auch die moderne Traumdeutung sieht Palmzweige als Zeichen der Güte und des Friedens.

Otto von Kotzebue unternahm zu Beginn des 19. Jahrhunderts gemeinsam mit Adelbert von Chamisso eine Reise um die Welt. In seiner Reisebeschreibung (Weimar 1821, 3 Bd.) erwähnt er, daß die Bewohner der Südsee-Inseln eine palmenähnliche Pflanze, *Dracaena terminalis*, als Friedenszeichen gebrauchen.

Der äygptische Gott der Schreiber, Thoth, wird als Pavian in einer Dattelpalme sitzend personifiziert.

»Der Palmbaum«, eine literarische Zeitschrift, die auf die 1617 nach italienischem Vorbild gegründete »Fruchtbringende Gesellschaft«, den »Palmenorden« zurückgeht, erscheint seit 1991 in Jena. Auch die Reiseveranstalter haben das Symbol wiederbelebt: Als ein Zeichen der Ferne erscheint die Palme in jedem Reiseprospekt.

Lektüre: 15, 41, 51, 54, 80, 81, 84, 85.1, 102, 111, 135, 141, 144

PAPPEL · *Populus spec.* · *Salicaceae*

Symbol für: Totenklage. Furcht. Schmerzen. Ehe. Arroganz.

Attribut von: Persephone, Herkules, Athene.

Volksnamen: (D) Beberesche, Zitterpappel, Espe, Babbeln, Ratterer, mhd. Aspe, (GB) poplar, old wives' tongue.

Redewendungen: »Er zittert wie Espenlaub«. »Der Espe das Zittern lehren wollen« (unnützes Tun). »Es ist keinen Pappelstiel wert.«

Die im nördlichen Teil der eurasischen Landmasse häufige Espe, *Populus tremula*, hat wegen der fast ständigen, geräuschvollen Bewegung ihrer Blätter die Phantasie vieler Völker beschäftigt. Fast alle glaubten, unablässig Klagelaute aus den Bäumen zu hören, so wurden sie schon in prähellenischer Zeit der Erdmutter geweiht und als Symbol des Schmerzes auf Begräbnisplätze gepflanzt. Viele Sagen und Mythen schlingen sich um den Baum, in den meisten wächst er in der Unterwelt. Als Herkules von dort den Höllenhund Zerberus heraufschleppte, bekränzte er sich am Styx mit Pappellaub. Von seinem Schweiß soll sich die Unterseite der Blätter weiß gefärbt haben, so entstand die Silberpappel *Populus alba*.
Das die Menschen bewegende Zittern der Blätter ist eine qualifizierte, doch simple Mechanik. Die extrem langen Blattstiele sind abgeflacht und geben dem Blatt dadurch eine ständige Instabilität, ein leiser Windhauch schon bewegt sie. Dadurch wird Sonnenlicht in das Innere des Baumes gespiegelt, so daß der Innenbereich genügend Licht erhält, die zum Wachstum erforderlichen Kohlehydrate produzieren zu können.
Pappeln sind zweihäusig, männlich oder weiblich, was offenbar schon früh beobachtet wurde, denn sie waren ein Symbol der Ehe. Plinius sieht den Grund hierfür allerdings in dem häufigen gemeinsamen Wachsen von Pappel und Wein, da dieser den Baum durchwachse und umschlinge.

Lektüre: 73, 80, 81, 85.1, 101, 105, 109, 123, 141

PETERSILIE · *Petroselinum crispum* · *Umbelliferae*
SELLERIE · *Apium graveolens* · *Umbelliferae*

Symbol für: Siegeskranz. Festmahl. Manneskraft. Totenkult.

Attribut von: Herkules, Bacchus, Persephone, Petrus.

Volksnamen: Eppich, Stehsalat, Geilwurz, Bockskraut, Sumpfsilge, (GB) celery, parsley, (F) céleri, (A) Hemadspreizer, (L) Zoppekraut, (GR) Apium.

Redewendungen: »Petersilie auf allen Suppen sein« (überall dabei sein müssen). »Sellerie für den Bräutigam, Spargel für die Braut«. »Fritzchen freu' dich, Fritzchen freu' dich, morgen gibt's Selleriesalat«. »Petersilie bringt den Mann aufs Pferd und die Frau ins Grab.«

Petersilie und Sellerie werden in verschiedenen alten Sprachen mit den gleichen Namen benannt, auch die christliche Symbolik vermischt sie immer wieder. Sie sollen, da eine exakte Trennung erst seit Linné möglich ist, auch hier gemeinsam vorgestellt werden. Zur gleichen Familie gehören sie heute noch, es ist die der *Umbelliferae*. Viele Zauberkräuter gehören dazu, aber auch andere Heilkräuter, die gegen Magen- und Darmerkrankungen, Nierensteine und Frauenkrankheiten helfen. Petersilie und Sellerie hatten, wie alle harntreibenden Pflanzen, in der Volksmedizin und daher auch in der Volkssprache, einen großen Ruf als Aphrodisiakum. Fast alle Symbole (meist sprachlich), mit denen sie einzeln oder auch gemeinsam belegt wurden, sind mehr oder minder lasziv, oft ist es derbe Volkserotik: »Petersilie, Sellerie, hübsches Mädchen komm' zu mi« oder »Schatzl' back mer Aier / Mit Zellerie und Salat, / Am Sonntag gehe mer maie, / Mei Mudder hat's gesaht.« (Pfalz)
Die Straßen der käuflichen Liebe hießen »Rosengasse« oder »Petersiliengasse«. In Oldenburg singen die Kinder: »Suse de bruse / Wo want Peter Kruse, / In den Petersiljensträt / War de wakkern meisjes gat.« / Auch das englische »parsley bed« hat erotische Bedeutung. Von Mädchen, die keinen Tänzer

fanden, sagte man spöttisch: »sie halten ihre Petersilie feil.« Umgekehrt hieß es auch: »sie ist ihre Petersilie los.«
In Bremen singen die Kinder bei der Hochzeit für die Braut: »Petersiljen, Soppenkruut / Wasst in usem Garen, / Use Antjen de is Bruut, / Schall nig lang meer waren, / Dat se na der Karken geit / Un de Rock in Folen sleit.« / Ohne die zwei letzten Zeilen haben dies sicher alle Kinder in allen Dialekten gesungen.
Für die Frauen war Petersilie in zweifacher Weise besonders wichtig: Mattioli schrieb im 16. Jahrhundert, daß sie, in weißem Wein gesotten, bei Frauen, die sonst unfruchtbar sind, die Empfängnis fördere. Andererseits gilt Petersilie auch als Abtreibungsmittel. In England schreiben Kräuterbücher vor, sie als Abortivum dreimal täglich zu essen. Auch in der Alten Welt war sie dafür gepriesen. Moderne Kräuterbücher, die alle Petersilie, meist auch Sellerie aufführen, versäumen fast nie, bei der Petersilie zu erwähnen, daß Schwangere auf den Genuß von Petersilie möglichst ganz verzichten sollten. Reichlich Petersilie im Garten wehrt Hexen und Gespenster ab.
Zu den gefürchteten Ereignissen im Leben einer Gärtnerin gehört ein kräftiger Hagelschlag. Fast niemals wird dabei die krause Petersilie zerstört. Weshalb die Redensart: »es hat mir meine Petersilie verhagelt« meint: es ist etwas fast Unmögliches geschehen. Seit dem Altertum wurden Gartenbeete häufig mit Petersilie umpflanzt (man kann dies auch heute noch in klassischen Bauerngärten beobachten). Vermutlich steht die Redewendung »Es steckt noch in der Petersilie« (es ist noch ganz am Anfang) damit in Zusammenhang. In Griechenland gibt es einen ähnlich geläufigen Satz, der aber ganz anders zu deuten ist. »Du hast noch keinen Eppich berührt«, sagte man zu einem unreifen Jungen, der nicht wußte, worauf es im Leben ankommt. Vor der Einführung von Lorbeer- oder Olivenkränzen für die Sieger sportlicher Wettkämpfe waren Eppichkränze üblich. Symbolisch wurden kleine Jungen bald nach der Geburt auf ein Eppichbeet gelegt, um sie für zukünftige Kämpfe als Sieger zu stärken.
Petersilie, Sellerie, Apium, Eppich hatte in der Antike eine durchaus mehrfache symbolische Bedeutung. Da er den Le-

benden als Ruhmespreis diente, wurde er auch im Totenkult genutzt. Selleriegerichte und Eppichgewürze waren unabdingbare Bestandteile beim Totenmahl. Sie wurden auch zum Schmuck der Toten und ihrer Gräber verwendet. Dies ist, in Anbetracht der Heilkraft und der ihnen zugeschriebenen Wirkung als Aphrodisiakum, nicht als Trauergeste, sondern als Jenseitshoffnung zu sehen. War jemand schwer krank, sagte man: »er wird bald Eppich brauchen.«

Daß man die in ihrer Ambivalenz begründete Wandelbarkeit der Symbole geschickt ausnützen kann, hat gewiß schon mancher erprobt. Plutarch berichtet von einem solchen Ereignis im Krieg um Sizilien zwischen Griechen und Karthagern im 4. Jahrhundert v. Chr. Die Soldaten des klugen korinthischen Feldherrn Timoleon waren auf dem Anmarsch zu einer Schlacht. Im steilen Gelände um Syrakus begegnete ihnen eine mit Eppich beladene Maulesel-Karawane. Die Soldaten empfanden das als schlimmes Vorzeichen – »er wird bald Eppich brauchen« –, doch Timoleon wand sich geschwind einen Kopfkranz aus Eppich und forderte auch die Offiziere auf, ein gleiches zu tun. »Welches Glück«, rief er seinen Soldaten zu, »man bringt uns das Material für die Siegeskränze schon im voraus« –, die Soldaten glaubten ihm, gingen mutig in den Kampf und siegten.

Der Eppichkranz auf dem Kopf war außer alldem auch ein Ausdruck glücklicher Feststimmung. Er gehörte zum jüdischen Passah-Fest ebenso wie zu den großen Banketten der Griechen und Römer. »Laßt uns den Selleriekranz auf die Augenbrauen setzen und das frohe Fest von Bacchus feiern«, sang im 6. Jahrhundert v. Chr. Anakreon. Wilhelm Busch meinte zweieinhalbtausend Jahre später sehr viel spröder: »Zuweilen brauchet die Familie / als Suppenkraut die Petersilie.«

Lektüre: 1, 54, 61/6, 80, 96, 111, 130, 132, 141

PFINGSTROSE · *Paeonia spec.* · *Paeoniaceae*

Symbol für: Rose ohne Dorn. Heil und Heilung. Weibliche Schönheit. Erfülltes Frauenleben. Reichtum.

Attribut von: Maria, Christus, Apollon, Asklepios, Buddha.

Volksnamen: (D) Pfingstrose, Königsrose, Bauernrose, Gichtrose, Benediktinerrose, (GB) peony, (F) fleur de St George, pivoine, (China) Shao yao, mudan, (Japan) Shakuyaku.

Seit den Tagen von Troja, von denen die Ilias berichtet, da Apollon mit Päonienwurzeln die Wunden der Krieger heilte, gehörten diese auf der ganzen nördlichen Halbkugel zu den wichtigsten Pharmaka. Heute stuft man sie als schwach giftig ein, vor allem wegen des Alkaloids Peregrin, das die Blutgerinnung fördert, worin gewiß der Hauptwert für die Alten lag, die aber unendlich viel mehr Krankheiten damit zu behandeln versuchten.
Die Heileigenschaften Apollons und seines Sohnes Asklepios wurden früh auf Jesus übertragen, und rasch wurde diese »Rose ohne Dornen« zu einer heiligen Pflanze der Christen, besonders im Marienkult. Martin Schongauer malte 1473 die rührend schöne »Madonna im Rosenhag«. Sie zeigt zur Rechten Mariens einen großen blühenden Pfingstrosenbusch, Symbol der Güte ihres dornenlosen Wesens. Aus den Klostergärten wanderten sie aus und wurden ihrer prallen Schönheit wegen zur Lieblingsblume der Bauersfrauen.
In Ostasien, vor allem in China, sind die attraktivsten Päonien beheimatet, die staudenförmig wachsenden heißen dort »Shao yao« (= bezaubernd schön), doch tatsächlich sind die mit verholzenden Stielen, *Paeonia suffruticosa*, noch viel wunderbarer. Sie symbolisieren in China Reichtum, Liebespfand, ein in Liebe erfülltes Frauenleben und die Sanftmut Buddhas. Im 1500 v. Chr. aufgezeichneten »Buch der Lieder« heißt es: »Der Ritter und die Dame trieben ihr Spiel, denn sie gab ihm eine Päonie.«

Lektüre: 15, 23, 80, 122, 141

PFIRSICH · *Prunus persica* · *Rosaceae*

Symbol für: Weiblichkeit. Frühling. Vulva. Unsterblichkeit. Langes Leben. Hochzeit. Magische Kräfte. Tugendhaftes Herz und Zunge. Wahrheit.

Attribut von: Gott des Langen Lebens Shou Xing, Göttin des Westlichen Himmels Shi Wang-Mu, Harpokrates, Gott der Heirat Hymen.

Volksnamen: (GB) peach, (F) pêche, (L) Piisch, (I) Pesca, (Japan) Momo.

Die Renaissance liebte Emblembücher. Ein Pfirsich mit einem Blatt stand darin für die Wahrheit, denn Cesare Ripa hatte die Frucht »eine alte Hieroglyphe des Herzens« genannt und das Blatt die Sprache – wenn beide übereinstimmen, wird die Wahrheit gesagt. (Lurker) Vermutlich geht dies auf Plutarch zurück, der in »Isis und Osiris« sagt, der Pfirsich sei ein Symbol des tugendhaften Herzens und der Zunge, seine Blätter ähnelten der menschlichen Zunge und seine Frucht dem Herzen.

In Pompeji, im Handelshaus des offenbar sehr reichen Sirico, ist auf einem Fresko ein halbgeöffneter Pfirsich, dessen Fruchtfleisch und Kern deutlich sichtbar sind, offenbar als Firmen-Logo gemalt. Pfirsiche müssen damals noch sehr selten und kostbar gewesen sein, sonst hätte das Handelshaus sie nicht zum Sinnbild gewählt.

Beheimatet sind die Pfirsichbäume ursprünglich, wie viele Mitglieder der Gattung *Prunus*, nur in Mittel- und Nordchina. Offenbar sind die leicht zu transportierenden Kerne bald nach Eröffnung der Seidenstraße im 2. Jahrhundert v. Chr. nach Rom gekommen. Der Artname *persica* deutet nicht auf eine Herkunft aus dem Iran hin. In der Zeit, da er gegeben wurde, meinte er nur: »weit her aus dem Osten«.

Was die Pfirsiche nach Rom mitbrachten, war nur ein kleiner Teil der vielfachen Symbolik, mit der sie in China verbunden werden. Es ist nur jener allgemein interessierende, der der Erotik. In China legte man den Heiratstermin bevorzugt in

die Zeit der Pfirsichblüte – in Rom wurde die Frucht zu einem Hochzeitssymbol, zum Attribut des Heiratsgottes Hymen. Vor dreieinhalbtausend Jahren wurde in China ein Hochzeitslied aufgezeichnet: Wie glänzt der Pfirsichbaum / Wie strahlet seine Blüte! / Wie wird die edle Frau erfreun des Mannes Gemüte! / Wie glänzt der Pfirsichbaum / Wie reich ist seine Frucht! / Wie wird die edle Frau walten mit Fleiß und Zucht! / Wie glänzt der Pfirsichbaum / Wie frisch von Duft und Schatten! / Wie wird die edle Frau erquicken ihren Gatten. (Übersetzung Friedrich Rückert)
Pfirsiche fehlen auf kaum einem chinesischen Hochzeitsgeschenk. Meist werden sie mit anderen Glückssymbolen kombiniert, zum Beisiel mit Fledermäusen. »Fu« heißt die Fledermaus, lautgleich ist »Fu« für Glück. Umschweben fünf Fledermäuse die Pfirsiche, so sind damit die fünf großen Gnaden gemeint: Langes Leben, Wohlstand, Friede, tugendhafte Liebe und sanfter Tod.
Pfirsiche sind tief in der chinesischen Mythologie verankert: Hsi Wang Mu, die ewig jugendliche Göttin des westlichen Himmels, besitzt am Sagenberg Kun Lung einen großen Pfirsichgarten, von acht Klafter hohen Mauern umgeben. Im Garten sind wundervolle Felsen, geformt in allen Gestalten, die die Phantasie nur erträumen kann. Die Pavillons tragen schimmernde, zum Himmel schwingende Dächer, aus den Quellen sprudeln Jaspissteine. Die Pfirsichbäume blühen dort nur alle dreitausend Jahre und benötigen weitere dreitausend Jahre zur Reife. Wer sie ißt, wird unsterblich (für die nächsten sechstausend Jahre) oder erneuert seine Unsterblichkeit. Immer zur Erntezeit gibt die Göttin ein großes Fest. Wer dazu eingeladen wird, muß einen märchenhaft hohen Eintritt bezahlen. Ehrengäste sind nur die Gruppe der originellen acht taoistischen Unsterblichen und der Gott des Langen Lebens Shou Xing. Dieser trägt als Symbol des »Langen Lebens« einen reifen Pfirsich oder bekommt ihn von einem Kind gereicht. Im Garten der Hsi Wang Mu nimmt er auf einem pfirsichförmigen Sessel Platz. Hier liegt der Schlüssel für die symbolische Bedeutung »Langes Leben«: die zarte, weiche, vollsaftige Frucht steht für das geschwungene weibliche Rückenteil. Shou Xing ist ein Mann – nur die angenehme

Vereinigung des männlichen mit dem weiblichen Prinzip sichert ein langes Leben.
Dies steht in einem entscheidenden Gegensatz zur europäischen Symbolfindung, in der fast immer Wachstums- oder stoffliche Eigenschaften wichtig sind. Pfirsiche wachsen schnell, fruchten jung und werden selten älter als etwa zwanzig Jahre. In einem Essay schrieb Hermann Hesse: »Sie werden ja nicht sehr alt, diese Bäume, und gehören nicht zu den Riesen und Helden, sie sind zart und anfällig, gegen Verletzungen überempfindlich, ihr harziger Saft hat etwas von altem, überzüchtetem Adelsblut.«
Tatsächlich hatten die Pfirsichbäume, als sie vor mehr als zweitausend Jahren Rom erreichten, schon einen langen Züchtungs- oder bewußten Ausleseweg hinter sich. In China wurden ihre Kerne selbst in prähistorischen Siedlungen gefunden. Vergleicht man die heutigen Eßpfirsiche mit der chinesischen Wildform *Prunus davidiana*, so liegen allerdings Welten dazwischen. Die Wildform ist nur in der frühen Blütezeit, in Mitteleuropa in milden Wintern oft schon Ende Januar, im Vorteil. Ihre unfaßlich frühe Blüte läßt verstehen, weshalb man in China dem Pfirsich, vor allem seinem Holz, große magische, zauberische Kräfte zuschrieb. Die Taoisten schnitzen Siegel daraus, mit denen Schutzbriefe gegen Teufel und Dämonen, die vor allem für Kinder bestimmt waren, verschlossen wurden. Das Öffnen der Blüten, in China zur Tag- und Nachtgleiche, machte die Pfirsiche zum Sonnensymbol, zum Symbol der Farbe Rot, die die wichtigste Glücksfarbe in China ist. Die Figuren der Torwächter an chinesischen Häusern mußten unbedingt aus Pfirsichholz geschnitzt sein.

Lektüre: 13, 23, 28, 63, 67, 75, 78, 80, 85.1, 92, 99, 138, 141

PFLAUME · *Prunus spec.* · *Rosaceae*

Symbol für: Treue. Verläßlichkeit. Demut und Geduld. Frühling. Erleuchtung. Glück im eigenen Haus. Langes Leben.

Attribut von: Maria, bäuerlichem Leben.

Volksnamen: (D) Quetsche, (GB) plum, (F) prune, (I) Prugna.

Prunus domestica ist seit alter Zeit ein wohlbekannter Fruchtbaum europäischer Gärten. Offenbar ist die Pflaume schon in prähistorischer Zeit aus ihrer Heimat, dem Kaukasus, verbreitet worden. Sie ist eine rasch wachsende, bald in Ertrag kommende Nutzpflanze, deren Fruchtansatz, trotz der frühen Blüte, selten vom Frost beschädigt wird. In keinem bäuerlichen Hausgarten fehlten Pflaumenbäume, und die Menschen erhoben sie zu einem Symbol der Treue und Verläßlichkeit. Die Purpurfarbe ihrer länglichen Früchte habe sie zum Sinnbild von Demut und Geduld der Jungfrau Maria werden lassen.

In Ostasien genießt die Pflaumenblüte große Verehrung, weil sie den Winter besiegt. Die in Peking und nördlich davon beheimatete *Prunus salicina*, auf chinesisch Li, ist jene fünfblättrige Blüte, die in der Kunst auf dem Hintergrund von berstendem Eis erscheint. Dies symbolisiert die Tage, da auf den großen Strömen aus dem Norden Eisschollen treiben und zarte Pflaumenblüten darauf fallen. »Pflaumenblütendecke« heißt das seidene Tuch über dem Brautbett. Immer ist die Blüte ein erotischer Hinweis auf die Frucht. Leider ist die botanisch exakte Unterscheidung für Übersetzer oft schwierig. Meist wird die Pflaume – Li – mit der Winterkirsche Mei Hua verwechselt. Mei Hua aber, aus Chinas Süden, ist selbst in Peking nur im Haus zu überwintern. Zur Blütezeit kann man die Arten leicht am Duft unterscheiden: Mei Hua hat einen süßen Wohlgeruch. Meist wird sie mit gefüllten Blüten gemalt. Die Verwechslung der Arten führt zu falscher Symboldarstellung in der Literatur.

Lektüre: 23, 80, 85.1, 111, 141

PILZE · allgemein

Symbol für: Glück. Fruchtbarkeit. Gefahr. Langes Leben. Reichtum. Ewige Jugend. Phallus.

Attribut von: Eremiten, Hexen, Schamanen, Chinesischen und japanischen Reichtumsgöttern.

Redewendungen: »Ein Glückspilz«. »Wachsen wie die Pilze nach dem Regen«. »Wie die Pilze aus dem Boden schießen«. »Er ist in die Pilze gegangen« (im Wald verloren, z.B. ein Schuldner).

Immer haben Pilze, die ihre Fruchtkörper ausbilden ohne zu blühen, die Menschen fasziniert. »Aus dem Boden schießen wie die Pilze«, das tun heute noch Städte, Produktionen, Autobahnen. Ihre rätselhafte Vermehrung und ihr spontanes Wachstum nach Regen machten die Pilze im Volk zu einem Fruchtbarkeitssymbol – des Wachstums der Familie, aber auch der Vermögen.
In der antiken Welt hielt man Pilze für ein Gärungsprodukt der Erde nach Regenfällen. Nikandros von Kolophon (3./2. Jh. v.Chr.) nannte sie in einem seiner naturwissenschaftlichen Lehrgedichte »das teuflische Enzym der Erde«. Traditionell noch den Pflanzen zugeordnet, stellen sie eine eigene Gruppe dar, mit Familien, Gattungen und Arten. Es gibt viele Fälle, in denen Pilze und Pflanzen in inniger Gemeinschaft zusammenleben, der allerdings gelegentlich etwas von Haßliebe anzuhaften scheint.
Interessant ist, daß Pilze weder in der Bibel noch in den Apokryphen erwähnt sind. So sind sie in den zentraleuropäischen Religionen lange nicht gegenwärtig. Erst in der Renaissancemalerei finden sie zusammen mit den Kräutern ihren Weg in die Ikonographie. Damals hießen alle Giftpilze »Teufelsbrot«, wurden zum Gegenstand vieler Hexenprozesse. Doch man gab ihnen auch den Namen »Sohn Gottes«, da sie ohne Blüte und Samen wuchsen. Die Maler ordneten sie meist den Eremiten zu, als Symbole der Buße, Entsagung und geistigen Entwicklung in Waldeinsamkeit. Meist waren dies Steinpilze,

Boletus edulis. Doch in echter Symbol-Ambivalenz deutete ihre Darstellung gelegentlich auch auf die Lust der Sünder hin: die Freude, sie zu kosten, wurde oft mit dem Tod bezahlt. »Die Pilze des Waldes betrügen mit giftiger Speise, aber das Holz des Kreuzes erneuert das Leben.« (Jacques Paul Migne, 1800-1875).

Einer der am weitesten auf der Erde verbreiteten Pilze, der in fast allen nördlichen gemäßigten Zonen Amerikas und der Eurasischen Landplatte wächst, ist der Fliegenpilz *Amanita muscaria*. Albert Hofmann, der Erfinder des LSD, hält ihn für die früheste halluzinogene Droge, in welchem Land er auch vorkommt. Da seine Wirkung den Menschen unheimlich war, wurde er, ähnlich anderen pharmakologisch wirksamen Pflanzen, in religiöse Rituale eingebunden. Sie wurden geheiligt oder sogar vergöttlicht. Verwendung und Dosierung blieben in der Hand der Priester und Schamanen. Seit 3500 v. Chr. wurde Soma, der Fliegenpilz, im wedischen Soma-Kult verehrt. »Dring ein in das Herz von Indra, Sitz von Soma, wie Flüsse in den Ozean, du, Wohlgefälliger von Mitra, Varuna und Vaya, Hauptstütze des Himmelsgewölbes.« (Rigweda).

Fast überall, wo er seinen roten, weiß gepunkteten Kopf auf dem weißen Schaft über die Erde streckte, war er den Blitz- und Donnergöttern verbunden, gleich ihnen Sinnbild der unheimlichen Kräfte der Natur.

Die psychotrope Wirkung des Fliegenpilzes beruht auf einer Verbindung von Ibotensäure mit dem Alkaloid Muscimol. Die volle Wirksamkeit tritt erst nach dem Trocknen des Pilzes ein. Immer stand er auch im Ruf aphrodisischer Wirkung. Im Allgäu erzählt man sich heute noch, daß die Frauen nach der anstrengenden Heuernte, wenn »das Gemächte« müde war, ihren Männern zur Aufmunterung etwas getrockneten Fliegenpilz ins Essen gaben. Alle Jahre wieder erscheint der Fliegenpilz auf Glückwunschkarten oder plastisch an Glücksskleetöpfen, ein gutes, gesundes neues Jahr zu wünschen. Doch wer möchte ihn, außer im Allgäu, in den Kochtopf tun?

Pilze werden oft mit Phalli assoziiert. Die Gattung der Morcheln erhielt von Linné den wissenschaftlichen Namen *Phallus*, die Stinkmorchel *Phallus impudicus*. Als ein vordergründi-

ges Symbol wird in Japan häufig ein Mitglied der Gattung in Mädchenhänden dargestellt. Wenn auf einem japanischen Kunsthandwerk ein Weib einen riesigen Pilz auf dem Rücken trägt oder ein Keramikpilz mit Zuckerwerk gefüllt ist, so ist die Bedeutung die gleiche.
Selbstverständlich standen die Morcheln, wo sie auch wuchsen, im Ruf eines guten Aphrodisiakums, wozu sie schon Wolfram von Eschenbach in seinem »Parzival« erklärte.
In China, das seit Konfuzius mehr die versteckten symbolischen Andeutungen bevorzugt, wird ein anderer Pilz, *Polyporus lucidus*, der Lingzhi, hoch verehrt. Neben dem Pfirsich und den Chrysanthemen ist er das wichtigste Symbol des »Langen Lebens«. Er wächst parasitär auf moderndem Pflaumenholz. So hat der Pflaumenbaum ein wenig vom symbolischen Glanz des »Langen Lebens« übernehmen dürfen. Der Pilz verholzt beim Trocknen völlig. Besonders groß gewachsene Lingzhi wurden in Tempeln aufbewahrt und verehrt. Kaiser verschenkten kunsthandwerklich hergestellte Lingzhi-Pilze in Form eines Zepters, Ru-Yu = Zufriedenheit genannt, an verdiente Untertanen. Für manche schöne Frau war das Pilz-Zepter der Preis einer Nacht.
Man sagte in China, daß Lingzhi in der Regierungszeit bedeutender Kaiser besonders groß werden. Da die kaiserliche Macht an den Regenzauber gekoppelt war, ist dies verständlich. Erscheint ein alter Chinese – Lei Yin Wong – mit einem Reh, das einen Lingzhi trägt, so bedeutet dies den Wunsch für langes Leben und Reichtum.
Dale Hammerschmidt von der Minnesota University entdeckte 1980, daß kräftige Dosen des Lingzhi die Gerinnungsfähigkeit des Blutes herabsetzen und die Neigung zu Schlaganfällen und Herzinfarkten deutlich mindern. Im verholzten Fruchtkörper ist Karbonsäure und ein Sterol-Alkaloid enthalten. In Japan, wo der Pilz Reishi heißt, wird er klinisch als hochwirksames Krebsmittel eingesetzt und mittlerweile in größerem Maße angebaut.

Lektüre: 2, 23, 25, 80, 85/1, 107, 111/2, 124, 130, 134

PRIMEL · *Primula veris* · *Primulaceae*

Symbol für: Frühling. Hoffnung. Jugend. Unschuld. Heilkraft des Frühlings. Öffnung des Himmels.

Attribut von: Petrus, Maria.

Volksnamen: (D) Himmelsschlüssel, Schlüsselblume, Fräulischloßli, (GB) primrose, darling of April, (F) primevère, (CH) Madaum, Bettlerschlüssel, (Japan) Kibana no kurinso.

Fast alle Primeln blühen in den ersten Frühlingstagen. Über fünfhundert *Primula*-Arten gibt es auf der nördlichen Halbkugel, etwa die Hälfte davon ist in China beheimatet. Die weiteste Verbreitung hat *Primula veris*, der Himmelsschlüssel. Wer sie als Kind einmal auf feuchten Frühlingswiesen blühen sah, liebt sie sein Leben lang. Ihr Name sagt es: sie schließen den Himmel auf, den Himmel mit allen Seligkeiten des Frühlings, den Himmel der Christen. Maria selbst gilt als Himmelsschlüssel: »Gratulare Maria, Florum veris primula.« Garofalo malte eine »Madonna in den Wolken«, an ihrer rechten Seite blüht ein großer Buschen Himmelsschlüssel. Dem Torwächter St. Petrus wurden sie als Attribut gegeben, und viele Legenden ranken sich darum. Shakespeare nannte sie: »Süßer als Junos Augenlider oder der Atem Cytheras.« Der lateinische Name hängt mit Primulus zusammen, der Verkleinerungsform von Primus – der Erste, sie ist der kleine Erstling. Selten sind botanische Namen so zärtlich.
Die üppige Blüte des »kleinen Erstlings«, die auch von Kälteeinbrüchen nur kurz unterbrochen wird, macht sie überall zu einem Symbol von Hoffnung, Jugend, Erneuerung, Tod und Wiedergeburt. Wie in alle Frühlingspflanzen setzte man auch in sie große Hoffnung auf ihre medizinischen Kräfte. »Allerweltsheiler« hieß sie lange, doch schon 1662 schrieb der Arzt J. J. Becker dazu: »... sie hilft, hält man die Schlüsselblume für köstlich und gewiß.«

Lektüre: 60, 80, 85.1, 99, 122, 134, 141

QUITTE · *Cydonia oblonga* · *Rosaceae*

Symbol für: (GB) Bitterkeit. Verachtete Schönheit. (GR) Freude *und* Mißvergnügen in der Ehe. Liebe.

Attribut von: Aphrodite, Venus.

Die »Kydonischen Äpfel« waren in Griechenland hochgeschätzt, weit mehr als der Apfel vom Baum der Erkenntnis. Viele Forscher vermuten, daß dieser Baum gar kein Apfelbaum war, sondern vielleicht ein Quitten-, ein Granatapfel- oder auch ein Feigenbaum. Die Benennung der Pflanzen war bei den alten Völkern schwankend. Eindeutig war die Quitte jedoch ein Symbol der Liebe und Fruchtbarkeit. »Kydonische Äpfel essen« war ein Synonym für Liebesgenuß, und diese Vorstellung begleitete die Frucht in das nördliche Europa, in das sie mit den Römern gelangte. Doch dürfen wir Mitteleuropäer nicht vergessen, daß die im östlichen Mittelmeerraum gewachsenen Früchte einen viel höheren Zuckergehalt haben. Erst dann wird begreiflich, daß der Athener Gesetzgeber Solon (ca. 640-561) für das Hochzeitsritual zwingend vorschrieb, daß Brautleute vor der Brautnacht gemeinsam eine Quitte essen müßten. Plutarch, sein Biograph, versuchte die Vorschrift zu enträtseln und fand, die Früchte hätten einen wundervollen Wohlgeruch und einen süßen, lieblichen Geschmack, aber mit einer sehr herben, bitteren Beimischung. Auch etwas Zusammenziehendes sei ihnen zu eigen. Alles in allem ein Vorgeschmack der Leiden und Freuden der Ehe.
Daß sie in England zum Symbol verachteter Schönheit sich wandelten, mag am dortigen Klima und der geringen Sonneneinstrahlung liegen. Das Kapitular Karls des Großen erwähnt sie, über lange Zeit galten sie auch im Kaiserreich als Fruchtbarkeitssymbol. Man setzte sie jungen Brautleuten vor, damit ihnen in der Ehe viele Kinder geboren würden. Die Gabe einer Quitte oder eines Apfels gilt immer als Liebeserklärung, die Annahme als Einverständnis.

Lektüre: 1, 2, 15, 41, 133, 141

ROSE · *Rosa spec.* · *Rosaceae*

Symbol für: Vollkommenheit. Schönheit. Göttliche Liebe. Irdische Liebe. Vergänglichkeit. Tod. Geheimnis. Ewige Weisheit. Jungfrauen. Frauen. Prostitution. Vulva. Blut. Lebensfreude. Anmut. Laster. Vergebung durch Christus.

Attribut von: allen Liebesgöttinnen: Aphrodite, Venus, Kybele, Frigg, Holda, Dionysos, Sappho, Artemis von Ephesos, Harpokrates, Pax, Maria, neun christlichen Heiligen, allen Märtyrern.

Redewendungen: »Was wir kosen, bleibt unter den Rosen« (Geheimnis). »Pflücket die Rosen, eh sie verblühn«. »Keine Rose ohne Dornen«. »Noch sind die Tage der Rosen«.

Im 6. Jh. v. Chr. nannte der griechische Dichter Anakreon die Rose: »Ehre und Zauber der Blumen, die Lust und Sorge des Frühlings, die Wollust der Götter.« Einer seiner Schüler meinte später: »Die Rose ist der Erdgeborenen Wonne, jedes Dichters Lustgedanke, der Musen Lieblingsblume.« Tatsächlich hat durch alle Zeiten kaum ein Poet versäumt, die Rose zu rühmen, sie als Metapher zu nehmen für die vielfältigsten, oft sehr gegensätzlichen Lebensumstände. Goethe nannte sie »das Vollkommenste, das die Erde in unserem Klima hervorgebracht hat«. Ruzbihan Bagli aus der Rosenstadt Schiraz tröstete die Verliebten im 13. Jahrhundert: »Und der Herr derer, die geduldig sind in der Liebe, gab den von ihrer Suche Kranken den Rat: ›die rote Rose ist ein Teil des göttlichen Glanzes; jeder, der einen Blick auf diesen Glanz Gottes werfen will, sollte eine rote Rose anschauen.‹«
Oft ist die Rose Entwicklungshelfer in einer schwierigen Lebenssituation: in Märchen, Sagen, Volksliedern, Romanen, Gedichten. Dornröschen wird vom Schlafdorn der Rose gestochen und verschläft die komplizierte Zeit der Pubertät, bis es in seiner Entwicklung so weit ist, daß der rechte Prinz es wachküßt. Im »Goldenen Esel« des Apuleius wird ein unreifer Jüngling in einen Esel verwandelt und kann erst wieder zu seiner wahren Gestalt zurückfinden, nachdem er Rosen ver-

speist – die erste Liebe erlebt – hat. Im mittelalterlichen »Roman de la Rose« von Guillaume de Lorris und Jehan de Meung ist es wieder der Jüngling, den die Liebe zu einem jungen Mädchen reifen läßt. Eine Rosenblüte vom schönsten Busch in einem großen Rosengarten steht hier als Allegorie für die Geliebte. Oder fünfhundert Jahre später Klopstock: »Im Frühlingsschatten fand ich sie; / Da band ich sie mit Rosenbändern; / Sie fühlt' es nicht, und schlummerte. / Ich sah sie an; mein Leben hing / mit diesem Blick an ihrem Leben.« – Im »Heideröslein« muß der wilde Knabe eben leiden, weil das Röslein sich wehrt und sticht. Daß der Weg zur Erlösung nur über die Liebe geht, ist wohl die wichtigste Lehre der Rose. Für C. G. Jung ist die Rose ein Symbol der Ganzheit, ein Mandala der Weltordnung.

Es ist die immer wieder aufs neue überwältigende Schönheit der Rose, die rätselvoll und mit Worten nicht erklärbar die Menschen ergreift, sie zur Auseinandersetzung, zum Vergleichen, zur Symbolbildung zwingt. Es ist ihre Gestalt, ihre Farbe, die Textur der Blütenblätter und, als Krönung, der Duft. Den Griechen und vielen westasiatischen Völkern galt sie als ein Geschenk der Götter, und sie war ihnen in Dankbarkeit geweiht. Viele Mythen lassen die Rosen aus dem Blut erdnaher Götter entstehen, vor allem denen der Liebe und Fruchtbarkeit. Am häufigsten erzählt man, daß sich bei Aphrodites Geburt aus dem Meer der Schaum der Brandung schützend um ihre Hüften gelegt habe. Als sie dem Wasser entstieg, hatte er sich bereits in eine Girlande weißer Rosen verwandelt.

In der frühen Zeit ihrer Begegnung mit den Menschen wurde die Rose als Symbol für Liebe, Schönheit, gefällige Anmut und in Griechenland auch für heitere Lebensfreude angesehen. Alles Entzücken an der Welt sah man bei einem Blick in das Herz einer Rosenblüte gespiegelt. »Kairos« nannten die Griechen einen solchen, in sich vollkommen harmonisch ausgewogenen Augenblick.

Bei Mohammeds nächtlicher Himmelfahrt fielen Schweißtropfen zur Erde, und daraus erwuchsen die weißen Rosen. Im Islam sind vor allem die weißen Rosen geheiligtes Symbol. Während in vielen anderen Kulturen zu Ehren besonderer

Gäste der Boden mit Rosenblättern bestreut wird, würde kein gläubiger Mohammedaner auf ein Rosenblatt oder eine Blüte treten. Er wird sich bücken und sie ehrfurchtsvoll aufheben, denn sie bedeutet ihm mehr als nur »Blume«. Für ihn gehen durch die unmittelbare Verbindung zum Propheten reinigende Geisteskräfte von Rosen aus: als Saladin 1187 Jerusalem wieder eroberte, blieb die von Kreuzrittern als christliche Kirche genutzte Moschee so lange geschlossen, bis ihre Wände, die Säulen und der Felsen, auf dem sie erbaut ist, mit Rosenwasser gewaschen waren. Fünfhundert Kamele waren nötig, das Rosenwasser zu transportieren. Dann erst durften gläubige Moslems sie wieder betreten.
Doch in der Nähe der Götter sind meist auch die Teufel zu finden. Luzifer soll sich die Kletterrose erschaffen haben, um auf den dornigen Stacheln bequem in den Himmel steigen zu können. Wegen ihres großen Verführungspotentials, das eines der Rosensymbole ist, hatten die Rosen immer auch eine Nähe zum Teufel. Eine »Tugendrose« ist eine schon etwas ältere Jungfrau, »die Rose ist zu früh gepflückt« bezeugt das Gegenteil.
Was es bedeutet, rote Rosen zu schenken, versteht fast jeder Mensch auf dieser Erde. Die Bitte um Zuneigung und Liebe hat bis heute keinen besseren Ausdruck gefunden. In den Farben von Blättern und Blüten sind die Symbole von Hoffnung und Liebe vereint. Blüte und Dorn sind jene von Lust und Schmerz, von Vulva und Penis. So galt es im Mittelalter als ein Vorrecht der Liebenden, Rosen zu tragen. »Die Rose trägt den stillen Dorn am Herzen, / weil nie die Schmerzen von der Liebe weichen.« (Rumi, 1207-73. Übers. Fr. Rückert). Die Blume zärtlichster Erotik ist die Rose in einem ihrer Aspekte: des tiefen Sehnens nach Partnerschaft. Seit dem Altertum wird sie immer wieder zum Liebeszauber genutzt, nicht weil ihre Substanz Aphrodisiaka enthält, ihre psychoaktive Wirkung liegt nur in ihrer Schönheit und in ihrem Duft begründet, von dem Männer behaupten, daß er an junge, liebesbereite Frauen erinnere.
»Noch sind die Tage der Rosen«. Darin liegt schon alles schmerzliche Wissen um die Vergänglichkeit – der Rosen und der Liebe. In der kurzen Dauer ihrer Blüte fand man ein Sym-

bol für die immer nur begrenzte Glückseligkeit, das rasche Vergehen alles überirdisch Schönen. »Warum bin ich vergänglich, oh Zeus«, fragte die Schönheit. »Macht' ich doch«, sagte der Gott, »nur das Vergängliche schön!« (Goethe).
Den Namen der Rose leiteten die Griechen von »fließen, strömen« ab und gaben als Grund dafür an, daß sie einen starken Strom von Duft und körperlicher Ausstrahlung entsende, damit aber ihre Lebenssubstanz sich schnell verflüchtige und rasch ihr Tod käme. Doch die Zauberkraft der Liebe dauert über den Tod hinaus. So weit man menschliches Zusammenleben zurückverfolgen kann, werden geliebte Tote mit Rosen geschmückt, tragen Trauernde Rosen in den Händen. König Marke läßt auf Tristans Grab einen Rosenstock pflanzen, auf Isoldes eine Weinrebe. Beider Ranken schlingen sich ineinander. Aphrodite salbte Hektors Leib mit Rosenöl, und bis in unsere Zeit zählen Rosen zum selbstverständlichen Grabschmuck. Es ist ihr schnelles Dahinwelken, das sie zum Symbol der Todesnähe macht. »Ich sah des Sommers letzte Rose stehn, / Sie war, als ob sie bluten könne, rot; / Da sprach ich schaudernd im Vorübergehn: / So weit im Leben, ist zu nah am Tod.« (Hebbel)
Griechen und Römer benutzten zwei getrennte Worte, um Wildrosen und Edelrosen zu bezeichnen. In Mitteleuropa kannte man zu dieser Zeit nur die fünfblättrigen Heckenrosen, die der mütterlichen Liebesgöttin Frigg geheiligt, die gelegentlich, neben Holda, auch »Mutter Rose« genannt wurde. Doch in erster Linie sah man die wilden Rosen im Zusammenhang mit der Unterwelt, mit Kampf, Blut, Tod. »Rose« hießen die durch ein Schwert geschlagenen Wunden, besonders gute Schwerter wurden selbst als »Rosen« bezeichnet. Beim Schwerttanz, der in vielen Teilen Germaniens üblich war, kreuzten zum Abschluß die Tänzer ihre Schwerter über der Königin des Festes. Auch diese Figur nannte man »Rose«. Starb ein Krieger durch Schwertschlag, so hatte er »eine Rose bekommen«. Das Schlachtfeld, unter dem meist auch die Toten begraben wurden, nannte man »Rosengarten«. Bei Leichenverbrennungen wurden die Scheiterhaufen reich mit Rosenholz bestückt, da die Heckenrose den Germanen das Symbol der weiterlebenden Seele war. Den fast einzigen lich-

teren Aspekt in die germanischen Rosenmythen brachte ausgerechnet Loki, der so ambivalente Riese der germanischen Mythologie, abgrundtief böse und gut zugleich, Herrscher über Wind und Feuer. Er bringt den Frühling, indem er die winterliche Erde zum Rosenlachen zwingt. Sobald die Wintergöttin lacht, schmelzen Schnee und Eis, der Frühling hält Einzug und schmückt die Erde mit Rosen.
Erst mit den römischen Legionen kamen Edelrosen in die mitteleuropäische Welt. Ein schon altes Adelsgeschlecht zog da in das noch unwirtliche Land ein. Die Soldaten brachten mit den Rosen auch das gärtnerische Wissen über die Kunst, Edelaugen in Wildlinge einzusetzen. Ursprünglich war die Heimat der Rosen wohl Zentralasien gewesen. Über das Altai-Gebirge, den Kaukasus kamen sie nach Persien, später erst nach Griechenland, Ägypten und nach Rom. Der Engländer Leonard Woolley fand in den Königsgräbern von Uruk Aufzeichnungen, wonach König Sargon (2684-2630 v. Chr.) von einem Kriegszug Weinstöcke, Feigen und Rosen als Teil seiner Eroberungen mitgebracht hat. Auf vielen, auch sehr frühen Münzen sind fünfblättrige Rosen als Symbol zu finden.
Wann und wo die Auslese der auch gelegentlich in der Natur vorkommenden gefüllten Formen und ihre Vermehrung begann, ist noch unklar. Vielleicht geschah dies zeitgleich an verschiedenen Orten. Kurt Georg Schauer schreibt dazu: »Jeder Liebende wird nicht nur die fühlende, sondern auch die formende Kraft seines Wesens an den geliebten Gegenstand wenden.«
Vieles ist an den Rosen noch vom Geheimnis umgeben. Vielleicht hatten die Ägypter, die erst in der Zeit Alexanders des Großen von den Rosen erreicht wurden, das beste Gespür dafür, indem sie die Blüten Harpokrates zuordneten, dem Gott des Schweigens, dem Gott, der die Geheimnisse bewahrt. Viele Geheimgesellschaften, vor allem die Rosenkreuzer und die Freimaurer, erwählten sie zu ihrem Symbol. Sub rosa dictum (das unter der Rose Gesagte) galt als absolut vertraulich. Daher zierte bis in dieses Jahrhundert hinein eine Stuck-Rose den Mittelpunkt über dem Tisch, an dem Gespräche mit guten Freunden stattfanden. Ebenso fehlen an keinem alten Beichtstuhl geschnitzte Rosen.

In der Alchimie galt die Rose als flos sapientiae, als Blume der Weisheit, Bild des klaren Geistes. Die leicht gefüllten Rosen mit sieben Blattreihen symbolisierten in den Augen der Alchemisten die sieben Planeten mit den dazugehörigen Metallen und das geheime Wissen, das fortschreitend erworben wird. Noch heute stehen die Rosen Esoterikern und Mystikern nahe.
Über die fünf Blütenblätter, die sich im Kreis, der vollkommensten Form, ordnen, ist viel gerätselt worden. Verbindet man die Spitze jedes Kelchblattes mit der Spitze des übernächsten, so entsteht das Pentagramm, der Drudenfuß, ein uraltes Zauberzeichen, Symbol vieler Kulturen für das Geheimnisvolle.
Im frühen Rom dagegen besaß man für das Rätselvolle der Rose wenig Gespür. Dort waren sie Symbole der lauteren Gesinnung und des tüchtigen Charakters. Seit Homer wußte man, daß Achilleus seinen Schild mit Rosen geschmückt hatte. Nachdem Scipio Africanus maior, der starke hellenistische Neigungen besaß, Karthago erobert hatte, bereitete ihm Rom einen großen Triumphzug. Die Soldaten der 8. Legion, die sich als besonders tapfer erwiesen hatten, trugen dabei Rosen in den Händen. Später gab Scipio dieser Legion das Privileg, Rosen auf ihre Schilde zu malen. Mit der steigenden Macht Roms sah man es bald als Selbstverständlichkeit an, heimkehrende Sieger und verdiente Männer mit Rosenkränzen zu ehren. Rasch wurde es Mode, mit einem Rosenkranz durch Rom zu gehen. Um die Exklusivität des Symbols zù wahren, sah sich der Senat veranlaßt, das Recht dazu einzuschränken. Nur würdige Stirnen durfte er schmücken, aber auch die der Jünglinge, die zum erstenmal in den Rat der Alten traten, und die der Bräute. Wenn der Staat in Gefahr war, so galt das Gesetz, daß niemand einen Rosenkranz tragen durfte. Ein Geldwechsler, der dies im Zweiten Punischen Krieg mißachtete, mußte das Kriegsende im Gefängnis erwarten.
»Königin der Blumen« werden die Rosen oft genannt. Ganz allgemein sind Königinnen Luxusfrauen. Sie brauchen Wohlstand, um sich und ihre Reize voll entfalten zu können, um ihre Rolle in Poesie, Wirtschaft und Gesellschaft auszuleben.

Rom konnte den Rosen das alles bieten, daran konnte auf Dauer keine Senatsverordnung etwas ändern. Bald war der Luxus, der mit diesen Blumen getrieben wurde, so übertrieben groß, daß er jedes heute noch vorstellbare Maß überstieg. Das Symbol begann, sich in sein Gegenteil umzukehren. Es wurde das der Schwelgerei, der Weichlichkeit und der Verachtung. Rosen wurden zur Lieblingsmetapher der Satiriker, »weil sie stechen und ergötzen«. Ein allegorisches Bild eines Weichlings, der sein Leben durch Wollust entwertete, machte die Runde. Man gab ihm die Gestalt eines Käfers, der unter Rosenblüten stirbt, weil der reine Duft ihn tötet. Doch man zitierte auch Aristipp, der gesagt hatte, als er an einer Rose roch, »Verwünscht seien die Weichlinge, die solche Genüsse und solche Wollust herabgewürdigt haben!«.

Die frühen Christen mußten zwangsläufig das Symbol »Rose« entweder verstoßen oder verwandeln. Die ersten Kirchenlehrer verurteilten rasch die »heidnische« Sitte, Toten Rosenkränze aufzusetzen: »Wenn sie selig sind, brauchen sie sie nicht – und wenn sie verdammt werden, haben sie keine Freude daran!« Die Liebe der Lebenden zu den Rosen war jedoch nicht zu brechen. Zwar verfielen mit dem Niedergang Roms die Glashäuser, in denen man sie im Winter mit warmem Wasser begossen hatte, um sie zum Blühen zu bringen, auf vielen der Äcker wuchs anstelle von Rosen wieder Weizen, aber aus dem Herzen der Menschen konnte man sie nicht ausreißen. Die Kunst des Rosen-Pflegens bewahrten die Kaiserinnen, die Mönche und die Rosengärtner. Mit vielen anderen Pflanzen teilten Rosen das Schicksal, das nicht das schlechteste war, zu einem Mariensymbol umgedeutet zu werden.

Vor allem die Minnesänger benutzten sie gern und häufig als Symbol der geheiligten Jungfrau, aber auch als eines der verehrten irdischen Schönen. Man erinnerte sich der alten Bräuche, Teppiche aus duftenden Rosenblättern auszustreuen, wie Wolfram von Eschenbach in »Willehalm« oder Heinrich von Freiberg im »Tristan« beschreiben. Kreuzritter brachten aus dem Heiligen Land die hundertblättrige Rose mit – dort hatten sie auch die Sitte kennengelernt, Bäder mit Rosenessenz zu verfeinern und mit Blütenblättern zu bestreuen. Die

Rosen hatten ihr Ansehen und ihre alte Liebessymbolkraft wiedergewonnen.
Noch vor den Malern entdeckten die Baumeister und Steinmetze die Geometrie und Aussagekraft der Rosen als »Rosa mystica«. Es entstanden in verhältnismäßig rascher Folge und großer Vielfalt die unvergänglichen Offenbarungen der Fensterrosen romanischer und gotischer Dome. Steinerne Rosen bekrönten die Höhen der Kirchtürme als Zeichen, daß sich das menschliche Leben im Jenseits erst wirklich entfaltet.
Die Vorstellungswelt der Kirchenlehrer, aber auch der Künstler, hatte in dieser Zeit bereits zahlreiche Attribute der alten Liebes- und Muttergöttinnen übernommen. Die Eigenschaften von Aphrodite, Venus, Isis, Kybele vermischten sich völlig mit dem Bild Mariens. »Maria im Rosenhag« wurde eines der beliebtesten Motive. Bei großen Kirchenfesten, vor allem Prozessionen, wurden Teppiche aus Rosenblättern vor das Allerheiligste gestreut. Seit die Rose zur Marienblume wurde, war sie zugleich wieder das Symbol der angebeteten Frau, der unerreichbaren Göttin der Liebe, ebenso jedoch auch der Frau in all ihrer erotischen und sinnlichen Ausstrahlungskraft. Schon immer war in der Sprache der Männer »die schwarze Rose« ein Synonym der behaarten Vulva. In Rom opferten am 23. April die Prostituierten der Bildsäule der *Venus Erycina* Rosen und Myrten, damit die Göttin ihnen die Kunst zu gefallen schenken möge. Rosen waren erotische Versprechungen seit alter Zeit. Was lag näher, als Freudenhäuser »Zur großen Rose«, die Straßen »Rosengasse« oder »Rosenwinkel« zu nennen. Statt mit dem häßlichen Namen Dirne nannte man die Frauen »Rosengäßlerinnen«. In Frankfurt am Main mußten sie als Kennzeichen eine Rose tragen.
Niemand wird sich heute etwas Anzügliches denken, wenn ein Hotel »Zum Rosengarten« heißt, man wird nur eine gepflegte grüne Umgebung mit Rosen bepflanzt erwarten. Die Bedeutung, die Rosen für uns haben, leitet sich überwiegend von ihrem Äußeren ab, auch wenn die alten Symbole tief in uns fortleben. Die Schönheit von Form und Farbe, die Langlebigkeit der Blüte, die Gesundheit der ganzen Pflanze entscheiden über die Akzeptanz neuer Züchtungen. Erfahrene Züchter sa-

gen, es sei einfacher, eine gute Neuheit zu erzielen, als einen passenden Namen zu finden, der international merkbar und typisch, also ein Symbol für den Habitus gerade dieser Rose sei. Immer wieder kommt es dabei zu Heiterkeit erregenden Mißgriffen: In Frankreich wurde 1864 eine Kletterrose mit hellgrünem Laub in den Handel gegeben. Wenn sie zu blühen beginnt, sind die Stiele zu schwach, die vollen, zartgelben Blüten zu tragen. Alles an der Pflanze hängt, und sie könnte traurig aussehen, wären die einzelnen Blüten nicht von zartester Anmut. Ein Bild äußerster Hinfälligkeit und doch zugleich eines von ergreifender Schönheit, vor allem, wenn man den Duft mit genießt. Man gab dieser Rose den Namen Maréchal Niel. Jener Maréchal Niel war ein rüder Haudegen, Kämpfer in der Schlacht von Solferino. Seine Haupt-Lebensleistung bestand darin, als Kriegsminister die Soldaten mit Hinterladegewehren ausgerüstet zu haben.

»Die Ros' ist ohn Warum, sie blühet, weil sie blühet,
Sie acht nicht ihrer selbst, fragt nicht, ob man sie siehet.«

(Angelus Silesius)

In Persien vergleicht man die Rosen gern mit einem Buch: »Das Buch ist der Rose vergleichbar, denn es öffnet dem Leser das Herz, wenn er Blatt für Blatt betrachtet.«

Lektüre: 1, 2, 17, 18, 41, 51, 54, 57/1, 72, 85/1, 100, 115, 116, 117, 123, 133, 135

ROSMARIN · *Rosmarinus officinalis · Labiatae*

Symbol für: Treues Gedenken. Liebe. Hochzeit. Tod. Unsterblichkeit.

Attribut von: Aphrodite, Maria, Bräuten, St. Agnes.

Volksnamen: (D) Gedenkemein, Merdan, Hochzeitskraut, (GB) rosemary, (F) romarin, (I) Ramerino, (GR) Blume des Olymp.

»Ich bin dein Liebster, ich bin für dich wie der Garten, den ich mit Blumen pflanzte und allen wohlriechenden Kräutern...«. (Papyrus Harris, ca. 1500 v. Chr.). In der Antike wurde der Duft der Pflanzen noch höher bewertet als ihre äußere Form. Gerade beim Rosmarin ist der Duft aller Pflanzenteile sehr ausgeprägt. Bienen nehmen ihn noch in einer Verdünnung von 1:100000 wahr. Der Name deutet es an: Ros-marinus kommt vom lateinischen »Tau, der zum Meer gehört«. In vielen alten Schilderungen wird berichtet, wie die Segler des Mittelmeeres, ehe sie es noch sehen konnten, die Nähe des Landes buchstäblich rochen – der Wind trug ihnen den Rosmarin-Duft von den Ufern zu. Dort wuchs er in den Felsen im Überfluß, zwei Meter und höher, und neigte sich oft weit über die feuchte Brandung. Alle Symbolik ist beim Rosmarin mit dem Duft verbunden, den Stengel, Blätter, Wurzeln und Blüten verströmen. Die immergrünen Pflanzen duften im Unterschied zu blühenden Blumen dreihundertfünfundsechzig Tage im Jahr. Sie erfreuen mit ihrem kräftigen und zugleich zarten Duft auch dann noch, wenn ihre hellblauen Blüten, die mit ihren langen Lippen an manche Orchideen erinnern, schon längst verblüht sind. Die Sträucher symbolisieren schon sehr lange die Dauer des Flüchtigsten – bei einer Feier, in der Liebe, im Lebenslauf. »Gedenkemein« ist ein alter Name. Wegen des belebenden Duftes galt die Pflanze als Stärkungsmittel für das Gedächtnis, besonders für treues Gedenken in der Liebe, für bräutliche und eheliche Treue. Shakespeares Hamlet sagt: »... da ist Rosmarin, das ist zur Erinnerung; ich fleh' euch an, liebes Herz, gedenket mein.«

Viele Duftstoffe erzeugen im menschlichen Gehirn Endorphine, die Gegenspieler des Adrenalin; sie versetzen den Menschen in eine angenehme, entspannte Stimmung, lösen fixiertes Bewußtsein. Beim Rosmarin ist dies, ähnlich wie beim Thymian, in besonderem Maß der Fall. Im Altertum war er, wohl wegen dieser Wirkung, eine heilige Pflanze. Apollon, nach anderen Quellen Aphrodite, hat den Menschen Rosmarin geschenkt. Daher wurden bevorzugt ihre Statuen damit bekränzt, später allgemein die Götterbilder Griechenlands und Roms. Eine Sitte, die das Christentum für den Schmuck der Altäre rasch übernahm.

Doch schon zuvor ließ man den Rosmarin nicht mehr allein den Göttern zukommen, auch die Menschen schmückten bei allen Festlichkeiten sich selbst und die Tafeln damit. In den Speisen wird er so wenig gefehlt haben wie heute. Man sah in ihm ganz allgemein ein Symbol festlich gehobener Stimmung, ganz besonders bei Hochzeiten. In »A Marriage Present« schrieb 1607 Dr. Roger Hackett: »Tragt diesen ros-marinus als ein Zeichen eurer Weisheit, Liebe und Loyalität, doch nicht allein in euren Händen, ebenso in Köpfen und Herzen.«

In Dankbarkeit für das Wohlwollen der Götter, oder um sie in ihrem Zorn zu versöhnen, wurden wohlriechende Kräuter wie Rosmarin und Thymian oft gemeinsam mit den Schlachtopfern verbrannt. Sie ersetzten oft den unbezahlbar teuren Weihrauch Arabiens.

Den Angelsachsen war Rosmarin lange schon bekannt, obwohl er nur im Süden der Inseln beschränkt winterhart ist. Vermutlich haben ihn die Römer mitgebracht, und in den meisten Fällen wird er als Topfpflanze im Haus überwintert worden sein, wie später auch in Mitteleuropa.

Zur Zeit der Queen Elizabeth I. waren alle Mauern von Hampton Court damit bepflanzt. Man sagt, wegen des berühmten Honigs, den die Bienen aus ihm sammeln. Als Anne of Cleaves die vierte Frau Heinrichs VIII. wurde, trug sie als Kopfschmuck eine aus Rosmarin gewundene Krone.

Im Volksliedschatz taucht Rosmarin in vielen Sprachen auf, meist mit der leisen Melancholie des »Gedenkemein«. Sehr typisch beschreibt dies Loudon in seinem »Arboretum et fruc-

ticosum britannicum« (2. Ed. London 1844): »... In vielen alten Liedern der Troubadoure des Kontinents ist Rosmarin als ein Symbol von unwandelbarer Treue und ergebener Hingabe ans schöne Geschlecht erwähnt, Charakteristika der Tage des Rittertums.«
Als »Gedenkemein« wurde Rosmarin in viele Gesangbücher gelegt. Da es getrocknet sehr lange den Duft behält und ihn an die Umgebung abgibt, konnte noch nach vielen Jahren der Duft das lebendige Gefühl des längst verlorenen Glückes zurückbringen. Denn nicht immer erfüllte sich das Sprichwort: »Der Brautkranz gewunden aus Rosmarin, erhält die Liebe ewig grün.«
Wie alle stark dem Leben zugewandten Pflanzen, vor allem solche, die immergrün sind, wurde und wird Rosmarin auch mit dem Tod verbunden: als Hoffnungszeichen für eine Wiederkehr. Dies galt schon für das Altertum und hat sich bis in unsere Tage erhalten. In ländlichen Gebieten deutscher Mittelgebirge (Vogelsberg) haben die Sargträger noch heute einen Rosmarinzweig im Mund, den sie dem Toten ins Grab nachwerfen. Die gleiche Sitte ist in Teilen Englands, dem Orient und Italien verbreitet. In Shropshire erhalten alle Gäste einer Beerdigung Rosmarinzweige, die sie in der Trauerprozession tragen und dann in das offene Grab werfen.
Bei Shakespeare ruft Lorenzo Romeo zu, als er an der vermeintlichen Leiche Julias steht:

»Hemmet eure Tränen, streuet Rosmarin
auf diese schöne Leich' und nach der Sitte
tragt sie zur Kirch' in ihrem besten Staat.«

Lektüre: 1, 2, 14, 15, 54, 96, 100, 102, 103, 130, 132, 134, 137, 141

SALBEI · *Salvia spec.* · *Labiatae*

Symbol für: Heil und Gnade. Gesundheit. Tod. Gedenken an Verstorbene. Weiberherrschaft. (CH) Schabab.

Attribut von: Johannes.

Volksnamen: Götterspeise, (GB) sage, Christ's eye, (F) sauge.

Salbei ist eine vielseitige Gattung in der Familie der nektarreichen, stark duftenden Labiaten. Von Südeuropa bis China und in den amerikanischen Subtropen sind sie zu Hause. Besonders bei den subtropischen Arten finden sich solche von verblüffender Schönheit.
Symbolische Bedeutung haben jedoch in erster Linie die beiden südeuropäischen Arten *Salvia officinalis*, eine wichtige Heilpflanze, und die Muskatellersalbei *Salvia sclarea*.
Die Tugendkraft der Musakatellersalbei wurde in England so hoch eingeschätzt, daß sie auch »Officinalis Christi« oder »Christ's eye« genannt wird. Auf Bildern werden die rosa Blütentürme oft in der Nähe des Heiligen Johannes dargestellt, als »Heil der Welt«, Symbol des göttlichen Heils.
Der Name kommt vom lateinischen *salvare* = heilen. Insbesondere verdient ihn *S. officinalis*. In einer Sammlung medizinischer Merksprüche um 1300 heißt die Frage: Cur moriatur homo, cui Salvia crescit in horto? – Warum soll der Mensch sterben, wenn doch Salbei im Garten wächst? Leider lautet die Antwort: »weil gegen den Tod kein Kraut gewachsen ist.«
Als Symbol treuen Gedenkens wurden Blätter von *Salvia officinalis* auf frische Gräber gestreut, da sie nur langsam verwittern. Auch wurden Grabstätten mit Salbei bepflanzt. In England gab man der Salbei-Blüte eine besondere Bedeutung: Man glaubte, daß sie nur dann erblüht, wenn der Ehemann nicht Herr im eigenen Haus ist – was manchen verführt haben mag, die Knospen regelmäßig abzuschneiden.
»If the sagetree thrives and grows, / The master's not Master and he knows.«

Lektüre: 1, 18, 96, 123, 141

SCHABAB – KRÄUTER IM KORB

JUNGFER IM GRÜNEN · *Nigella damascena · Ranunculaceae*
SCHAFGARBE · *Achillea millefolium · Compositae*
KORNRADE · *Agrostemma githago · Caryophyllaceae*
KORNBLUME · *Centaurea cyanus · Compositae*
WEGWARTE · *Cichorium intybus · Compositae*
KREUZKRAUT · *Senecio vulgaris · Compositae*
AUGENTROST · *Euphrasia rostkoviana · Scrophulariaceae*

Symbole für: Verschmähte Liebe. Liebesverweigerung. Verachtung aus verschiedenen Gründen.

Wohl immer gab und gibt es Begehren oder Liebe, die nicht erwidert werden. Meist ist es schwer, dem Ausdruck zu geben, ohne den Abgewiesenen zu verletzen. Jeder weiß das, der schon einmal »einen Korb bekommen« hat. Die Redensart für das Abgewiesen-Werden hat vermutlich zwei sehr verschiedene Wurzeln. Die eine liegt im dörflichen Bereich, wo die Mädchen ganz bestimmte Kräuter sammelten, um sie einem unerwünschten Freier in einem verdeckten Korb zu senden. Im wesentlichen sind es im gesamten Europa die gleichen Pflanzen. Allen ist gemeinsam, in irgendeiner Weise unangenehm, vor allem für die Landbevölkerung, zu sein. Sie werden »Schabab« genannt. Die Mundart der deutschsprachigen Schweiz kennt dafür den Begriff »tschaabgsi« und verwendet ihn für »beschämt«, vor allem aber für alte Jungfern und überständige Junggesellen. »Schabab« ist als Begriff offenbar sehr alt, Luther verwendet ihn häufig: »sie« (die geistlichen Väter) »müssen der welt keerich und jedermann schabab seyn.« Schabab ist immer der Verachtete, Verspottete. »Gut gesell, und du mußt wandern / Das megdlein liebet einen andern, / Welches ich geliebet hab, / Bey der bin ich schabab.« (Kölner Liederbuch 1580). Etwa für diese Zeit ist auch bekannt, daß bestimmte Blumen als Zeichen der Abweisung in einem gedeckten Korb gesandt wurden. »Kein andern dank krieg ich davon / leer stroh hab' ich gedroschen / ein körbel schabab ist mein lohn / die lieb ist ausgeloschen.«

Jungfer-im-Grünen ist die vielleicht bekannteste Schabab-Blume. Sie ist die klassische Symbolblume der verschmähten Liebe, von der bereits Konrad Gessner (1516-1565) und Tabernaemontanus († 1590) berichten. Wie bei vielen Symbolbildungen mag auch hier eine sehr genaue Beobachtung des Pflanzenbaues, speziell dem der Blüte, zu dieser treffenden Bezeichnung geführt haben. Anton Kerner von Marilaun und Christian Konrad Sprengel haben im vergangenen Jahrhundert darüber geforscht. Sie beschreiben, daß die Löffelhöhle der Jungfer-im-Grünen, in welcher der Nektar aufbewahrt wird, von einem darüberliegenden federnden Deckel verschlossen ist. Nur sehr kräftige Insekten (wie die Bienen) sind in der Lage, den Deckel zu heben und den süßen Nektar zu holen. Kerner berichtet, daß Ameisen sich vergeblich bemühen, den Deckel zu lüften oder zwischen ihm und dem Löffelrand durchzukommen, um den Nektar zu stehlen. Schabab mit dem Schwachen, her mit dem Starken!
Heinrich Marzell führt im »Wörterbuch der Deutschen Pflanzennamen« an: »Weil der Raden oder das Kraut *Nigella* unter dem Roggen so unnütz ist und ausgesiebt werden muß, so heißt es Schabab.« Der leicht narkotisierende Samen der Jungfer-im-Grünen sollte nicht ins Mehl geraten, obwohl er in einigen Gegenden als »Schwarzkümmel« zum Würzen von Brot diente.

Als Heilpflanze ist Schafgarbe, *Achillea*, am bekanntesten durch ihre blutstillende Wirkung. Sie hat den Namen nach Achilleus, den der Kentaur Cheiron lehrte, die Wunden der Krieger vor Troja damit zu heilen.
Schafgarben sind stark nach Verbreitung strebende Pflanzen, oft lästig ihren Nachbarn und vom Vieh im Heu nicht geliebt. Die zahlreichen starken Bitterstoffe machen die Pflanze offizinell und durch diese Stoffe auch apotropäisch zum Schabab-Kraut. Als allüberall verbreitetes Wiesenkraut werden *Achilleae* mit ihren festen Stengeln in vielen Ländern zur Magie und Zaubermedizin genutzt. »Venusbraue« und »Jungfernbraue« sind ein Hinweis auf die fein gefiederten Blätter ebenso wie auf ihren Gebrauch im Liebes- und Abwehrzauber.
Ludwig Uhland hat ein Volkslied aus dem 16. Jahrhundert

aufgezeichnet, das die Achillea meint: »Weiß mir ein Blümlein weiße, / stad mir im grünen Gras, / gewachsen mit ganzem Fleiße, / das heißt nun gar Schabab. / Dasselbe muß ich tragen, / wohl diesen Sommer lang, / viel lieber wöllt ich haben / meins Buhlen Arm umbgang.«

Die Kornrade zählt durch ihre rote Blütenfarbe und die spitz hervorstehenden Kelchblätter zu den »Gewitterblumen«. Das ist eine kleine Pflanzengruppe, die nicht ins Haus geholt werden durfte, da man annahm, sie ziehe den Blitz an. Sie als »Schabab« einem Blumenkorb beizufügen, hat fast etwas Heimtückisches. Den Bauern war die Kornrade besonders verhaßt, da der Samen nur schwer aus dem Getreide auszusieben ist. Bleiben Reste darin, bekommt das Mehl eine bläuliche Farbe und ist fast unverkäuflich. Das schöne, einst so gefürchtete Unkraut ist jetzt durch Herbizide nahezu völlig ausgerottet.

Kornblumen durften gleich den Kornraden nicht ins Haus gebracht werden, da man meinte, sie brächten das Brot zum Schimmeln. wie die anderen Schabab-Kräuter waren auch die schönen klarblauen Kornblumen außerordentlich schädliche Ackerunkräuter, bevor der Mensch die Herbizide erfand. Sie sind inzwischen nicht nur auf den bestellten Feldern, sondern praktisch in der ganzen freien Natur nicht mehr zu finden. Nur noch aus den Schaufenstern der Blumengeschäfte leuchten sie. Wie sehr sie von den Bauern gehaßt wurden, zeigen die wenig schmeichelhaften Namen, die ihnen von der Landbevölkerung gegeben wurden: »Doller Hund«, »Ziegenbein«, »Roggenhund«. Die festen Stiele, gleich denen der Achillea, machten die Sensen der Schnitter rasch stumpf, so daß diese sie ständig nachschärfen (»wetzen«) mußten. Der im nördlichen Deutschland gebrauchte Name »Tremse«, der vom mittelhochdeutschen »tremen« (sich schwankend hin- und herbewegen) kommt, kann auf einen unwillkommenen Liebhaber hinweisen.

Hildegard von Bingen schreibt, daß Träger von Wegwarte von einem anderen Menschen gehaßt werden, ohne daß sie dies näher begründet. Schon in vorchristlicher Zeit war die Wegwarte mit ihren klarblauen Blüten, die sie nur in den Morgenstunden öffnet, eine wichtige Pflanze im Liebes- und Abwehrzauber. Besonders beachtet wurde die Eigenschaft der Blüten, sich von Blau nach Rot umzufärben, wenn man einen blühenden Stiel in einen Ameisenhaufen steckte. Die Ameisensäure wandelt den blauen Farbstoff Anthozyan in einen roten. Diese so leicht mögliche Farbveränderung, die man sich nicht erklären konnte, machte die Wegwarte gleich der Kornrade zu einer im Haus unwillkommenen Gewitterblume.

Der Name Kreuzkraut hat weder christliche Bedeutung, noch gehört die Pflanze zur Familie der Kreuzblütler. Er ist eine Ableitung von dem Begriff »früher Greis«, da rasch nach der Blüte der weiße Samenschopf erscheint und ausfliegt, so daß in einer Vegetationsperiode oft mehrere Generationen für eine verschwenderische Ausbreitung sorgen. Das Unkraut war von den Bauern früher so sehr gefürchtet, daß die Polizei durch Reichsverordnung die Ausrottung überwachen mußte.

Dem Augentrost gaben Hirten den Namen »Milchschelm« = »Milchdieb«. Als Halbschmarotzer schädigt er tatsächlich die umliegenden Gräser, er mindert den Milchertrag und war daher höchst unbeliebt. Auch er zählt zu den Gewitterblumen, die der Landbevölkerung in ihrer Umgebung wenig wünschenswert erschienen, wenn man sie »in einem Korb« bekam. Der offenbar doch recht häufige Gebrauch von Augentrost als Schabab-Kraut trug ihm den Volksnamen »Spöttlich« ein.
Die französischen Schweizerinnen fügten dem Schabab-Korb, gewissermaßen als »Duftwürze«, noch ein Stück Salbei-Stengel hinzu. Vermutlich war es *Salvia sclarea*, deren Stengel etwa vier Zentimeter stark werden. Diese Salbei wird zwar auch zum Würzen von Muskatellerwein genutzt, doch viele Menschen mit einem ausgeprägten Geruchssinn empfinden, vor allem in geschlossenen Räumen, den Duft altem Schweiß oder Hundekot ähnlich.

Älter noch als die Redewendung »einen Korb bekommen« ist die »durch den Korb fallen«. Im Mittelalter gab es oft nur einen einzigen Weg für einen Liebhaber über die hohen Burgmauern: Er stieg in einen Korb, den die Angebetete und ihre Helfer über die Mauer herunterließen und mit ihm darin wieder hochzogen. Wollten die Burgdamen jedoch einen spöttischen »Schabab« geben, so wählten sie einen Korb mit brüchigem Boden, der unter dem Gewicht des Entbrannten zerbrach – oder sie ließen den Korb mit seiner Last auch mal zum Spaß aller bis zum Morgen auf halber Höhe hängen.
In einigen Landschaften sandte man dem unerwünschten Freier statt des verdeckten Korbes mit seinem symbolträchtigen Inhalt einen Kopfkranz aus dürrem Erbsenstroh oder Weidenzweigen. Das Sprichwort: »jemand einen Erbsenkranz geben« bezieht sich darauf und meint: »er muß als Junggeselle sterben.«

Lektüre: 1, 9, 24, 61/1, 61/5, 61/9, 71, 87, 90, 102, 111, 123, 130, 141

SCHILF · *Phragmites australis* · *Gramineae*

Symbol für: Wankelmut. Schwäche. Barmherzigkeit. Passion Christi. Heimliche Geschwätzigkeit.

Attribut von: Flußgöttern, Nymphen, Nixen, Pan und Syrinx.

Volksnamen: (D) Rohr, Ried, (GB) reed, (F) roseau.

Redewendung: »Wer im Rohr sitzt, hat gut Pfeifen schneiden.«

Schilf ist überall zu Hause, wo es feucht ist auf der Erde. Es hat den Menschen im Laufe ihrer Geschichte zu vielen Zwekken gedient, vom Hausbau über die Magnetnadel bis zu den wundervoll tönenden Pan-Flöten.

Die hohlen, leicht knickenden Stiele machten es zu einem Symbol von Schwäche, Wankelmut und Zerbrechlichkeit. Güte und Barmherzigkeit des Messias preist Jesaja (42,3): »Das geknickte Rohr zerbricht er nicht, und den glimmenden Docht löscht er nicht aus.« Doch die römischen Soldaten, die Christus am Kreuz verspotteten, gaben ihm ein Schilfrohr als Szepter in die Hand.

Sein leises Flüstern im Wind machten das Schilf, ähnlich wie die Pappel, zu einem Symbol der Geschwätzigkeit. Offenbar gab es auch im Altertum geschwätzige Barbiere, König Midas von Phrygien hatte einen solchen. Als einziger wußte er um des Königs Eselsohren, die dieser sonst unter einer hohen Mütze verbarg. Die Götter hatten dem König diesen Makel zur Strafe dafür wachsen lassen, daß er die Flötentöne Pans Apollons Gesang vorzog. Als der Barbier dies Geheimnis, wenn schon nicht einem Menschen, so doch der Erde flüsternd erzählen mußte, wuchs als Antwort der Erde ein großer Schilfbusch, der es ständig weitersagte, wie schön die Flöte des Pan von Liebe und Leid tönen kann – und daß der König Eselsohren hat.

Lektüre: 51, 80, 81, 101, 141, 144

STECHPALME · *Ilex spec.* · *Aquifoliaceae*

Symbol für: Glück. Schutz vor allem Bösen. Weise Fürsorge. Ewiges Leben. Weihnachten. Saturnalien und Fastnacht. Kampfesmut.

Attribut von: Druiden, Christus.

Volksnamen: (D) Hülsebusch, Palmdistel, Stacheleiche, (GB) holly, hulfere, (F) houx, (I) Agrifoglio, (L) Walddetschtel, (Japan) Seiyo hiiragi.

Großgehölze mit immergrünem Laub sind in Mitteleuropa außerordentlich selten beheimatet. Entsprechend wurden die auch hier heimischen *Ilex aquifolium* bewundert und verehrt. Gleich den Misteln und Eichen waren sie bei Germanen, Angelsachsen und Kelten geheiligt. Die sattgrünen, lederharten Blätter, dazu die kräftig roten Beeren erschienen allen in der dunkelsten Zeit des Jahres als glückbringende Symbole, denn es sind die Farben der Hoffnung und der Liebe, mit denen der Baum sich schmückt.
Vor der geregelten Forstwirtschaft konnten sich die Stechpalmen in vielen Gebieten Mitteleuropas, vor allem in mittleren Gebirgslagen mit hoher Luftfeuchtigkeit, frei entwickeln. Mit ihren stark bewehrten, mit dornigen Zähnen versehenen Blättern bildeten sie fast undurchdringliche Dickichte, in denen manche Bauernfamilie in Kriegs- oder Räuberzeiten Leben, Hab und Gut rettete. *Ilex* empfand man daher als ein ganz sicheres Symbol des Schutzes vor dem Bösen.
Freistehende Einzelbäume können bis zehn Meter hoch werden und einen Stammumfang von einem Meter erreichen. Doch solche Exemplare sind heute kaum noch zu finden. Ihr Holz ist zwar außerordentlich hart, wächst aber zu langsam für die Forstwirtschaft. Man hatte bei Bäumen dieser Größe beobachtet, daß sie im Kronenbereich völlig unbewehrte, glattrandige Blätter ausbilden, in der unteren Laubkrone dagegen ausschließlich stark gezähnte Blätter, wie große Sträucher auch. Man fand hierfür die Erklärung, daß die Pflanzen, sowie sie aus dem Bereich der Weidetiere herauswachsen, die

Bewehrung nicht mehr benötigen und daher in ihren oberen Zonen glattrandige Blätter ausbilden. Durch diese Erkenntnis wurde der Ilex zum Symbol der weisen Voraussicht erhoben.

Stets sind wintergrüne Pflanzen Symbol der Unsterblichkeit, des ewigen Lebens. In besonderem Maße trifft dies auf immergrüne Bäume zu. Alle Feste des Winters werden mit ihnen geschmückt. In Rom die Saturnalien, im Christentum Weihnachten, Fastnacht, Ostern. Goethe berichtete:

»Im Vatikan bedient man sich
Palmsonntag echter Palmen
Die Kardinale beugen sich
Und singen alte Psalmen.
Dieselben Psalmen singt man auch,
Ölzweiglein in den Händen,
Muß im Gebirg zu diesem Brauch
Stechpalmen gar verwenden.«

In England und Amerika werden vor allem zu Weihnachten viele Ilex-Zweige in den Häusern dekoriert, auch als Zeichen und Gaben der Freundschaft verschenkt. In beiden Ländern, ganz besonders in den USA, wo die Siedler an den Ostküsten zahlreiche dort heimische Ilex-Arten vorfanden, sind große Plantagen davon aufgepflanzt, den Bedarf des Marktes zum Fest zu decken. Da die Vögel sonst fleißig Beeren miternten, werden diese Anpflanzungen im Herbst jedes Jahres mit gewaltigem Aufwand mit Netzen überspannt. Oft wird Efeu zu dem Ilex gebunden, damit – wie viele sagen – der stechende Ilex das männliche Prinzip und der anschmiegsame Efeu das weibliche Prinzip symbolisieren. Diese Sitte geht weit in die Zeit zurück, bevor die Römer die britischen Inseln eroberten. Offenbar war es allgemein üblich, daß Kelten und Sachsen im Winter ihre Wohnstätten mit beerentragenden Stechpalmen schmückten, während Efeu vor der Haustür dekoriert wurde. Geistern, Feen und Walddämonen sollte in der Kälte ein Heim geboten werden, sie der Familie freundlich zu stimmen.

Plinius schrieb: »Um den Ilex- oder Hulverbaum am Haus zu begreifen, man wissen muß, daß es gleich ist, ob das Haus in

einer Stadt oder auf dem Lande steht, er einen Talisman bedeutet, der allen bösen Zauber und Verwünschungen fernhält und das Haus vor Blitzen schützt.«
Alle diese abergläubischen Meinungen und Handlungen wurden von den christlichen Kirchenvätern streng verboten, wollte man doch alle »heidnischen« Symbole ausmerzen. Aber es gelang nicht auf Dauer. Die Bereitschaft der Kirche zur Akzeptanz ging später so weit, daß Ilex in die christliche Liturgie einbezogen wurde.
Auch zum japanischen Neujahrsfest sollen die stacheligen Ilex-Zweige böse Geister von Haus und Hof vertreiben. Dieses Fest wird etwa zeitgleich mit der europäischen Fastnacht gefeiert. Sowohl in Japan wie in ganz Europa war es üblich, einander im Scherz mit Ilex-Zweigen, den Pfuebuschen, zu schlagen. Mittlerweile wurde die Stechpalme vom Fastnachtsklatschen abgelöst. Dies »Im-Frühling-einander-Schlagen« ist ein uralter Fruchtbarkeitszauber, der auch auf das Vieh ausgedehnt wurde. Bei den Mai-Feiern wurden statt *Ilex* die dann austreibenden sommergrünen Gehölze wie Birke und Kirsche benutzt. Durch die Arbeiten der modernen Hirnforschung ist bewiesen worden, daß dadurch eine spontan stark vermehrte Produktion von Geschlechtshormonen eintritt. In Frankfurt wurde 1671 Leucoleons »Galamithe« gedruckt. Darin heißt es zur Stechpalme:

»Nun so steupet ernstlich euch, daß ihr nicht zu lüstern
werdet,
Und euch gegen's Jungfernvolk irgend gar zu frei geberdet,
Seinen Leib muß man betäuben, ob wir gleich nicht
päbstlich sein,
Stellen wir doch ganz deswegen nicht das
Fastnachtspeitschen ein.
Wenn nun dieses ist verbraucht, dann so streicht in eurem
Namen,
Eben mit derselben Gert alle Nymphen, alle Damen,
Deren Kundschaft es gestattet, streicht solang es euch
beliebt,
Bis ein jed' euch heiße Wecken, das ist warme Küsse, gibt.«

Die Asche, mit der den Gläubigen am Aschermittwoch von den Priestern die Kreuze auf die Stirn gezeichnet werden, stammt vom Holz verbrannter Stechpalmen und des Bux. So hat sich in der katholischen Kirche das Symbol der frivolen Liebe, der Unkeuschheit und der Sünde, nachdem es durch das reinigende Feuer gegangen ist, zu einem Zeichen göttlicher Vergebung gewandelt.

»Die Stechpalm so in Ernst und Scherz, erfreuet stets das Menschenherz«, ist ein alter Volksreim.

Im östlichen Mittel- und Südamerika ist *Ilex paraguariensis* stark verbreitet und wurde in präkolumbischer Zeit schon einige tausend Jahre gezielt angebaut, wie sich aus Grabfunden beweisen läßt. Dieser Ilex liefert auch heute noch das Hauptgetränk Südamerikas, den Maté-Tee. Sein Verbrauch übertrifft dort weit den von Kaffee und asiatischem Tee zusammen. Maté-Tee ist den Menschen Medizin, Anregung und Erfrischung zugleich. Er hat leicht abführende Wirkung und hilft gegen Rheuma, gegen übermäßiges Durstgefühl, und er erhöht den Blutdruck. Außerdem besitzt er die Eigenschaft, appetitmindernd zu wirken und dennoch ein Gefühl des Gestärkt-Seins zu hinterlassen. Die Hauptinhaltsstoffe sind gebundenes Koffein, Theobromin, Theophyllin, Chlorogensäure, Gerbstoffe und Harz. Er ist ein ideales Fastengetränk, das von den Jesuiten, auch in ihren europäischen Klöstern, viel getrunken wurde. Über Jahrhunderte hin hieß der Maté-Tee in Europa »Jesuitentee«.

Noch immer leben Nachkommen der Ur-Einwohner, die Guarani, in Paraguay, die den Baum, der ihnen den Maté-Tee liefert, hoch verehren, der Geist Ka'a Yary ist für sie die Personifikation seiner Seele. Dieser bestraft in ihrem Denken die maßlosen Ausbeuter und beschützt die gläubigen und gewissenhaften Arbeiter. Noch immer ist Maté ein Hauptbestandteil ihrer schamanistischen Getränke, die in der Gemeinschaft getrunken werden.

Die Sitte des rituellen Trinkens im gemeinschaftlichen Kreis haben die Eroberer übernommen. Man kommt in keine südamerikanische Freundesrunde, ganz gleich seit wie vielen Jahren man im Land lebt, ohne daß schon bald der dampfende Maté in einem ausgehöhlten Kürbis (oder einem entsprechend geformten Porzellangefäß) serviert wird. Jeder Anwesende zieht sofort sein schlankes, meist schön verziertes silbernes Trinkrohr hervor, das unten in einem Sieb ausläuft. Der Kürbis macht die Runde und jeder trinkt. Ähnlich der Friedenspfeife der nordamerikanischen Indianer ist dies gemeinsame Matétrinken ein Symbol des Friedens und der Freundschaft.

Keineswegs freundlich wird der Botaniker Aimé Bonpland, einst Hofgärtner der Kaiserin Josephine in Malmaison, dann Reisebegleiter Alexander von Humboldts, den Maté in Erinnerung behalten haben. Er versuchte *Ilex paraguariensis* außerhalb Paraguays am Paranáfluß anzubauen. Als er wieder einmal nach Paraguay kam, ließ ihn dort der Diktator sofort verhaften, da er das Staatsmonopol auf diese Pflanze gebrochen hatte. Von 1821 bis 1830 saß er als Gefangener im Port Santa Maria.

Lektüre: 1, 25, 61/8, 80, 101, 102, 106, 109, 123, 141

STIEFMÜTTERCHEN · *Viola tricolor* · *Violaceae*

Symbol für: Leiden Christi. Dreieinigkeit. Erinnerung.

Attribut von: Jupiter, Christus, St. Valentin.

Volksnamen: (D) Dreifaltigkeitskraut, Denkenblümlen, (GB) pansy, heart's ease, (F) pensée, (CH) Schwiegermutter, (I) Viola del pensiro, flos Jovis.

Ackerstiefmütterchen wachsen auf besten und schlechtesten Böden. In England hat man sie mit St. Valentin in Beziehung gesetzt, der seine Gaben der Liebe ohne Unterschied Reichen und Armen schenkte.
In Rom waren sie Jupiter geheiligt (in einer sehr heiklen Liebesbeziehung). Bei der Einführung des Christentums dort wurden alle Pflanzen des höchsten Gottes zu Attributen Jesu umgeformt. Die Purpurfarbe und die fünf unregelmäßig großen Blütenblätter machten es besonders geeignet dazu. Purpur als Farbe der Passion, die fünf Blütenblätter als Zeichen für die fünf Wunden Christi am Kreuz. Da die wilden Stiefmütterchen drei Farben in einer Blüte haben, sind sie ebenso ideales Sinnbild der heiligen Dreifaltigkeit.
Seine populärste Symbolik hat das Stiefmütterchen aus der genauen Betrachtung der Blüte und deren Beschreibung in Volkserzählungen und Kinderspielen. Fünf schlanke grüne Kelchblätter tragen die fünf bunten Blütenblätter. Das unterste breite, stark gefärbte Blütenblatt sitzt auf zwei Kelchblättern – es ist die Stiefmutter. Rechts und links von ihr, ebenfalls bunt gekleidet, ihre zwei richtigen Töchter auf je einem Kelchblatt. Die beiden oberen, meist violetten Blütenblätter sind die Stieftöchter, sie müssen sich mit einem Kelchblatt gemeinsam bescheiden.
Der romantische Blick, mit dem die Blüten schauen, gaben ihm den Namen »Gedenkemein« – Pansy – Pensée. Im Sommer blühen und fruchten sie in der Knospe. In England werden sie daher »jump up and kiss me« genannt.

Lektüre: 71, 80, 99, 130, 132, 141

TAMARISKE · *Tamarix spec.* · *Tamaricaceae*

Symbol für: Demut. Unablässige Lebenskraft. Unsterblichkeit. Schönheit. Jugend. Das Prophetische. Betrug. Kriminalität.

Attribut von: Abraham, Aphrodite, Apollon, Osiris.

Volksnamen: (GR) Myriki, arabisch: Ethl, hebräisch: Eshel.

Tamarisken sind Einsamkeit suchende Individualisten des Pflanzenreiches. Sie haben sich darauf eingestellt, schwierige Positionen in extremen Lagen zu besetzen: karge, salzhaltige Böden in voller Sonne, kleinste, vom Grundwasser begünstigte Stellen der Wüsten, sturmgepeitschte Küsten, Flußinseln, Moore. So wurden sie zum Symbol der Demut, aber auch der unbändigen Lebenskraft durch Anpassung.
Beheimatet sind die etwa achtzig, einander sehr ähnlichen Arten, von Spanien entlang der Mittelmeerküste bis Westasien, von den Wüstengebieten nördlich des Himalaya bis ins mittlere China.
Tamarisken haben winzige, bei einigen Arten kaum einen Millimeter große, meist sommergrüne Laubblätter, die schuppenartig die dünnen, bogig überhängenden Zweige umschließen. Die kleinen rosa Blüten erscheinen in endständigen rispenartigen Trauben, die je nach Art zwischen drei bis vierzig Zentimeter lang werden. Alles an den Tamarisken ist für eine möglichst geringe Verdunstung programmiert. Die Pflanzen treiben selbst aus Stammresten, die Stürme oder Brennholz suchende Menschen übrigließen, wieder aus und bilden neue Büsche. Vielen westasiatischen Völkern sind sie daher, aber auch wegen der langen Blütezeit (den ganzen Sommer hindurch, auch bei größter Hitze) Unsterblichkeitssymbole.
In Ägypten waren sie der Lebensbaum des toten Gottes Osiris. Es gibt zahlreiche Darstellungen des Osiris-Grabes, das von Tamarisken beschattet ist; sie werden von zwei Priestern begossen, damit dieses Pfand des Wiedererwachens des Gottes gedeiht. (Phila.) Ganz allgemein galt die Tamariske als heiliger Baum. Man glaubte in ihr Wohnstätten von guten

Geistern oder einem Welî. Damit hängt gewiß auch die Überzeugung zusammen, daß Kranke, die sich unter heilige Bäume legen, Heilung finden, während Gesunde, die dasselbe tun, Fluch empfangen. Einen Heilung suchenden Araber unter einer mit Bändern behängten Tamariske bildete Samuel Ives Curtiss in »Primitive Semitic Religion to-day«, Chikago 1903, ab.

Die ganz dem ästhetischen Weltbild hingegebenen Griechen des Altertums gaben den Tamarisken den Namen myriki. Ihnen waren sie ein Symbol für Schönheit, Jugend, Zärtlichkeit – Aphrodite und Apollon Pythios geweiht. Bei Apollon deutet der Beiname »Pythios« auf seine Bedeutung als Orakelgott. Tatsächlich waren Tamarisken im Altertum ein bevorzugter Orakelbaum. In den Nomadengebieten gewiß schon deshalb, weil sie in den kargen Gegenden die einzigen noch wachsenden größeren Gehölze waren. Die Magier der Skythen und Meder bedienten sich der Tamariske, in Mesopotamien war sie Zauberpflanze, in Persien trugen die Opferpriester sieben Tamarisken- und sieben Myrtenzweige, »Blason« genannt, in den Händen, um damit die sieben Dämonen und alle Unruhe der Welt von sich fern zu halten.

Der häufige Gebrauch als Orakelpflanze trug der Tamariske bei Nicander den Namen »die Prophetische« ein. Doch nicht immer scheint eingetroffen zu sein, was Priester, Magier und Schamanen mit ihrer Hilfe für die Zukunft voraussagten. Offenbar wurde immer häufiger Betrug dabei entdeckt, so daß die einst so stolz »die Prophetische« genannte, sich plötzlich zum Symbol von Verleumdung und Betrug wandelte. Im Mittleren Osten, wo viele Arten der Tamarisken wachsen, wurde sie gar ein Symbol der Kriminalität, Verbrecher mußten mit einem Kopfkranz aus Tamarisken gehen. Diodor berichtet ähnliches aus Sizilien: ein Gesetzgeber verordnete, daß alle Verleumder und Betrüger mit Tamarisken bekränzt durch die Stadt geführt werden. Es wäre denkbar, daß dies nicht, oder nicht nur, ein Schandzeichen war, sondern an die Demut gemahnen sollte, mit der diese Pflanze sich in die ihr gegebenen Verhältnisse einordnet.

Die wichtigste Rolle spielen Tamarisken jedoch im Leben des israelitischen Volkes. Sie wachsen reichlich in der salzhaltigen Erde des Wadi-el-Sheik, nahe dem Berg Sinai, und sind als schattenspendende Bäume der Wüste dort überall seit alter Zeit angepflanzt. »Abraham aber pflanzte Tamarisken zu Beerscheba und predigte daselbst von dem Namen des Herrn, des ewigen Gottes, und war ein Fremdling in der Philister Land lange Zeit.« (1. Moses 21,33) Tamarisken, von denen zwölf Arten in Israel heimisch sind, und einige wenige andere Pflanzen sind mit dem Wunder des Manna verbunden, das Gott vom Himmel fallen ließ, als Moses mit dem Volke Israel durch die Wüste zog und nirgends Nahrung fand. »Und die Israeliten nannten es Manna, es war weiß wie Koriandersamen und hatte einen Geschmack wie Honigkuchen.« (2. Moses, 16,31).

Tintoretto hat die Szene gemalt. Leider ist das Manna zwar gut zu identifizieren, aber der Baum, unter dem die Israeliten lagern, ist ein Phantasiebaum, keinesfalls eine Tamariske. Wie man ein ausgehungertes Volk damit speisen konnte, bleibt das Wunder, denn die Entstehung des Manna ist von bestimmten Wetterbedingungen abhängig. Nach einer Saison heftiger Regenfälle bilden sich aus Einstichen kleiner Insekten, *Trabulina mannifera* oder *Najacoccus serpentina*, rosinengroße Perlen, die zunächst klar und transparent sind und dann zu einem rauhen geperlten Zucker kristallisieren. Dieser fällt ab oder wird von den Zweigen geschüttelt, muß aber, da er in der Sonne schmilzt, vor Sonnenaufgang geerntet werden.

Manna gilt vielen als eine besondere Delikatesse, zumal es entzündungshemmend wirkt. In China schätzt man es als lebensverlängernde Droge und zählt es zu den Unsterblichkeitssymbolen. Die Kinder Mose maulten allerdings: »Wir gedenken der Fische, die wir in Ägypten umsonst aßen, der Gurken, Melonen, des Lauchs, der Zwiebel und des Knoblauchs. Und nun verschmachten wir; es ist nichts da, nichts als das Manna bekommen wir zu sehen.« (4. Moses 5-6).

Lektüre: 1, 15, 35, 54, 80, 84, 107, 123, 141, 144

THYMIAN · *Thymus spec.* · *Labiatae*

Symbol für: Attische Dichtkunst. Fleiß. Tapferkeit. Stärke.

Attribut von: Aphrodite, Maria, Musen.

Volksnamen: (D) Quendel, Demut, Immenkraut, Maria Bettstroh, (GB) thyme, lady's bedstraw, hill-wort = Berggewürz, (NL) Onze liewe Vrouwe Bedstoo, (L) Dommerchen.

Im Altertum wuchs Thymian in großer Menge auf dem Berg Hymettus bei Athen, dem Lieblingsaufenthalt der Poeten. »Nach Thymian duften«, war daher ein Lob der Dichter, die im attischen Stil schrieben. Das griechische Zeitwort thymoo (ich reize) war auch geistig zu verstehen und Thymian den Musen heilig. Oft haben die Dichter den Fleiß der Bienen gelobt, mit denen diese den Honig aus den Blüten des Thymian sammelten. Bald waren nicht nur die Bienen ein Symbol des rastlosen Fleißes, das Sinnbild wurde auch auf den Thymian selbst übertragen

Das Wort »thymos« bedeutet in erster Linie jedoch Kraft, Mut, Tapferkeit, Stärke, da man glaubte, daß der reichliche Genuß des Thymians diese männlichen Tugenden stärke.

Im Mittelalter gaben Ritter, die sich zum Kreuzzug einschifften, der von ihnen verehrten Dame zum Abschied einen duftenden Thymianzweig zur liebenden Erinnerung. Meist revanchierten sich diese mit einer gestickten Schärpe, die neben dem Wappen einen von Bienen umschwärmten Thymianast zeigte oder einen Zweig Thymian, der sich über eine Narbe legt. Tatsächlich hat Thymian eine stark desinfizierende Wirkung, und man hat ihn im alten Ägypten zur Wundbehandlung und als Zusatz zu den Mumifizierungsmitteln feldmäßig angebaut. Seit der Zeit der Hildegard von Bingen werden in Mitteleuropa aus dem Öl Thymol vielerlei Infektionskrankheiten abwehrende Mittel gewonnen.

Lektüre: 1, 81, 96, 109, 130, 132, 137, 141

VEILCHEN · *Viola spec.* · *Violaceae*

Symbol für: Jungfräulichkeit. Demut. Bescheidenheit. Anstand. Paradies. Frühling und Hoffnung. Treue und Liebe.

Attribut von: Kybele, Aphrodite, Persephone, Maria, Christus, Josephine Beauharnais, Napoleoniden.

Volksnamen: (D) Viola, sittiges Blümchen, (GB) vias, vilip, (F) violette, (I) Priapusblume, Altnordisch: Tysfiola (Tys = Thor), (Iran) Rosenprophet, (Japan) Sumire.

Veilchen sind von recht zwiespältiger Bedeutung. Die Demut, die Bescheidenheit ist sprichwörtlich für sie: »das Veilchen, das im Verborgenen blüht«. Dennoch erklärten besonders viele Menschen, die nach Macht und Weltherrschaft strebten, Veilchen zu ihren Lieblingsblumen. Wie ein purpurner Faden zieht sich dies durch die Geschichte der Menschheit. Herrscher der Antike hüllten sich in veilchenfarbige Gewänder, in Rom säumte man die Toga der Senatoren mit Purpurband, Homer, Pindar, Plato, die Troubadoure, Rousseau, Napoleon, Goethe, Kaiser Wilhelm I. erklärten Veilchen zu ihren Lieblingsblumen. Die Liste ließe sich beliebig verlängern. Churchill begründete seine Vorliebe für Veilchen damit, daß sie seine Bescheidenheit symbolisierten. Kann die Wahl dieser persönlichen Symbolblumen mit dem zusammenhängen, was man in China »eine geheime Ergänzung« nennt? Man sagt dort, daß der Mensch sich solche Ergänzungen in seinen Liebhabereien schafft, um seine psychischen Blößen zu verdecken. Oder war es die Angst vor der Rache der Nemesis, die sie ihre Liebe zu den unschuldigen Veilchen hochhalten ließ? Oder aber wußten sie von dem ungeheuren Ausbreitungsdrang dieser Pflanzen, die in beiden Hemisphären beheimatet sind? Kaum eine andere Pflanzenfamilie ist so zäh, so zielstrebig und erfolgreich in ihrem Kampf ums Dasein wie die *Violaceae*. An kleinen Ranken, die sie nach der ersten Blühphase im März ausbilden, entwickeln sich bei den Veilchen Zugwürzelchen, die diese immer wieder in den Boden zurückziehen, so daß sich daraus rund um die Mutterpflanze rasch

junge Pflanzen entwickeln und wie ein breites Polster entfalten können.
Im Sommer blühen die Veilchen nach und bilden Samen aus, ohne daß Blüten sichtbar werden. In der zu Boden geneigten Knospe findet eine Selbstbefruchtung statt, die zu einer normalen Samenbildung führt. Kleistogam = »geheime Hochzeit« nennen dies die Botaniker. Alle *Violaceae* sind mit raffinierten Schleudereinrichtungen für die Samen ausgestattet, dazu hat jedes Samenkorn fleischige Anhängsel, die eine große Ameisendelikatesse sind. Sie werden daher willig über größere Entfernungen mitgeschleppt. So ergibt sich eine vierfache Möglichkeit der Erhaltung ihrer Art, und sie haben, auf diese zielstrebige, stille Weise Weltherrschaft erreicht.
Die botanisch interessierten Maler der Renaissance nahmen in ihren Kanon christlicher Darstellungen ganz selbstverständlich auch die Veilchen auf. Ihre symbolische Bedeutung lag in den Augen der Betrachter in der Demut und Bescheidenheit der Blume, doch es ist zu fragen, ob nicht gerade die Künstler mit ihrer genauen Beobachtung der Pflanzen sie auch als Sinnbild setzten für die gewünschte Ausbreitung des Christentums. Wenn Veilchen neben Christi Kreuz dargestellt sind, so kann die violette Trauerfarbe sowohl den Schmerz über Christi Tod andeuten, wie die weltweite Verbreitung seiner Lehre, die in diesem Augenblick begann.
Im Mittelalter, das alles Schöne und Anmutige als Symbole Mariens sah, wurde die Jungfrau selbst in geistlichen Liedern als Veilchen der Demut gepriesen.
Wie alles, was rasch nach einem dunklen Winter seine Blüten entfaltet, sind Veilchen seit frühester Menschheitsgeschichte Symbole von Jugend, Hoffnung und Zuneigung. Wo die Frühlingsgötter über die Erde schritten, sah man Veilchen unter ihren Füßen erblühen. An einem leuchtenden Märztag soll sich Vulcanus, der Gott des Feuers, rasend in Venus verliebt haben, doch sie blieb solange spröde, bis sich der wilde Zampano mit Veilchen bekränzte, das rührte ihr Herz. Zeus ließ seiner geliebten Kuh Jo zum Liebesdank gleich eine ganze Wiese voll süß schmeckender und köstlich duftender Veilchen erblühen. »Veilchenbekränzt« und »veilchenhaarig« (dunkelhaarig) sind Beinamen Aphrodites. Pindar nennt gleich

ganz Athen »die veilchenbekränzte Stadt«. Weil Götter und Menschen die Veilchen liebten, wurden sie selbst zu Liebessymbolen.
Guli Peigamber = »der Rosenprophet« nennt man die kleinen Blüten auf arabisch und meint damit: Veilchen als Liebesahnung, Rosen als Liebeserfüllung. Der große Prophet Mohammed nutzt Veilchen, die in sich die Verbindung von Zartheit und Zähigkeit tragen, als Symbol der Kraft seiner Lehre: »Die Herrlichkeit der Veilchen ist wie die Herrlichkeit des Islam über alle Religionen.« Und er lobt ganz irdisch den Köstlichen Veilchen-Sherbet, eine besondere Spezialität der islamischen Küche: »Das wundervolle am Veilchen-Sherbet, das ihn vor allem anderen auszeichnet, ist, daß er kühlt im Sommer und wärmt im Winter.«
Im Frankreich des beginnenden 19. Jahrhunderts trugen die Anhänger Napoleons Veilchen wie ein Parteiabzeichen. Ein Veilchenstrauß an der Haustür zeigte die politische Gesinnung an. In der Verbannung in Elba hatte der Kaiser geschworen, mit den Veilchen zurückzukehren. Tatsächlich zog er am 9. März 1815 wieder in Paris ein. Die Damen trugen veilchenfarbene Kleider, Veilchen waren auf die Wege gestreut, über die der Kaiser schritt. Doch fast so rasch wie Veilchen verblühen, kam Waterloo. Aber auch danach hat ihn die Liebe zu den Veilchen nicht verlassen – sie war in ihm, seitdem Josefine Beauharnais ihm am Abend, als sie sich kennengelernt, aus ihrem Wagen einen Veilchenstrauß zuwarf. Sie erschien ihm als die schönste Frau, die er je gesehen. Hatte sie das alte keltische Rezept befolgt: »Bestreiche das Gesicht mit Ziegenmilch, in der viele Veilchenblüten gelegen haben und du wirst auf der ganzen Erde keinen jungen Prinzen finden, der dich an Schönheit übertrifft!«?

Lektüre: 2, 22, 51, 71, 99, 102, 103, 109, 132, 141

VERBENE · *Verbena officinalis* · *Verbenaceae*

Symbol für: Versöhnung. Friede. Unverletzlichkeit. Große Liebeskraft. Große positive Kräfte.

Attribut von: Planet Venus, Isis, Hl. Sebastian, Mars, Demeter, Persephone, Venus victrix (die siegreiche Venus).

Volksnamen: (D) Eisenkraut, Wunschkraut, Eisenhart, Träne der Isis, ahd.: isarna, (GR) Dios elacata = Zeus' Zepter, (Rom) Hierabotane = Heiliges Kraut.

Kein anderes Wegrandkraut hat es wie die Verbene geschafft, zum inernational anerkannten Symbol des Friedens, zwischenmenschlicher Verläßlichkeit und Treue zu werden. Herbam dare – »das Kraut geben« war die bildliche Redensart der Römer für »Sich-besiegt-Erklären«. Plinius schreibt (XXV, 8.59): »Das ist die Pflanze, mit welcher unsere Gesandten zu den Feinden gehen, der Tisch des Jupiter gereinigt und unsere Häuser vor Unglück geschützt werden.« Der Gesandte, der Eisenkraut als Kranz oder Strauß trug, hieß Verbenarius.
Eine ähnlich hohe religiöse, friedenstiftende Bedeutung hatte das Kraut bei den Ägyptern, den Persern, den Griechen, besonders den Kelten, aber auch den Germanen.
Alles, was man an positiven Kräften nötig hatte, sollte das »Wunschkraut« herbeibringen können: Freundschaft, eine angenehme Ausstrahlung, Reichtum, gute Ernten. Den Kindern brachte es Lernlust und Verstand, den Hexen diente es zum Wetterbrauen.
Es zählt zu den »zusammenziehenden Heilkräutern« (Wundränder, Blutungen) wie es auch die Bündnisse zwischen Göttern und Menschen, Völkern und Liebespaaren enger »zieht«.
Der große Botaniker, Arzt, Chemiker und Buchkünstler Leonhard Thurneysser schrieb: »Verbeen, agrimonia, mandelger, / Charfreitags graben hilft dir sehr / Daß dir die frawen werden holt, / Doch brauch' kein eisen, grab's mit goldt.«

Lektüre: 18, 102, 107, 109, 123, 130, 141

VERGISSMEINNICHT · *Myosotis spec.* · *Boraginaceae*

Symbol für: Zärtliche Erinnerung. Abschied in Liebe.

Volksnamen: (GB) forget-me-not, (F) ne m'oubliez pas, (DK) forglemmigej, (S) förgätmigej, (N) forglem-mig-ikke, (I) non-ti-scodar-di-me, (China) Wu Wang Cao = Nicht-Vergessen-Kraut, (Japan) Wasurena gusa = Vergißmeinnicht.

Das Vergißmeinnicht trägt überall, von Norwegen über China bis Japan den gleichen Namen und alle Übersetzungen laufen auf den gleichen Sinngehalt hinaus. Es ist gewiß das am kosmopolitischsten lesbare Pflanzensymbol. Das klare Blau, die kleinen gelben Augen, die den Betrachter anschauen wie Sterne am Tageshimmel, mögen die Herzen bei allen Völkern auf gleiche Weise anrühren.
Zwar schrieb Adam Lonitzer ihnen 1537 eine gewisse aphrodisische Zauberwirkung zu: »Diese Wurzel angehenkt soll die Buhler holdseelig und werth machen« – doch dürfte die Bezauberung der Damen mit einem Strauß wirksamer sein.
Gleich den Schlüsselblumen spielen die Vergißmeinnicht bei der Schatzsuche eine Rolle. Von beiden gibt es eine ähnliche Sage: Ein Jüngling zog aus, einen Schatz im Berg zu finden. Zum Abschied gab ihm die Liebste ein Vergißmeinnicht, das er an den Hut steckte. Bei seinem Zauberspruch und dem Schwenken der Blume öffnete sich tatsächlich ein zuvor nicht sichtbares Tor im Berg, und er stand vor unvorstellbaren Schätzen aus Gold und Silber. So viel er konnte, raffte er in seinen Hut und lief voll Angst davon. Da rief eine Stimme aus dem Berg: »Vergiß das Beste nicht, vergiß die Liebe nicht« – er hörte nicht darauf. Erst draußen, als die Tür sich gerade polternd hinter ihm schloß, bemerkte er, daß er das Vergißmeinnicht im Berg gelassen, dafür aber einen Hut voller Gold herausgebracht hatte. Er wurde ein reicher Mann, doch in der Liebe fand er nimmermehr Glück.

Lektüre: 24, 73, 80, 109, 132, 141

WACHOLDER · *Juniperus spec.* · *Cupressaceae*

Symbol für: Physische Stärke. Lebensbaum. Fruchtbarkeit. Ewiges Leben. Heiliger Baum. Zufluchtsort. Hilfe, Abtreibung.

Attribut von: Apollon (als Heiler), Hekate, hl. Kunigunde.

Volksnamen: Quickholder, Heidesegen, Gnadenregen, Krammetsbeerenbaum, Machandel, Reckholder, (GB) juniper, gorst, kill-bastard, cover-shame, (I) Ginebro, (Japan) Ikubi.

Wie ein grüner Gürtel schlingt sich das Verbreitungsgebiet der etwa 60 Wacholder-Arten rund um die Erde, von den äquatorialen Gebirgen bis in die nördliche Polarzone. Es sind sowohl niederliegende, zwergig wachsende Sträucher als auch über zehn Meter hohe Bäume.
Wo der Wacholder gedeiht, gleich welche spezifischen Wuchsformen er dort entwickelt hat, haben die Menschen sein medizinisches und magisches Kräftepotential entdeckt, und sie nutzen es, oft bis in unsere Tage. Er ist, auch bei kleinen Wuchsformen, ein Symbol physischer Stärke, Manneskraft und Lebensfreude. Wach-Holder, den Namen gab man ihm in voller Überlegung.
Jäger und Waldhüter wissen es und gebrauchen seine Kräfte. Auch der Name Quick- oder Queckholder meint das gleiche, er mache quicklebendig. Die deutschen Märchen belebt er als Machandelboom, als Baum des Lebens. Man solle vor einem Wacholder, wie bei dem Holunder, den Hut ziehen, hieß es allgemein. Der Glaube an seine wunderbaren Kräfte war so groß, daß man ihm zutraute, riesige geheime Schätze zu hüten, die unter ihm vergraben sind. Wuchs er gar am Eingang einer Höhle, und war es noch dazu eine Pflanze mit ausschließlich männlichen Blüten, so daß eine Wolke von Goldstaub sich erhob, wenn man zur Blütezeit daran klopfte, so mußte hier der Eingang zum unterirdischen Schloß des Zwergenkönigs sein. »Gnadenregen« oder »Heidesegen« nannte man die Erscheinung.
Die Beeren (botanisch gesehen sind die kleinen Kugeln jedoch

Zapfen) hängen drei Jahre lang bis zur Reife am Strauch oder Baum. So leben ständig drei Nachwuchs-Generationen auf einer Pflanze. Man hält diese Wachstumseigenschaft für ein Zeichen außergewöhnlicher Zeugungs- und Überlebenskraft. Sein immergrünes Nadelkleid machten den Wacholder zum Symbol für lang dauerndes, sich stets erneuerndes Leben. Die kurzen Nadeln stechen heftig. Die Ernte der Beeren ist nicht angenehm. Wie in allen wehrhaften Pflanzen sah man auch im Wacholder ein Symbol für den Schutz vor Hexen, Dämonen und Waldteufeln. Der kräftige, anregende Duft, der beim Verräuchern von Holz und Beeren entsteht, stärkte die Meinung, Wacholder könne alles »Angezauberte« vertreiben, auch Motten und Mäuse. Von Schottland über Deutschland bis Tibet, ebenso bei den mittelamerikanischen Indianern, dienten solche Räucherungen der Dämonenabwehr.

Die Schamanen der sibirischen und Himalayavölker, auch die Hunza, Kafiren und Darden Nordpakistans versetzen sich durch den Rauch von verbranntem Holz und Beeren des *Juniperus recurva* in Trance, um religiöse Rituale, Exorzismen, aber auch Heilungen vorzunehmen. Er gilt im Himalayaraum als heiliger Baum, der nicht für profane Zwecke gefällt werden soll.

Die psychotrope Potenz des Wacholders, die bis heute naturwissenschaftlich nicht erklärt ist, beruht vermutlich auf der ihm eigenen Kombination von Monoterpenen und geringen Mengen Diterpene in seinem ätherischen Öl. Es wirkt tonisierend, diuretisch, blutreinigend und verdauungsfördernd. Die stoffwechselaktiven Wirkstoffe bleiben auch im Gin, Genever und vielen »Jägerschnäpsen« erhalten, denen Wacholder zugesetzt wird oder die ausschließlich aus den Beeren gebrannt werden. Zum Würzen schwer verdaulicher Speisen werden in der Küche häufig Wacholderbeeren verwendet. Da sie stark auf die Nieren wirken, warnen Pharmakologen vor überreicher Anwendung.

In Griechenland, wo *Juniperus* eine viel geringere Rolle spielte als in anderen Ländern der Welt der Alten, war er Apollon, in seiner Form als Gott der Reinigung, geheiligt. Mehr als dies überrascht die Zuordnung zu der großen Magierin und kräuterkundigen Hekate, galt er doch an praktisch allen Plätzen seines Vorkommens als zauberbrechend. Vermutlich liegt die Erklärung in seiner Wirkung als Abortivum. Alle *Juniperus* sind dafür zu nutzen. Am intensivsten und zugleich am gefährlichsten ist der Sadebaum *Juniperus sabina* in seinen abtreibenden Eigenschaften. Die Befreiung der Frauen von unerwünschter Schwangerschaft lag über Jahrtausende hin in den Händen kräuterkundiger Frauen, die dann zu Hexen abgestempelt wurden. Da der Sadebaum hochgiftig ist, kam es gewiß immer wieder zu Todesfällen, so daß im doppelten Sinn Hekate nahestand.

Hieronymus Bock sagt daher im Kreuterbuch 1551: »Die Meßpfaffen und alte huren geniessen des Savebaums am besten ... Zuletzt so verfüren sie die jungen huren, geben jenen Savebaum gepülvert oder darüber zu drincken, dadurch vil kinder verderbt werden. Zu solchem handel gehört ein scharpffer Inquisitor und meister.«

Im Dritten Reich war es den deutschen Baumschulen verboten, *Juniperus sabina* zu vermehren, da ein uneingeschränkter reicher Kindersegen erwünscht war.

Die Malerei des Mittelalters ordnete den Wacholder der heiligen Kunigunde zu, vermutlich wegen seiner Heilwirkung.

Eine sehr wesentliche Rolle spielten sowohl die Beeren wie das Holz in der Medizin und im Mumienkult des Alten und des Neuen Reichs Ägyptens. Als das Grab des jugendlich gestorbenen Tutanchamun 1928 geöffnet wurde, fand man zwischen den Mumienbinden, und auch daneben in Körben aufgestellt, Wacholderbeeren in Menge. Es waren jedoch keine Früchte der in Ägypten heimischen Arten, sondern *Juniperus oxycedrus* und *Juniperus excelsa* aus Vorderasien, die gemeinsam mit Natron zur Mumifizierung genutzt wurden. Das sehr harte, duftende Holz der außerordentlich langsam zu Bäumen heranwachsenden *Juniperus oxycedrus* wurde auch für zahlreiche Möbel in den Grabkammern verwendet. Für die Ägypter war in der Kraft der Samen, zur Mumifizierung von Menschen beizutragen, ein Symbol der Wiedergeburt und des ewigen Lebens verborgen.

Lektüre: 1, 57, 61/5, 61/9, 65, 96, 107, 137, 141

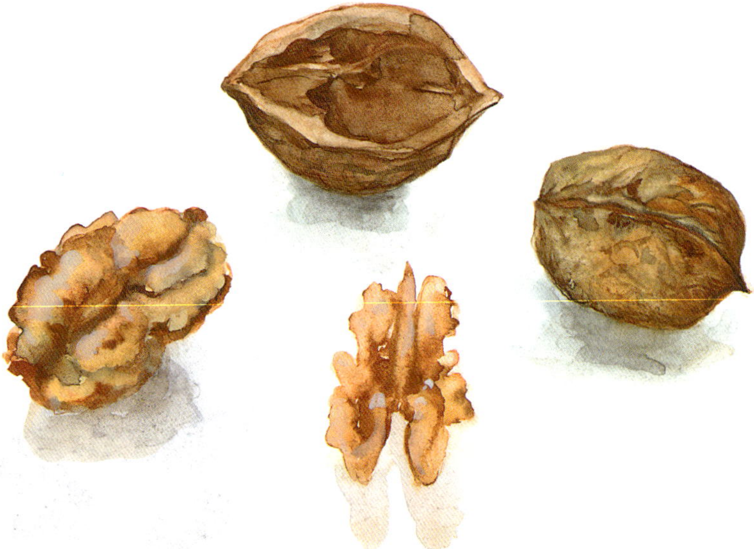

WALNUSS · *Juglans regia* · *Juglandaceae*

Symbol für: Die Frau. Vulva. Fruchtbarkeit. Hochzeit. Kindersegen. Sinnenlust. Gehirn. Dreieinigkeit. Schutz.

Attribut von: Jupiter, Dionysos, Kar, Fro, Donar.

Volksnamen: (D) Welschnuß, (GB) nut, cat's-tail, (F) noix, (I) Ghiandi di Giove, Jovis glans = Jupiters Nuß, (Israel) egoz, agos.

Redewendungen: »Taube Nuß und hohler Zahn, junges Weib und alter Mann«. »Der muß keine Nüsse knacken, der hohle Zähne hat«. »Nüsse durch den Sack beißen« (platonisch lieben). »Die schönste Nuß hat oft einen schlechten Kern« (schöne Mädchen taugen oft nichts). »Faule Nüsse werden auch verkauft«. »Er hat eine harte Nuß zu knacken«. »Kopfnuß«. »Keine schönere Walnuß, als wenn ein Mönch im Nußbaum hängt«. »Viele Nüsse, viel Bengel«. »Gott gibt die Nüsse, aber er knackt sie nicht«.

Nüsse sind allgemein Symbole der Fruchtbarkeit. Von allen Samenkernen, die zum Verzehr geeignet sind, erwartet man aphrodisische Wirkungen. Die Walnüsse lösten, nach ihrem vermehrten Anbau in Mitteleuropa, die Haselnüsse etwas in ihrer Vorherrschaft ab. Schon der starke Wuchs der Walnußbäume, die bis zwanzig Meter hoch werden, imponierende Kronen entfalten und noch im Alter von zweihundert Jahren den Schreinern schönstes Holz liefern, ließ besondere Kräfte in ihnen vermuten, die man hoffte, mit den Samenkernen auf sich zu übertragen. Im Christentum waren die Walnüsse einerseits sehr geschätzt, andererseits sah man in den übernommenen und nur wenig gewandelten Fruchtbarkeitssymbolen auch die Gefahren einer übersteigerten Sinnlichkeit.
Die grüne Fruchthülle, die harte Schale und der süße Kern symbolisierten die Dreieinigkeit. Manche Kirchenväter sahen in dem Kern das süße Fleisch Christi, das zuvor in der Schale von Marias Schoß gewachsen war. Besonders im 14. und 15. Jh., der großen Zeit der Marienverehrung, setzten viele

Dichter und Maler insbesondere die Kerne mit Maria und der Geburt Christi in Beziehung. Die Kirche selbst sah sich durch Walnüsse symbolisiert, da sie ihre süße Tugend heimlich tief im Herzen unter einer festen Schale bewahren.

Der Kirchenvater Augustinus deutete die Nuß als Christus. Die äußere, saftig grüne, nach Pfeffer schmeckende Hülle sah er als das bittere Leiden des Herrn. Die harte Schale, in der ein süßer Doppelkern liegt, für das Holz des Kreuzes, das Christus das ewige Leben ermöglichte.

Später wurde Josef mit einem Walnußzweig in der Hand bei seiner Hochzeit mit der jungfräulichen Maria dargestellt. Diese Wiederaufnahme des uralten Hochzeitssymbols »Walnuß« ist ein Beweis, wie stark Traditionen auch im Unbewußten fortwirken.

Die Germanen hatten sie Fro, der Göttin der Liebe und des Erntesegens geweiht. Der lateinische Name »Juglans« wird zurückgeführt auf Jovis glans = Jupiters Eichel, den kostbarsten Teil des höchsten Natur- und Vegetationsgottes. In den römischen Hochzeitsbräuchen spielten die Walnüsse eine wesentliche Rolle. Wenn der Abendstern aufging, zog die Hochzeitsgesellschaft, phallische Lieder singend, zum Elternhaus der Braut, sie abzuholen. Schreiend verlangten alle vom Bräutigam Walnüsse, der sie unter Gäste und Zuschauer warf. Je heller sie beim Auffallen klangen, desto glücklicher wurde die Ehe. Man sagte, dies symbolisiere den Beistand Jupiters, des Schützers der Nüsse, für die Ehe und helfe, daß die Braut, gleich Juno, eine treue Gattin würde. Andere meinten, daß dies einfach ein Symbol der Freude und Fröhlichkeit des Hochzeitsfestes sei.

Die sparsameren Germanen, die den Brauch übernahmen, mischten Haselnüsse unter die kostbaren Walnüsse. Dabei ist die Bedeutung gerade der Walnuß als Symbol der Frau in den Augen von Männern dadurch gegeben, daß die beiden Hälften der Schalen sich mit einiger Anstrengung öffnen lassen und einen köstlichen Kern freigeben.

Doch immer waren der Kirche Übertreibungen der sinnlichen Lüste eine Sorge. Pfarrer, Mönche, auch jüdische Rabbiner, warnten, daß im Walnußbaum die Teufel hausen. Jedes Blatt hätte neun Fiederblättchen und auf jedem wohne ein

Teufel. In Italien sah man sie unter den Nußbäumen tolle Liebesorgien mit den Hexen feiern. Berühmt ist als Nußbaum dieser Art »La noce di Beneviento«. Der Arzt Piperno schrieb darüber ein Buch, das er »De nuce Beneventana« nannte. Daher bedeutet in Italien »na janara da Beneviento« eine Erzhexe. Noch heute braut man in Beneviento einen Liqueur, der unter dem Namen »Hexe von Beneviento« verkauft wird. Das englische »nut« steht der deutschen Berufsbezeichnung der Prostituierten nahe.

In der jüdischen Tradition ist das Bild der Walnuß leicht verschattet. Im Alten Testament wird nur einmal eine Walnußplantage erwähnt. Es ist ein Ort, von dem aus man das Blühen des Granatapfelbaumes und das Knospen der Dattelpalmen beobachten kann. Ein Ort der Fruchtbarkeit, des Lebens und der (mystischen!) Liebe. (Lurker) Zu Ostern ißt man einen Brei aus Nüssen, Äpfeln und Gewürzen, den Charoses, und gedenkt dabei der Knechtschaft des jüdischen Volkes in Ägypten. Dagegen dürfen am Jüdischen Neujahrsfest keine Nüsse gegessen werden, weil die Worte agos =Nuss und cheth = Sünde beide kabbalistisch die Zahl 17 bedeuten, und es daher Sünde wäre, an diesem Tag Nüsse zu essen.

Die Walnußbäume sind vermutlich Relikte der frühen sommergrünen Laubwälder Südostasiens und von dort aus nach Westen, Norden und Osten verbreitet worden. In Frankreich wurden Überreste an Siedlungsplätzen aus dem Paläolithicum gefunden. Außer ein kalorienreiches Nahrungsmittel waren Walnüsse auch immer Medizin für Mensch, Tiere und Pflanzen. Die Blätter enthalten Gerbstoffe, ätherisches Öl (Juglon, das gegen Pilzerkrankungen wirksam ist) und Flavonoide. Bauern im badischen Raum verwenden heute noch die Blätter gegen Kleider- und Lebensmittelmotten und legen mit ihnen im Herbst die Grube für neue Tulpenzwiebeln aus, »damit die Mäuse sie nicht fressen«. Sie geben dem Walnußbaum eine deutliche Schutzfunktion für Haus, Garten und die Gesundheit der Menschen.

Lektüre: 2, 10, 57/2, 61/9, 80, 85.1, 96, 102, 110, 141

WEGERICH · *Plantago spec.* · *Plantaginaceae*

Symbol für: Ausbreitung des Christentums. Guter Schritt auf rechtem Pfad. Hilfe gegen Teufel.

Attribut von: Heiliger Familie, Maria.

Volksnamen: Wegbeherrscher, Heudieb, Aderkraut, (GB) plantain, Englishman's foot, (I) Piantaggine, (L) Weeblat.

Der Wegerich ist ein echter Weltenwanderer. *Plantago* ist abgeleitet von Planta = Fußsohle, wobei der Name ursprünglich wohl die Form der Blätter, die in einer schön gerundeten Rosette zusammenstehen, meinte. Zum Weltenwanderer haben ihn seine Samen gemacht, die anhänglich an Kleidern, Waren, Transporttieren sind wie Kletten. Er ist den Handelswegen ebenso gefolgt wie den Zügen kriegerischer Eroberungen und war wohl selbst der dauerhafteste Eroberer. Die Indianer nannten das Kraut »englishman's foot« – oder auch »Fußtritt der Bleichgesichter«.
So war es fast selbstverständlich, daß er zum Symbol der Ausbreitung des Christentums wurde. Da er an Wegrändern, auf Wiesen und Schutthalden meist in größeren Gruppen beisammen steht, oft gemischt in den breit- und schmalblättrigen Arten, gab man ihn auf Bildern gerne der Heiligen Familie zur Gesellschaft. Als uraltes Heilkraut ist er eine Marienpflanze, und selten vermißt man ihn in der Nähe der Gottesmutter.
Die Bauern nannten ihn respektlos »Heudieb«, denn wo er seine Rosette spreizt, wächst kein Gras mehr.
In einer englischen Handschrift des 11. Jahrhunderts, der »Neunkräutersegen« des Dr. Hops, heißt es: »Und du, Wegerich, Mutter der Pflanzen, / Offen nach Osten, mächtig im Innern: Über dich knarrten Wagen, über dich ritten Frauen, / Über dir schrien Bräute, über dich schnaubten Farren. / Allen widerstandest du und widersetztest du dich. / So widerstehe auch dem Gift und der Ansteckung / Und dem Übel, das über das Land dahin fährt.» (Nach Richard Pieper).

Lektüre: 1, 96, 102, 131, 141

WEIDE · *Salix spec.* · *Salicaceae*

Symbol für: Frühlingsahnen. Gefahr. Tod. Keuschheit. Ausdauer. Wasser. Regenzauber. Moralische Schwäche. Konkubinen.

Attribut von: Widar, Circe, Hekate, Persephone, Poeten.

Volksnamen: (D) Kätzchen, mhd.: wide, (GB) willow, pussycats, (F) saule, (I) Salice.

Redewendungen: »Zäh wie eine Weide«. »Er verliebt sich, wie der Teufel in eine alte Weide«. »An der Weide büßen«.

In der nördlichen Hemisphäre sind Weiden Verkünder des Frühlings. Doch die symbolische Wertung ist in der westlichen Hälfte dieser Hemisphäre anders als in der östlichen.
Je nach Betrachtungsweise gibt es dreihundert bis fünfhundert Arten der Gattung *Salix* auf der Erde, davon in China einhundertfünfzig. Während man in Ostasien die laszivsten Symbole in der Weide findet, sind es im westlichen Raum Sinnbilder von düsteren Todesdrohungen, Hexenzauber und Teufelswohnung, die man damit verbindet.
Die Kopfweiden, die dem Gehölz vermutlich zu diesem Ruf verhalfen, sind kaum noch zu finden. Früher wuchsen sie entlang aller Dorfbäche, an Teichen, am Rande der Moore. Ihre seltsamen Formen gewannen sie durch den ständigen Schnitt ihrer Jahrestriebe, die den Korbflechtern ihre Existenz sicherten. Es entstanden die eigenartigsten Pflanzengestalten, von Nebeln umzogen, konnten sie schon das Fürchten lehren. Ihre Lebenszähigkeit, mit der sie nach jedem Schnitt immer wieder austrieben, auch wenn der Holzkern der Stämme gespalten oder bereits zu Erde verfallen war, nötigte zur Hochachtung.
Möglicherweise sind im Bild von der Weide uralte Ängste von Generationen von Kindern enthalten, deren Mütter immer wieder vor den Weiden warnten, weil sie fürchteten, die Kinder könnten ins Wasser fallen und ertrinken, wie Ophelia.

Salix ist durch den Gebrauch zu Bindeweiden (aus denen man Körbe flechten, die man bei Fachwerkbauten nutzen, mit denen man Weinstöcke und Kletterrosen festmachen kann) ein außerordentlich nützliches Gehölz. Da es einer der frühesten Blüher ist, wäre es ein ideales Symbol köstlichster Hoffnungen und Sinnlichkeiten. Dennoch zählt kaum jemand *Salix* zu den »glücklichen Bäumen«. Der germanische Totengott Widar wohnte in der Unterwelt im Weidengebüsch. Die Königin der Hexen trug als Szepter einen Weidenzweig. Da der Teufel bevorzugt in alten Weidenbäumen hauste, mußten junge Hexen, die die Kunst erlernen wollten, unter einer Weide Gott abschwören und ihre Seele dem Teufel schenken.

Ranke-Graves schreibt, daß im nördlichen Europa die Verbindung von Weiden und Hexen so eng war, daß die englischen Wörter »witch« = Hexe, »Will-o'-the wisp'« = Irrlicht, »wicked« = böse, auf dem gleichen Wortstamm beruhen, der auch die Wurzel von »wicker« = Weidenkorb bildet.

Da Judas sich an einer Weide erhängt haben soll, wurden Verbrecher, wo kein Galgen in der Nähe war, an einer Weide erhängt. »An der Weide büßen« meint dies. Bei Vollmond legten die Druiden ihre Menschenopfer in Weidenkörbe, die sie mit Steinen beschwerten und im Fluß versenkten.

Im Altertum war die Weide Circe, Hekate, Persephone geweiht, alles Todes-Aspekte der dreifaltigen Mondgöttin, die von den Hexen hoch verehrt wurde. Culpeper sagt: »Sie (die Weide) gehört dem Mond an«. Mond, Wasser, Weide, alles sind klassische Symbole der Weiblichkeit. Kann es damit zusammenhängen, daß man unglücklichen Liebhabern in England einen Kranz aus Weidenzweigen aufsetzte?

Vieles aus der frühen Symbolik der Weide wurde gewandelt in das Christentum übernommen, so die Vorstellung, daß Weiden am himmlischen, lebenszeugenden Wasser wurzeln und damit Vorbild des jenseitigen Lebens sind, aber auch die (falsche) Meinung, Weiden seien unfruchtbar und daher ideale Keuschheitssymbole. Zu dieser irrtümlichen Bewertung kam man durch die Zweihäusigkeit der *Salix*, das meint, daß auf einem Baum oder Strauch immer nur Blüten eines Geschlechtes anzutreffen sind. Da die männlichen Blüten, vor allem bei *Salix caprea mas*, wesentlich schöner sind als die weiblichen, es sind die zarten silbergrauen Kätzchen, die »pussycats« in England, hat man die Stecklinge der leicht auf diese Weise zu vermehrenden Pflanzen über sehr lange Zeiten hin nur von diesen genommen, die logischerweise keine Früchte brachten.

In den katholischen Kirchen weiht man zu Ostern die »Palmkätzchen« als Schutzamulette für Haus und Familie. Einer der schönsten Psalmen (137, 1-3) singt von dem Leiden unter den Weiden: »An den Wassern zu Babel saßen wir und weinten, wenn wir an Zion gedachten. Unsere Harfen hingen wir an die Weiden im Lande. Denn dort hießen sie uns singen, die uns hinweg geführt; hießen uns fröhlich sein unsere Peiniger.«

Die Nähe der Weiden zum Wasser ließen sie ein ideales Mittel zum Regenzauber sein. In Israel glaubte man, daß Gott im Herbst entscheide, wieviel es im kommenden Frühling regnen würde. Der siebte Tag des herbstlichen Laubhüttenfestes ist ein Wasserfest, das man »Weidenfest« nennt. Mit Weidenzweigen schlugen gläubige Juden den Boden, umschritten den Altar und beteten um Regen für die Aussaat.

Ganz ähnlich verwendeten früher die Chinesen Weiden im Regengottesdienst der Buddhisten. Traditionell war zwar der Kaiser für die Herstellung des günstigsten Wetters für das Bauernvolk verantwortlich, doch haben die Kaiser nach Einführung des Buddhismus im 4. Jahrhundert offenbar einen Teil ihrer magischen Macht in Sachen Wetter widerspruchslos den Mönchen überlassen. In den buddhistischen Frühlingsritualen versprengen die Mönche mit Weidenzweigen Wasser als Reinigungszeremonie und Regenzauber. Juliet Bredon berichtet, noch im ersten Drittel dieses Jahrhunderts solchen Zeremonien beigewohnt zu haben.

In der chinesischen Mittsommernacht (der fünften Nacht des fünften Monats des Mondkalenders) wurde ein Büschel Weidenzweige über die Haustür gehängt, das Böse abzuwehren. In der gleichen Mittsommernacht feiern in Europa bis nach Sibirien die Hexen ihre wilden Liebesfeste. Im heutigen China, in dem offiziell nur noch revolutionäre Aktivitäten zählen, wird der offenbar nicht auszurottende Brauch mit der Erinnerung an den Rebellen Huang Chao erklärt, der seinen Freunden empfohlen hatte, in der Nacht Weidenzweige an die Haustür zu hängen, und der tatsächlich alle Bewohner, die sich nicht auf diese Weise als seine Freunde zu erkennen gaben, umgebracht haben soll.

Doch die Hauptbetonung der chinesischen Vorliebe für Weiden – meist wird dort die gelbe *Salix babylonica* gepflanzt – liegt in ihrer erotischen Bedeutung. Im Kunsthandwerk und in der Malerei sind sie Symbole weiblicher Schönheit, Sanftmut und Anmut, aber auch moralischer Schwäche. Durch viele Gedichte unsterblich ist die biegsame, weidengleiche Taille der schönen Konkubine Hsiao Man des Poeten Po Chü Ji (772-846). Doch Weiden durften in den vornehmen Häusern nicht in die hinteren Höfe der Frauen gepflanzt werden, damit die hin- und herwehenden Zweige diesen keine unkeuschen Gedanken brachten.

Besonders die Weidenkätzchen sind Symbole der Frivolität, der mangelnden Standhaftigkeit und moralischer Schwäche. In der Männersprache meinte früher der Satz: »Blumen suchen und Weiden kaufen« den Besuch in einem Bordell. In Tokio wachsen am Eingang zu dem berühmten Freudenhausviertel Yoshiwara Weidenbäume. Ein gut verständlicher Ersatz eines Firmenschildes für jeden Asiaten. Schenkt man Weiden mit jungen Blättern, bei denen die Kätzchen schon abgefallen sind, so ist das in China und Japan ein Symbol verlorener Unschuld. Ein unbekannter Chinese schrieb im 9. Jahrhundert die Klage eines Freudenmädchens:

»Faßt mich nicht an!
Wer nach mir greift, der greift zu unbedacht.
Bin eine Weide nur am Tschüdschjang Reich.
Der bricht ein Blatt sich, jener einen Zweig.
Die Liebe kenn ich wohl – für eine Nacht!«

Eine Eigenschaft der Weiden, über deren Wert sich alle Kontinente einig sind, ist ihre Heilwirkung bei Fieber, bei Erkältung und Rheuma durch den Inhaltsstoff Salizylsäure, die von der pharmazeutischen Industrie für Aspirin synthetisch hergestellt und weltweit verkauft wird.

Lektüre: 1, 23, 28, 54, 61/9, 81, 102, 105, 109, 122, 129, 138, 141

WEINREBE · *Vitis spec.* · *Vitaceae*

Symbol für: Götterblut. Wiederauferstehung. Leben. Israel. Christliche Kirche. Heilige Schrift. Freundschaft.

Attribut von: Noah, Isis und Osiris, Dionysos/Bacchus, Christus, Laetitia (Freude).

Volksnamen: (ahd.) drubo, reba, (GB) vine, (F) vigne, (I) Vite, (L) Rief, (hebräisch) gefen =Weinrebe.

Redewendungen: »Jede Rebe will ihren Pfahl«. »Reinen Wein einschenken«. »Wo der Wein einzieht, zieht der Verstand aus«. »Große Rosinen im Kopf haben«. »Dem Fuchs sind die Trauben zu sauer«.

Der Weinstock ist eine der wenigen Pflanzen, die selbst zum Symbol des Produktes geworden sind, das man aus ihnen gewinnt. Dieses Produkt Wein ist seit früher Zeit bei vielen Völkern Symbol des Blutes ihrer wichtigsten Götter.
Die ursprüngliche Heimat des Weines ist wahrscheinlich an den Südrändern des Schwarzen und des Kaspischen Meeres, aber mit Sicherheit ist dies heute nicht mehr zu bestimmen. Dort sollen noch im 18. Jahrhundert Stämme wilder Reben von einem Meter Durchmesser keine Seltenheit gewesen sein. Gräber aus dem 5. Jahrtausend in Nordgriechenland bargen Reste von Weintrauben. In Ägypten läßt sich der Weinbau bis ins 4. Jahrtausend zurückverfolgen. In vielen Grabfresken ist dort der Anbau der Pflanzen und das Keltern des Weines in allen Details dargestellt. Er war Isis und Osiris geheiligt. Im Tod der Trauben bei der Ernte, in der Zerstückelung in der Presse und der Wiedergeburt durch das Chaos der Gärung, sah man eine Spiegelung des Osiris-Lebens und ein allgemeines Symbol der Hoffnung auf Wiedergeburt der Gläubigen.
So werden die ersten Weinbereitungen zum Götter-Opfer, doch vermutlich schon bald als ein Genußmittel der Mächtigen genutzt worden sein.
Am Beginn des Alten Testamentes wird im 1. Buch Moses von der Fahrt Noahs in der Arche erzählt: »Am 17. Tag des

7. Monats ließ sich der Kasten nieder auf das Gebirge Ararat... Noah aber fing an, und ward ein Ackermann und pflanzte Weinberge.« Wenige Seiten später muß das Alte Testament allerdings von der völligen Trunkenheit Noahs berichten, in der ihn die Söhne finden. »Den Baum der Freude, der Heiterkeit und des Zornes« nannte man den Rebstock in der Alten Welt, »das Blut der Erde« den Wein.
In Kleinasien erzählt man sich, daß der listige Teufel kam und, nachdem Noah den Weinberg gepflanzt, ihn mit dem Blut eines Lammes, eines Löwen und eines Schweines düngte. Je nachdem, wieviel ein Mensch nun von dem Wein trinkt, werden durch den Teufel die Eigenschaften dieser Tiere in ihm geweckt.
Die psychoaktiven Wirkungen müssen den Menschen das Gefühl gegeben haben, das Blut der Götter oder des Teufels zu trinken. In der Gleichsetzung mit dem Blut ergibt sich die Bedeutung für den Totenkult. In einigen Teilen Griechenlands gab man den Toten Wein mit ins Grab als Symbol des Lebensträgers Blut. In anderen Orten Kleinasiens waren dagegen Weinopfer für Unterweltsgötter verboten, da der Trank den Göttern von Leben und Fruchtbarkeit – und den Menschen – vorbehalten sei. »Es sagen alle, die dem Weine fluchen, / So wie man stirbt, so steht man auf! / So bleib ich denn bei Wein und der Geliebten, / Daß ich am jüngsten Tag so stehe auf!« (Omar Khayyam, 1045-1122).
Der efeubekränzte Dionysos ist aus Vorderasien als Weingott zugewandert, vielleicht hat er die Kunst des Rebenbaues und der Weinbereitung sogar mitgebracht. In der klassischen Zeit Griechenlands stellte man dem feurigen Wein die feuchte Frische des Efeu gegenüber, da man glaubte, man könne damit die berauschende Wirkung aufheben oder mildern. Dionysos als Vegetationsgott war sterblich und wurde in jedem Jahreslauf neu geboren. Der Wein war Symbol seines geläuterten Blutes. Ihm folgten bei seinen wilden Zügen im goldenen Wagen, der von Tigern und Leoparden gezogen wurde, die trunkenen Mänaden, Frauen in ekstatischen Tänzen und Gesängen, allen Gefahren der Götternähe willenlos preisgegeben.
In Israel wurde Weinbau schon sehr früh in großem Stil gepflegt, man beherrschte den terrassenförmigen Anbau der Re-

ben. Der Wein war ein Symbol der Freude und der Fülle der von Gott kommenden Gaben. Er war den semitischen Völkern Lebenselixier und Unsterblichkeitstrank. Die Trauben, in denen die ganze Qualität des Weines schon verborgen liegt, wurden zum Nationalsymbol Israels. Es erscheint in allen Formen der Kunst. Als Herodes seinen mächtigen Palast bauen ließ, mußte die Fassade mit Weinstöcken geschmückt werden. Oft sind Grabsteine im Exil lebender Juden an Weintrauben erkenntlich. Salomo hatte befohlen, »daß der Wein jenem gegeben werde, der bereit ist zu sterben.«

Wie bei zahlreichen anderen Pflanzensymbolen übernahm die christliche Kirche diese oder verwandelte die Deutungen ihrer Sehweise an. Bereits im Alten Testament ruft Jakob die Weissagung von der Ankunft des Messias seinen Söhnen zu: »Er wird sein Füllen an den Weinstock binden und seiner Eselin Sohn an eine edle Rebe. Er wird sein Kleid in Wein waschen und seinen Mantel in Weinbeerblut. Seine Augen sind dunkler denn Wein und seine Zähne weißer als Milch.« Doch seine tiefste Bedeutung im Christentum erhält der Wein in der eucharistischen Wandlung als Blut Christi. In den Weintrauben und den Ähren als Symbol von Blut und Fleisch des Herrn leben uralte Relikte der Pflanzenverehrung weiter. Die Arbeit im Weinberg symbolisierte die guten Werke der Christen im Weinberg des Herrn: »Erlangt in kurzer Zeit er hohes Wissen. So ging er an, den Weinberg treu zu hegen, der rasch verwelkt bei einem säumigen Winzer!« (Dante, Paradiso XII, 85).

Fast immer ist das gemeinsame Trinken von Wein ein Symbol von Aufrichtigkeit und Treue. In England werden heute noch wichtige Geschäfte mit einem Glas Wein besiegelt. Seit sehr früher Zeit ist das gemeinsame Trinken aus einem Glas ein Verlöbnis- oder Hochzeitssymbol, vom Reich der Langobarden bis nach China. Ein melancholisches russisches Gedicht, das Karl Dedecius übersetzte, beginnt:

> »Wir werden nie aus einem Glase trinken,
> Das Wasser nicht und nicht den süßen Wein ...«

Lektüre: 1, 17, 18, 31, 51, 61/9, 78, 80, 85.1, 102, 109, 141, 144

WINDE · *Convolvulus spec.* · *Ipomoea spec.* · *Convolvulaceae*

Symbol für: Falsches Zeugnis. Das Unwillkommene.

Attribut von: Bacchus, Muse Polyhymnia.

Volksnamen: (D) Ackerwinde, Teufelsdarm, (GB) morning glow, devil's garter, (F) vrille, belle-de-jour.

Ihrem enormen Ausbreitungsdrang und dem Beharrungsvermögen auf einmal erobertem Gelände verdankt die Winde ihre Symbolik. Die Buchmaler entzücken sich seit Byzanz an ihren herzförmigen Blättern und den vielen dekorativen Möglichkeiten, den Satzspiegel-Rand mit ihnen zu schmücken. Einige interpretieren die Winde als Symbol christlicher Bescheidenheit, denn sie wüchse auch auf Wegen und schlechtesten Böden. Wer selbst einmal einen Garten oder Acker gepflegt, kann über das Symbol »Bescheidenheit« nur müde lächeln; Bauern fluchen, die Wurzeln gingen so tief, daß der Teufel an ihnen ziehen und die Blütenglocken läuten könne.
Andere tauften sie »Teufelsdarm«, da vor allem die Ackerwinde *Convolvulus arvensis* am Boden kriecht, bis sie einen Halt zum Klettern findet. Gar mancher blieb schon in ihnen hängen und fiel.
In Kriegsgefangenenlagern Mittelamerikas kamen 1945 deutsche Landser auf die Idee, die Stacheldrähte mit blauen Ipomoea beranken zu lassen. Von früh bis mittag, wenn die Blüten geöffnet waren, ein wundervoller Anblick. Doch die Farmer führten einen Privatkrieg, den die Gefangenen natürlich verloren. Aber in den Augen der heute alten Männer scheint ein Licht auf, wenn sie blaue Winden blühen sehen. Sie gaben ihnen einst Trost durch ihre Schönheit.
In der japanischen Literatur und Kunst sind Winden bedeutend. »Gleichst du wirklich – wie dein Name – jener Ranke, / die unbemerkt sich an den Wanderer heftet, / könnten heimlich wir uns treffen.« (Fujiwara No Sadakata, 873-932).

Lektüre: 47, 61/9, 102, 103, 130, 141

YSOP · *Origanum syriacum* · *Labiatae*

Symbol für: Reinigung. Bußfertigkeit. Vielfalt des Glaubens.

Attribut von: Maria, Christus.

Der kleine Halbstrauch, der an einsamen, steinigen Plätzen wächst, symbolisiert Bußfertigkeit, Demut, Läuterung. Er hat kurze, verholzende Triebe mit zarten, haarigen Blättern, die in Feuchtigkeit getaucht, diese rasch einsaugen, aber ebenso leicht ist die Flüssigkeit auch wieder auszuschütteln.
Im mosaischen Kult, aber vermutlich schon lange zuvor, wurde er als Spreng- oder Weihbüschel von den Priestern benutzt. Es wurde ebenso geweihtes Wasser mit ihnen versprengt, wie das Blut von Opfertieren. Immer war Ysop verbunden mit dem Symbol der Entsühnung, der Reinigung. »Besprenge mich mit Ysop, und ich werde gereinigt werden. Du wirst mich waschen, und ich werde reiner werden als Schnee«. (Psalm 50)
Da der Ysop aus Mauern wächst, verglichen ihn die Kirchenväter gern mit Christus, der in das harte Gestein des menschlichen Herzens seinen Samen senkt und es zu einem Garten Gottes machen kann. Petrus de Riga nannte die Zeder einen Baum groß und herrlich wie Gott der Herr, das kleine Kraut Ysop sei wie die Menschen. Christus allein vereinige die beiden Naturen in sich. Er fand daher, der Ysop sei ein Symbol der Menschwerdung Gottes durch Christus, und für Christi Blut, das die Menschen von allen Sünden reinigt.
Als Sinnbild der Demut und auch, weil das schmackhafte, aromatische Kraut ein viel verwendetes Heilmittel ist, erscheint es in der Renaissance häufig als Marien-Attribut. Der Name Ysop geht auf das alte hebräische, schon von Salomo gebrauchte Wort ezob (esob) zurück. Nach Rosenberg: »Deutsche Lehnwörter« bedeutet das auch im Phönizischen gebrauchte Wort: das heilige, entsühnende Kraut.

Lektüre: 54, 80, 96, 105, 123, 137, 141

ZEDER · *Cedrus spec.* · *Pinaceae*

Symbol für: Unsterblichkeit. Das Erhabene, Hohe. Kraft. Ausdauer. Könige der Juden. Christliche Kirche.

Attribut von: Gott in vielen Gestalten, Christus, Engel.

Volksnamen: (ahd.) unfulet, (mhd.) Zedrangel, (GB) cedar, (F) cèdre, (I) Cedro, (hebräisch) erez.

Die Welt der Alten sah in der Zeder des Libanon den König der Bäume, wie sie im Löwen den der Tiere sah.
Zedern können dreißig Meter hoch werden, und ihre oft vieltriebige, unregelmäßige Krone breitet sich meist ebenso weit aus. Die Heimat der Zedern ist in den Gebirgen östlich und südlich des Mittelmeeres und im Himalaya. In der Jugend variieren die Arten beträchtlich, doch im Alter sind sie nur noch schwer zu unterscheiden. Der größeren Winterhärte wegen wird in den mitteleuropäischen Parks meist die Atlaszeder, *Cedrus atlantica*, gepflanzt.
Der althochdeutsche Name unfulet weist auf die außerordentliche Haltbarkeit des Holzes hin. Neben der einprägsamen Schönheit des Baumes wird diese Widerstandsfähigkeit des Holzes gegen Verrottung, Fäulnis und Insektenfraß entscheidend den Symbolwert der Zedern für Unsterblichkeit, das Göttliche, die Herrscher mit geprägt haben, dort wo die Zeder wuchs und auch dort, wohin man das Holz exportierte.
Über siebzig Mal wird die Zeder in der Bibel erwähnt, immer in tiefem Respekt vor dem Baum. Möglicherweise sind damit jedoch nicht immer tatsächlich *Cedrus libani* gemeint, die ihr natürliches Ausbreitungsgebiet nördlich Judäa hatten, sondern gelegentlich auch andere Nadelbäume wie *Pinus halepensis* oder Wacholder. Wurde in Israel ein Sohn geboren, so pflanzte man eine Zeder, zur Geburt einer Tochter eine Fichte. Bis zur Hochzeit des Sohnes war die in der Jugend stark wachsende Zeder bereits so groß, daß man sie fällen und das Brautbett daraus fertigen konnte. Die Wahl des Holzes war ein Symbol für die erhoffte Dauer und Beständigkeit der Ehe.

Zedernöl wurde aus den Zapfen gewonnen, die zwei bis drei Jahre am Baum heranreifen. Das Öl hat die gleichen Kräfte der Konservierung wie das Harz des Holzes. Buchrollen wurden im Altertum mit Zedernöl imprägniert, um ihnen eine lange Haltbarkeit, vor allem Widerstandskraft gegen Insekten, zu geben. Persius, römischer Satirendichter des 1. Jahrhunderts, schrieb: »Wo lebt der, der seine Schriften nicht lieber mit Cedernöl bewahrt zu sehen wünscht, denn in einem Kramladen zu Tüten gedreht?«

Vielen Kulturen waren die Zedern Sinnbild des frommen und gerechten Mannes. In Israel sagte man, daß es da, wo die Zeder grünt und duftet, auch ihm gut ergeht. Der Kirchenvater Berchorius schrieb, daß Zedern den gerechten Mann symbolisieren, der die Höhe der Weisheit erreicht hat, voll guter Taten ist und einen guten Ruf besitzt. Er hielt sie auch für ein Symbol der Leiter Jakobs, da sie gleich dieser in den Himmel reiche.

Durch ihre Stärke, ihren Duft und ihre bewahrenden, heilenden Kräfte fühlte sich die christliche Kirche durch die Zeder symbolisiert, ebenso wie es die Herrscher im Reiche Salomos taten und Ägyptens Könige seit dem 4. Jahrtausend. Bis hin zu Shakespeare wurden seit ältester Zeit die Herrscher mit Zedern verglichen. Überall waren sie Symbole für Macht und Herrlichkeit.

Auch durch die hohen Preise, die durch den Holzexport zu erzielen waren, kam es zu einer Gleichsetzung von Zedern und Macht – der Macht des Geldes. Wer Zedern besaß, besaß das Symbol der Unsterblichkeit. Wer die Zedern des Feindes vernichtete, vernichtete zugleich symbolisch dessen Chancen auf Unsterblichkeit. Im großen Tempel von Luxor, in dem sich im innersten Bezirk die berühmte Botanik-Kammer befindet, ist im Außenhof ein ausgedehntes Relief erhalten, auf dem ägyptische Soldaten die Zedern ihrer besiegten Feinde fällen, um ein Zeichen der Macht des Siegers zu setzen.

In dichterischer Form wird im Alten Testament die Freude der Zedern am Tod des Königs von Babel geschildert. Die Zedern sprechen dort: »Seit du am Boden liegst, kommt keiner mehr her, uns zu fällen.« (Jesaja 14,8)

Die Bibel nennt sie an anderer Stelle »Baum Gottes«. Dessen

Größe, Macht und Majestät zeige sich darin, daß er mit seiner Stimme (dem Donner) selbst die Zedern des Libanon zerbreche. (Psalm 29,5,9).
Sowohl bei der Reinigung von Aussatz (Lev. 14,4,49) wie bei der Bereitung des Lustrationswasssers, das nach einer Leichenberührung zur feierlich rituellen Reinigung von Menschen und Sachen verwendet wurde (Num. 19.6), mußte Zedernholz in Form von Gefäßen und Sprengbüscheln verwendet werden. Es wurde so zu einem »Sakramental« im liturgischen Sinn, ein wirkendes Symbol, das bei gläubiger Gesinnung helfend und heiligend wirken konnte.
Es scheint lange Zeiten gegeben zu haben, in denen im Frieden Zedern nur für sakrale Zwecke gefällt werden durften. David hat für die Stiftshütte und den Palast Zedernholz von Hiram aus Tyrus geholt. Auch für Salomos Tempel kam das Holz der Verzierungen von dort. In Ägypten spielte es eine große Rolle im Bestattungskult des Alten und des Neuen Reiches. Seine Unverweslichkeit sollte sich auf den Toten übertragen und auch ihm ein ewiges Leben sichern.
Später ging man nicht mehr so vorsichtig mit dem unersetzlichen Waldbestand um. Als der liebste Freund Alexanders des Großen, Hephaistion, 324 starb, ließ Alexander ihm einen Scheiterhaufen unvorstellbarer Größe errichten. Die Scheiterhaufen anderer Mächtiger verschlangen halbe Wälder. Doch das meiste der wundervollen Zedern des Libanon verschwand viel später in Venedigs Schiffsbauten. Einigermaßen geschlossene Bestände sind nur noch im Atlasgebirge von *Cedrus atlantica* erhalten. Doch im Denken und Fühlen der Menschen leben die Libanon-Zedern fort, wie das Gilgamesch-Epos sie schildert als Wohnung der Götter: »Mühsam steigen sie weiter hinan, bis in die Spitze des Berges, wo der Zedern prächtige Fülle die Wohnung der Götter umkränzt.«

Lektüre: 23, 31, 51, 54, 57/1+2, 80, 102, 141, 144

ZITRONE · *Citrus medica ·Rutaceae*
Buddhas Hand · *Citrus medica var. sarcodactylis*

Symbol für: Trauer. Neues Leben. Hochzeit. Diskretion. Reizvolle Würze. Treue Liebe. Menschliches Herz. Schutz vor Zauber. Apfel der Hesperiden. Maria. Buddhas Hand. Bestechung. Reichtum. Fruchtbarkeit.

Attribut von: (D) Maria, (China) Küchengott.

Wenn Pflanzen von ihrem natürlichen Standort aus verbreitet werden, so wandert ihre Symbolik oft mit – oder sie wird bewußt (weil in dem anderen Kulturkreis nicht erwünscht) gewandelt, dann meist in das völlige Gegenteil. Die in Indien und China heimischen Zitronen lernten die Juden während ihrer Gefangenschaft in Babylon kennen. Seit dieser Zeit sind sie Bestandteil in jüdischen Ritualen, vor allem beim Laubhüttenfest. Die Ethrog (botanisch *Citrus medica var. ethrog*) genannte Zitrone symbolisiert das Herz, genau gesagt die Sünden des Herzens, während in der gleichen Liturgie die Palme für den starren Stolz, die Weide für die schlechte Rede und die Myrte für die Lüsternheit des Auges stehen. Zur Römerzeit schmückten die Juden die Felsheiligtümer des Landes mit Darstellungen von Palmen und Zitronen.
Nach Griechenland kamen die ersten Zitrusfrüchte zur Zeit Alexanders des Großen. Offenbar erkannte man rasch ihren medizinischen Wert, dazu kam ihr guter Duft, der den Griechen bei allen Pflanzen so wichtig war. Die Früchte wurden zum Symbol der Abwehr allen Zaubers, alles Bösen. Wozu auch der Schutz gegen einige Insekten, der von der getrockneten Schale ausging, gehörte. Diese lebenserhaltenden Kräfte ließen die Zitronen oft im todesnahen Brauchtum erscheinen. Die indischen Witwen trugen, wenn sie nach dem Tod ihres Mannes freiwillig zum Scheiterhaufen gingen, eine Zitrone in der Hand. In Deutschland taten ein Gleiches zum Tode verurteilte Verbrecher bei dem Gang zur Hinrichtungsstätte – auch die Frankfurter Kindsmörderin, Urbild von Goethes Gretchen.
Über viele Jahrhunderte, bis in die Zeit nach dem Zweiten

Weltkrieg, war es zumindest bei Beerdigungen auf dem Lande üblich, daß die Sargträger, der Pfarrer und die nächsten Angehörigen Zitronen in der Hand trugen, oft mit einem Rosmarinzweig oder mit Gewürznelken besteckt. Die Zitronen waren Symbole der Lebenskraft, Abwehr alles Lebensfeindlichen. So auch der Pest: in kaum einer Pestmedizin fehlten die Extrakte aus Zitronenschalen.

In allen Ritualen, die eine Erneuerung, eine Wandlung begleiteten, waren Zitronen vertreten, bei Konfirmation oder Kommunion, bei Hochzeiten und Kindtaufen gehörten sie, zumindest zwischen dem 15. und 18. Jahrhundert, als fester Bestandteil dazu.

In der Malerei erschienen sie zunächst als Marienattribute, als Zeichen ihrer Reinheit und mütterlichen Stärke. Möglicherweise aus einem Irrtum heraus, denn die Zedern des Libanon und die Zitronen haben im Italienischen den gleichen Namen: Cedro.

Als die Kunst die ausschließlich sakralen Wege verließ und vor allem aus Adel und Bürgertum Porträtaufträge kamen, wurden verstorbene oder verwitwete Personen mit einer Zitrone in der Hand oder mit Zitronen in deutlichem Bezug zum dargestellten Menschen gemalt und in Holz geschnitzt.

Doch Zitronen waren Kostbarkeiten von Rang: das Sprichwort, »das ist nicht weit her«, trifft genau das Gegenteil: Zitronen kamen von weit her, der Transport war lang, gefährlich und teuer. Gefährdet durch Räuber und Klimaschwankungen. Die reifen Früchte erfrieren bereits bei + 5°. Der Preis einer einzelnen Frucht lag im 18. Jahrhundert im Frankenland etwa gleich mit 1 l Bier, was einem heutigen durchschnittlichen Vergleichswert von DM 10,– entspricht. Nur Vermögende, Menschen mit gutem Einkommen konnten sie sich leisten. Sie waren Luxusartikel, den Reichen vorbehalten und daher vorzeigbare Reichtumssymbole, die auf fürstlichen Tafeln nicht fehlen durften. Trotz der neu in Mode gekommenen Orangerien und der sich verbessernden Transportbedingungen waren sie nicht im ganzen Jahr verfügbar. So wurden sie von der aufkommenden Porzellanindustrie schnell als lohnende Darstellungsobjekte entdeckt. Die Tafelaufsätze, die sie bekrönten, hatten nichts mehr mit Trauer zu tun, sondern

kündeten von Besitz und Macht des Hausherrn. In Standesverordnungen wurde für das einfache Volk der Gebrauch der Zitronen eingeschränkt.
Ein Reichtumssymbol waren sie auch in ihrem Herkunftsland China. Dort wächst eine Varietät von *Citrus medica*, die seltsame, handförmige Früchte bringt, oft geformt wie eine buddhistische Mudra-Stellung. Eine ihrer chinesischen Namen ist »Buddhas-Hand«. Schon in Singapur und Hongkong kann man sie häufig auf Altären der Tempel oder in Privathäusern entdecken, ganz besonders am chinesischen Neujahrsfest. Doch wie fast alles in China haben diese Zitronen mehrere symbolische Bedeutungen, die hintereinander liegen. Die fingerförmigen Auswüchse umschließen meist locker die eigentliche halbrunde Frucht. Wenn man möchte, so kann man die Form wie eine Geste des Geldgreifens deuten. Als Kunsthandwerk waren sie ein beliebtes Geschenk für Beamte, eine versteckte Anfrage. Aus deren Reaktion konnte man rasch die Möglichkeit und den Grad ihrer Bestechlichkeit erkennen. So waren (und sind) sie auch in China Reichtumssymbol. Da diese Varietät über zahlreiche Samenkerne verfügt, sind sie ebenso ein Sinnbild der Fruchtbarkeit – Fruchtbarkeit wird immer zugleich als Reichtum gesehen.
Eine der wichtigsten Eigenschaften der Zitrone ist ihr hoher Anteil an Fruchtsäure, die stark appetitanregend wirkt, ein Effekt, der allein durch ihren Anblick in der Chemie unseres Körpers ausgelöst werden kann. Weshalb es in Europa über lange Jahrzehnte hin Sitte war, daß Fleischereien ins Schaufenster einen Schweinekopf legten, der eine halbierte Zitrone im Rüssel trug.
Friedrich von Schiller schrieb:

Preßt der Zitrone saftigen Stern,
Herb ist des Lebens innerster Kern.

Lektüre: 1, 2, 32, 54, 80, 85.1, 102, 123, 125, 132, 141

ZWIEBEL und KNOBLAUCH · *Allium spec.* · *Liliaceae*

Symbol für: Vielgestaltigkeit des Mondes. Mensis. Zeugung.

Attribut von: Isis.

Redewendungen: »Er hat sich die Zwiebeln selbst gezogen, die ihm die Augen beißen«. »Einen zwiebeln«.

Ein geliebtes und gefürchtetes Aphrodisiakum waren Zwiebeln und Knoblauch im Altertum. Beides Symbole erotischer Spiele und Symbole der Zeugung. Priestern und Eingeweihten der Isis war der Verzehr streng verboten, obwohl die vielhäutige Zwiebel der Mondgöttin Isis heilig war. Man glaubte, daß das Wachstum der Zwiebeln, gleich der Mensis der Frau, in Beziehung zu den Mondphasen stehe. Die Hieroglyphe für den Mond und dessen wandelbare Gestalt war eine Zwiebel. Brahmanen mußten Lauch, Zwiebel und Knoblauch meiden, da sie mit Dünger gezogen würden. Selbst wenn der Genuß unbewußt geschah, fiel man sofort eine Kaste zurück.
Aber fast überall waren Knoblauch und Zwiebel Volksnahrungsmittel. Jedoch fand man sie auch in Fülle in den Grabkammern ägyptischer Könige und Vornehmer. Herodot berichtet – doch Ägyptologen halten dies für einen seiner Lesefehler der Hieroglyphen –, daß beim Bau der Cheopspyramide die Arbeiter für eintausendsechshundert Silbertalente Zwiebeln und Knoblauch verzehrt hätten. Nach heutiger Währung für etwa sieben Millionen Mark.
Doch nicht nur Ägypter opferten den Göttern Zwiebeln, sie waren auch den frühen Hebräern geheiligt, den Griechen und Römern. Der starke Geruch des Knoblauchs, der Reiz, den Zwiebeln auf die Augen ausüben, ließ die Menschen böse Geister und Dämonen abwehrende Kräfte von ihnen erwarten. Hekate, die Göttin des Zauberns, bekam als »Nachtessen« einige Knoblauchzehen auf eine Wegkreuzung gelegt. Sie sollten unter anderem Schutz bieten vor erotischen, männerverschlingenden Dämonen.

Lektüre: 2, 54, 57, 81, 107, 111/3, 123, 141

ZYPRESSE · *Cupressus sempervirens* · *Cupressaceae*

Symbol für: Trauer. Tod. Ausdauer. Unsterblichkeit. Amors Pfeil.

Attribut von: Pluto, Zeus, Sylvanus, Istar, Aphrodite, Amor, Zarathustra, Ormuzd.

Volksnamen: (D) Lebensbaum, mhd.: Cippressebaum, (GB) cypress, (I) Cipresso, (Iran) Sarw, azad.

Die Zypressen stehen in Westasien bei den Bäumen an wichtigster Stelle. Sie heißen sarw =frei und azad, da sie, steil aufgerichtet wachsend, nichts Irdisches stört. Den Menschen nützliche Früchte zu tragen, ist nicht ihre Aufgabe. Aufgrund der Tatsache, daß die Früchte weder für Mensch noch Haustier eßbar sind, wurde der Baum von einigen frühen Autoren als unfruchtbar erklärt, und rasch kam er irrtümlich zu diesem Symbolgehalt. So war in der Welt der Alten der Ausspruch Phonikons ein geflügeltes Wort: »Junger Mann, deine Reden gleichen Zypressen, sie sind groß und hoch und tragen keine Früchte.«
Doch dem geheimnisvollen Zauber, der von dem straff säulenförmigen Baum ausgeht, kann sich kaum jemand entziehen. So dicht wie fast bei keinem anderen pyramidal wachsenden Gehölz, liegen die mit eng übereinander geschuppten kleinen Nadelblättern besetzten Zweige nahe um den Stamm und weisen senkrecht zum Himmel.
Früh schon wurden die streng geometrischen Bäume in der Gartenkunst genutzt. Ob die säulenförmigen Gehölze auf ägyptischen Gartendarstellungen in den Gräbern um Theben Zypressen sind, ist strittig. Auf jeden Fall zierten sie die Tempel und Königsgärten Westasiens. Sie waren heilige Bäume, in erster Linie den chtonischen Gottheiten geweiht. Auf Resten phönizischer Kultstätten kann man ihre Darstellungen ebenso finden wie auf den Münzen dieses Händlervolkes. Im Iran waren Zypressen immer die Begleiter zoroastrischer Feueraltäre, wirken sie doch selbst wie Flammen, die zum Himmel züngeln. Die Wuchsform machte den Baum zum

Symbol für Ormuzd, den höchsten Gott. Zypressen bildeten die Heiligen Haine des Tempels der göttlichen Zeus-Mutter Rhea und die der Grotte, in der Zeus auf Kreta geboren wurde.
Das Holz der Zypressen ist von ähnlicher Dauerhaftigkeit wie das der Zedern. Vor allem im Kern liegen die Jahresringe enger, so daß es besser zum Schnitzen zu gebrauchen ist als das der Zedern. Im Altertum wurden unzählige Kultbilder, Verzierungen an Tempeltüren und Tempelschreinen aus Zypressenholz ausgeführt. Durch diese häufige Nutzung für geheiligte Bildnisse übertrug sich das Symbol der Verehrung auf das Werkmaterial; das Zypressenholz selbst galt als geheiligt.
Häufig werden Zedern und Zypressen zusammen gerühmt. Maria sagt in den Apokryphen: »Ich wachse wie eine Zeder im Libanon und wie eine Zypresse auf den Höhen von Hermon.« (Eccl., 24,17)
Noch etwas ist Zedern und Zypressen gemeinsam: beide haben im klassischen Griechenland nicht zu den wichtigsten Gehölzen gehört. Ihre Bedeutung erhielten sie erst wieder im römisch augusteischen Reich, als Pflanzenimporte über den Hafen Tarent begannen, das uns heute vertraute italienische Landschaftsbild zu formen. In Griechenland blieben sie einzig Athene mehrfach verbunden, vor allem in deren Erscheinungsform als Athene Kyparrissia. Der griechische Name der Zypresse, kypárissos, setzt sich zusammen aus kyo = befruchtet und parisosis = regelmäßiger Abstand. Dieser, fast wie eine Anweisung an Gartengestalter klingende Name, wirkt bis heute fort. Die geometrische Gestalt verführt dazu, Zypressen auch geometrisch anzuordnen. Doch gerade diese geometrische Anordnung verstärkt den Eindruck feierlich ernster Düsternis, der sie umweht. »Schau, wie die Zypressen schwärzer werden / in den Wiesengründen, und auf wen / in den unbetretbaren Alleen / die Gestalten mit den Steingebärden / weiterwarten, die uns übersehen.« (Rilke)
Spätestens seit der Römerzeit waren sie Pluto geweiht. Bei den Opfern, die ihm in Vollmondnächten gebracht wurden, waren die Priester mit Zypressen bekränzt. Melpomene, die Muse der tragischen Dichtkunst, schmückte sich ebenso da-

mit. Die Häuser in Rom, in denen jemand verstorben war, wurden mit Zypressenzweigen bezeichnet. Horaz behauptete, daß von allen Bäumen dieser düstere Todesbaum am schnellsten wachse, als Mahnung, die kurze Lebenszeit zu nutzen. Zeus, der Herr über Leben und Tod, trug ein Zepter aus Zypressenholz. Doch die vielleicht weiseste Verwendung dieses Schmerz-Symbols fand Amor: er schnitzte seine Pfeile, für die er meistens Buchsbaumholz bevorzugte, in besonders wichtigen Fällen aus Zypressenholz. »Darin liegt ein tiefer Sinn, denn wenig andere Pfeile haben schon so viel Trauer und Reue bereitet wie die des jugendlichen Gottes.« (Dierbach)
Dieses Schmerzen- und Todessymbol, der typische Baum der Friedhöfe des Südens und Kleinasiens, trägt in vielen Ländern den Namen »Lebensbaum«, denn immer erhoffte man vom Sterben ein neues Leben, immer waren Liebe und Tod einander nahe. So ist es kaum verwunderlich, in der Sprache der arabischen Welt die Zypressen als Liebesbaum des Orients wiederzufinden. Sarw-widschan sagt man von einem schönen Mädchen: »Zypressen-Gestalt«. Immer wieder wird die Gestalt des oder der Geliebten mit Zypressen verglichen: »Ihre Düfte haben die Violen / von dem Moschus deines Haars gestohlen. / Die Zypresse geht, von deinem Gang / Anmut der Bewegungen zu holen, / und dein klares Lächeln nachzuahmen, / wird vom Ostwind dem Jasmin befohlen.« (Hafis, Übersetzung Rückert). Das gleiche Sinnbild verwendet dreihundert Jahre später der Hofdichter der Moghul Kaiser, Mir: »Der Liebsten Wuchs sah die Zypresse / und hielt sich fern – ein armer Sünder.« (Übersetzung Annemarie Schimmel).
Dem Heutigen ist das Bild von Zypressen, vor allem wenn sie als Alleen gepflanzt sind, ein Symbol des Traumes von südlichen Urlaubslandschaften. Victor Hehn schrieb vor einhundert Jahren: »Wo die Zypressen beginnen zu wachsen, da beginnt das Reich der Formen, der ideale Stil, da ist klassischer Boden.«

Lektüre: 8, 41, 54, 57/1, 63, 81/3, 84, 85/1, 101, 102, 109, 117, 132, 141

SYMBOLIK DER FARBEN

Das altägyptische Wort für Farbe bedeutete gleichzeitig »Wesen«. Vielleicht kann nichts deutlicher die Charakterprägung von Dingen durch Farben benennen. Eine weiße Rose sagt einem Betrachter etwas völlig anderes als eine rote Rose oder eine gelbe. Ein rotes Maßliebchen wird vom Beschenkten anders empfunden werden als ein weißes. Blauer Enzian, Vergißmeinnicht, Kornblumen künden von Treue – vor allem in der Ferne.

Nicht in allen Kulturen stimmt die Farbsymbolik exakt überein, aber im wesentlichen deckt sie sich fast auf der ganzen Welt. Es sind Pflanzennamen, mit denen überall die differenziertesten Farbbegriffe benannt werden: Veilchenblau, Lavendelfarben, Indigo, Pfirsichrosa, Malvenfarben, Pistaziengrün, Erdbeerrot, Rosenrot.

Die am meisten emotional befrachtete Farbe ist die des Blutes: Rot. Es ist die Farbe der Liebe, der Leidenschaft (auch in der Politik). Die Betrachtung roter Blumen, roter Kleider, roter Fahnen, setzt starke Mengen Adrenalin in unserem Körper frei, das aufmuntert, »anfeuert«, nach einiger Zeit aber zur Erschöpfung führt, die Immunkräfte auf die Dauer herabsetzt. Fast könnte man sagen: rote Rosen mindern die Widerstandskraft der Beschenkten gegen die Wünsche des Schenkenden. Rot gilt als die heißeste Farbe, die Farbe der Nähe, da sie auf uns zutritt im Gegensatz zu Blau, das vor uns zu fliehen scheint und das als kälteste Farbe gilt; die Farbe des Eises, der fernen Berge. Blau erscheint uns der unendliche Himmel und auch die Erde, aus dem Weltraum betrachtet. Das »blaue Blut« bezeichnet den Adel, der sich weit über dem niederen Volk fühlt – in Europa und auch in Japan. Dort badet man Knaben in Wasser, in dem blaue Irisblüten schwimmen, ihrem Blut die rechte Adelsfarbe zu geben.

Für Psychologen ist Gelb die Farbe der Sanguiniker, der Menschen, die heiter, lebhaft und beweglich sind, aber auch leicht aufbrausen. Die Farbe lockert die Stimmung, sie macht Lust auf Veränderung oder signalisiert sie. Gelb ist die Farbe der Post, in Indien der Hochzeit, im mittelalterlichen Europa mußten die Ketzer sie tragen und die Prostituierten. Dem

Volk war es stets die Farbe von Neid und Eifersucht. Gelbe Rosen schenkten noch vor dreißig Jahren eifersüchtige Liebhaber, die die Hoffnung noch nicht ganz aufgegeben hatten. Es ist ebenso die Farbe des Goldes, der Glanz des Lichtes.
Im Orange mischen sich die starken Kräfte des Rot mit dem aus sich heraustretenden Gelb. Es entsteht eine Farbe, die Tätigkeitsdrang, Stolz, aber auch Leidenschaft signalisiert. In Indien sind alle orangeblühenden Blumen Gott Schiwa geheiligt, dem Schöpfer, Erhalter und Zerstörer der Welt.
Purpurviolett, wie es in seiner schönsten Ausprägung auf den Blütenblättern einiger alter Rosen zu finden ist, war die Farbe der Mächtigen. Es zierte die Toga der römischen Senatoren und siegreicher Heerführer, der Kaiser und Könige der Alten Welt. Hier mischt sich in gleichen Teilen das kalte Blau und das heiße Rot zu einer idealen Harmonie. Es ist eine wichtige Symbolfarbe auch der katholischen Kirche. Ein Zeichen für Buße, Weltabgeschiedenheit, Akzeptanz des Schicksals, aber auch Sehnsucht nach dem verlorenen Paradies. Es ist die Farbe der Grenzüberschreitung.
Im Sprachgebrauch ist Weiß eine »Unfarbe« (gleich Schwarz). Dabei sind weiße Lilien und weiße Rosen vielleicht das Edelste, was die Natur hervorgebracht hat. Immer war Weiß die Farbe der bräutlichen Unschuld, auch der Trauer und des Todes. Tatsächlich ist nichts so vergänglich wie diese Farbe. Es sind keine Farbpigmente, sondern ein Lufteinschluß in den Zellen, die weiße Blumen so strahlen lassen. Auch eine Schneeflocke schmilzt bei der leisesten Berührung dahin, das weiße Blütenblatt, ungeschickt angefaßt, wird braun. Aber gerade daher ist Weiß eine metaphysische Farbe: unfaßbar.
Doch die am häufigsten sichtbare Pflanzenfarbe ist Grün. Es entsteht durch eine möglichst gleichteilige Mischung von Gelb und Blau. Schon immer symbolisiert es Natur, Jugend, Hoffnung. »Komm an meine grüne Seite« bedeutet immer die Herzseite, die Körperstelle, mit der man glaubt zu fühlen. Am Beginn der modernen Farbforschung in der Mitte dieses Jahrhunderts stand die Erkenntnis, daß Augen im Bereich der Wellenlänge der Farbe Grün am wenigsten ermüden. Viele Arbeitsräume wurden daraufhin grün gestrichen, bis man be-

merkte, daß dies rasch zu Monotonie und daher Unaufmerksamkeit führte. Auch Gärten, die ganze Natur braucht die Abwechslung der bunten Blütenfarben, um unser Interesse auf Dauer zu fesseln.
»Am farbigen Abglanz haben wir das Leben.« (Goethe)

MEIN DANK

Wenn eine Autorin ein Manuskript abgeschlossen hat, so bleibt neben einer leichten Ermüdung vor allem ein Gefühl großer Dankbarkeit den Menschen gegenüber, die halfen, dem Buch die Gestalt zu geben. Ich denke mit besonderer Freude an die Zusammenarbeit mit Maria-Therese Tietmeyer, die mit ihren Aquarellen dem Werk Vitalität und Farbigkeit gibt, und an Charlotte Schöbel, die den Text in Maschinenschrift übertrug. Mein Dank gilt auch Harald Förther, der mich in botanischen Zweifelsfällen beriet. Ebenso Dr. Johannes Wachten und Johannes Roth, die mir Hilfe gaben für das Verständnis der Tradition des jüdischen Glaubens und der griechischen und römischen Sprache. In selbstloser Freundschaft erstellten Helga und Klaus Urban das Register. Frau Dr. Vera Hauschild war mir eine verehrte, genaue Lektorin (assistiert von Elke Steenbeck), und Rolf Staudt leitete souverän die Herstellung.
Doch ich bin auch allen Freunden dankbar, die Geduld mit mir hatten, wenn ich mich völlig in die Arbeit zurückzog.

Marianne Beuchert 1. März 1995

BIBLIOGRAPHIE

1 Addison, Josephine: The Illustrated Plant Lore. A unique pot-pourri of history, folklore and practical advice. London: Sidgwick & Jackson, 1985

2 Aigremont: Volkserotik und Pflanzenwelt. Darmstadt: J.G. Bläschke Verlag, o.J.

3 de l'Aigle, Alma: Begegnung mit Rosen. Moos/Bodensee: Verlag Frick, 1977

4 Allardice, Pamela: Lavender. London: Robert Hale, 1991

5 Allen, O.N./Allen, E.K.: The Leguminosae, a Source Book of Characteristics, Uses and Nodulation. Madison (Wisconsin): 1981

6 Andrews, F.W.: The Flowering Plants of the Anglo-Egyptian Sudan, Band 2. Arbroath (Schottland): 1952

7 Anonymus: Kreutterbuch, darinn die Kräuter deß Teudschenlands auß dem Liecht der Natur nach rechter art der Himmelischen Einfließungen beschrieben. Straßburg 1606 (Faksimile)

8 Arbeitsgemeinschaft Apothekergarten (Hrsg.): Die Heilpflanzen im Apothekergarten. Broschüre zur 1. Hessischen Landesgartenschau in Fulda vom 29. April bis 3. Oktober 1994

9 Arens, Detlev: Sechzig einheimische Wildpflanzen in lebendigen Porträts. Köln: DuMont Buchverlag, 1991

10 Arens, Detlev: Von Bäumen und Sträuchern. Fünfzig einheimische Gehölze in lebendigen Porträts. Köln: DuMont Buchverlag, 1993

11 Badt, Kurt: Die Farbenlehre van Goghs. Köln: DuMont Buchverlag, 1981

12 Baldini, Umberto: Der Frühling von Botticelli. Geschichte, Wiedergeburt und Deutung eines berühmten Gemäldes. Bergisch-Gladbach: Gustav Lübbe Verlag, 1986

13 Bärtels, Andreas: Kostbarkeiten aus ostasiatischen Gärten. Stuttgart: Verlag Eugen Ulmer, 1987

14 Barth, Friedrich G.: Biologie einer Begegnung. Die Partnerschaft der Insekten und Blumen. Stuttgart: Deutsche Verlags-Anstalt, 1982

15 Baumann, Hellmut: Die griechische Pflanzenwelt in Mythos, Kunst und Literatur. München: Hirmer, 1965

16 Becker, Hans/Schmoll, Helga: Mistel. Arzneipflanze, Brauchtum, Kunstmotiv im Jugendstil. Stuttgart: Wissenschaftliche Verlagsgesellschaft, 1986

17 Becker, Udo: Lexikon der Symbole. Freiburg/Basel/Wien: Herder, 1992

18 Behling, Lottlisa: Die Pflanze in der mittelalterlichen Tafelmalerei. Köln/Graz: Böhlau, 1967 (2., durchgesehene Auflage)

19 Behling, Lottlisa: Die Pflanzenwelt der mittelalterlichen Kathedralen. Köln/Graz: Böhlau, 1964

20 Berlin durch die Blume oder Kraut und Rüben. Gartenkunst in Berlin-Brandenburg. Katalog der Gartenschau Berlin 1985. Berlin: Nicolaische Verlagsbuchhandlung, 1985

21 Bernatzky, Aloys: Baum und Mensch. Frankfurt/Main: Verlag Waldemar Kramer, 1973

22 Beuchert, Marianne/Nickig, Marion: Von Lilien bezaubert, mit Rosen verführt. Zwölf Blumenporträts. Köln: Diederichs, 1985

23 Beuchert, Marianne: Die Gärten Chinas. München: Diederichs, 1991 (3. Auflage)

24 Beuchert, Marianne: Sträuße aus meinem Garten. Kultur, Schnitt und floristische Verarbeitung der Gehölze, Stauden und Sommerblumen. Stuttgart: Verlag Eugen Ulmer, 1991 (4., durchgesehene und ergänzte Auflage)

25 Blumen und Pflanzen im Kunstgewerbe Ostasiens. Katalog zur Ausstellung vom 28. April bis 20. Mai 1978 im Kunsthaus am Museum, Köln

26 Botheroyd, Sylvia und Paul F.: Lexikon der keltischen Mythologie. München: Diederichs, 1992

27 Boulos, L.: Medicinal Plants of North Africa. Algonac (Michigan): 1983

28 Bredon, Juliet/Mitrophanow, Igor: Das Mondjahr. Chinesische Sitten, Bräuche und Feste. Berlin/Wien/Leipzig: Paul Zsolnay Verlag, 1937

29 Brimble, L. J. F.: The Floral Year. London: Macmillan, 1949

30 Bronsart, H. v.: Aus dem Reich der Blume. Unsere Blumen in Garten und Haus in Vergangenheit und Gegenwart. Dresden: Verlag von Wolfgang Jeß, 1934

31 Brosse, Jacques: Mythologie der Bäume. Olten/Freiburg i. Brsg.: Walter, 1990

32 Carle Sowerby, Arthur de: Nature in Chinese Art. New York: John Day Company, 1940

33 Cassirer, Ernst: Wesen und Wirkung des Symbolbegriffs. Darmstadt: Wissenschaftliche Buchgesellschaft, 1983

34 Coats, Alice M.: Flowers and their Histories. London: Adam & Charles Black, 1968

35 Coats, Alice M.: Garden Shrubs and their Histories. London: Vista Books, 1963

36 Coats, Alice: ›Kaiserkron und Tulipan‹. Die Schönheit von Blumen und Blüten. Tafeln aus Pflanzenbüchern des 16. bis 19. Jahrhunderts. Schauberg: Verlag M. DuMont, 1973

37 Curtis' Wunderwelt der Blumen. Bern: Colibri, 1979

38 Das Blumenfest. Nachwort von Suzanne Koranyi-Esser. Dortmund: Harenberg, 1982

39 Die Freilandschmuckstauden. Handbuch und Lexikon der winterharten Gartenstauden. Begründet von Leo Jelitto und Wilhelm Schacht. Neu herausgegeben von Wilhelm Schacht und Alfred Feßler. Stuttgart: Verlag Eugen Ulmer, 1983 (3., völlig neubearbeitete Auflage)

40 Diederichs, Ulf (Hrsg.): Germanische Götterlehre. Köln: Diederichs, 1984

41 Dierbach, Johann Heinrich: Flora Mythologica oder Pflanzenkunde in Bezug auf Mythologie und Symbolik der Griechen und Römer. 1833

42 Eberhard, Wolfram: Lexikon chinesischer Symbole. Geheime Sinnbilder in Kunst und Literatur, Leben und Denken der Chinesen. München: Diederichs, 1983

43 Eliade, Mircea: Die Sehnsucht nach dem Ursprung. Von den Quellen der Humanität. Wien: Europaverlag, 1973

44 Emboden, William A.: Leonardo Da Vinci on Plants and Gardens. UCLA: Dioscorides press, 1987

45 Emboden, William A.: Transcultural Use of Narcotic Water Lilies in Ancient Egyptian and Maya Drug Ritual. In: Journal of Ethnopharmacology, 3 (1981), S. 39-83

46 Enderes, Aglaia v.: Frühlingsblumen. Leipzig/Prag: Freytag/Tempsky, 1884

47 Exner, Walter: Kirschblüten und Ahornlaub. Die Hundert Gedichte aus dem alten Japan. Waldegg: Siebenberg-Verlag, 1990

48 Filchner, Wilhelm: Om mani padme hum. Meine China- und Tibetexpedition 1925/28. Leipzig: Brockhaus, 1930 (10. Auflage)

49 Fletcher, H. L. V.: The Rose Anthology. London: Newnes, 1963

50 Folkard, Jun., Richard: Plant. Lore, Legends, and Lyrics. Myths, Traditions, Superstitions, and Folk-Lore of the Plant-Kingdom. London: Sampson Bow, 1884

51 Forstner, Dorothea: Die Welt der Christlichen Symbole. Innsbruck/Wien/München: Tyrolia, 1977 (3., verbesserte Auflage)

52 Francé, R.H.: Das Liebesleben der Pflanzen. Stuttgart: Franckh'sche Verlagsbuchhandlung, 1919

53 Frank, Reinhilde: Zwiebel- und Knollengewächse. Stuttgart: Verlag Eugen Ulmer, 1986

54 Friedreich, J.B.: Die Symbolik und Mythologie der Natur. 1859

55 Fritz, Rolf: Aquilegia. Die symbolische Bedeutung der Akelei. In: Jahrbuch des Wallraf-Richartz-Museums Köln, Jahrgang 1952, S. 99-110
56 Gallwitz, Esther: Kleiner Kräutergarten. Kräuter und Blumen bei den Alten Meistern im Städel. Frankfurt/Main: Insel, 1992
57 Genlis, Frau von: Die Botanik der Geschichte und Literatur (2 Bände). Bamberg: Goebhardt, 1817
58 Gericke, Andreas/Gericke, Lothar: Erlebnis Farbe. Farbwirkung, Farbassoziation, Farbsymbolik. Berlin: Verlag Gesundheit, 1990
59 Goodall, John A.: Heaven and Earth. London: Lund Humphries, 1979
60 Grunert, Christian: Gartenblumen von A-Z. Ein Handbuch für Freunde der Stauden, Blumenzwiebeln, Sommerblumen und Rosen. Neudamm: Verlag J. Neumann, 1967
61.1 Handwörterbuch des deutschen Aberglaubens, Band 1. Berlin/Leipzig: de Gruyter, 1927
61.2 Handwörterbuch des deutschen Aberglaubens, Band 2. Berlin/Leipzig: de Gruyter, 1929/1930
61.3 Handwörterbuch des deutschen Aberglaubens, Band 3. Berlin/Leipzig: de Gruyter, 1930/1931
61.4 Handwörterbuch des deutschen Aberglaubens, Band 4. Berlin/Leipzig: de Gruyter, 1931/1932
61.5 Handwörterbuch des deutschen Aberglaubens, Band 5. Berlin/Leipzig: de Gruyter, 1932/1933
61.6 Handwörterbuch des deutschen Aberglaubens, Band 6. Berlin/Leipzig: de Gruyter, 1934/1935
61.7 Handwörterbuch des deutschen Aberglaubens, Band 7. Berlin/Leipzig: de Gruyter, 1935/1936
61.8 Handwörterbuch des deutschen Aberglaubens, Band 8. Berlin/Leipzig: de Gruyter, 1936/1937
61.9 Handwörterbuch des deutschen Aberglaubens, Band 9. Berlin: de Gruyter, 1938/1941
62 Hausmann, Helga und Ulrich: Griechische Blumen. Natur, Brauchtum, Dichtung. Tübingen: Ernst Wasmuth, 1984
63 Hehn, Victor: Kulturpflanzen und Hausthiere in ihrem Übergang aus Asien nach Griechenland und Italien sowie in das übrige Europa. Berlin: Borntraeger, 1894 (6. Auflage)
64 Heinz-Mohr, Gerd/Sommer, Volker: Die Rose. Entfaltung eines Symbols. München: Diederichs, 1988
65 Hepper, F. Nigel: Pharaoh's Flowers. The Botanical Treasures of Tutankhamun. London: HMSO, 1990
66 Heyne, K.: De nuttige Planten van Nederlandsch-Indië, deel IV. Batavia: 1917

67 Honnefelder, Gottfried: Das Insel-Buch der Bäume. Frankfurt/Main: Insel, 1977
68 Hume, H. Harold: Hollies. New York: Macmillan, 1953
69 Ingram, Collingwood: Ornamental Cherries. London: Country Life Ltd., 1948
70 Jäger, Michael: Die Theorie des Schönen in der italienischen Renaissance. Köln: DuMont Buchverlag, 1990
71 Keller, Hans E.: Blumen. Gottes lieblichste Geschöpfe. Frauenfeld: Huber, 1962
72 Kiær, Eigil/Hancke, Werner: Das große Rosenbuch. Berlin: Gebr. Weiss Verlag, o.J.
73 Klees, Henri: Luxemburger Pflanzennamen. Luxembourg: Linden, 1983 (2., verbesserte und erweiterte Auflage)
74 Kobell, Fr. v.: Ueber Pflanzensagen und Pflanzensymbolik. München: Lindauer'sche Buchhandlung, 1875
75 Koehn, Alfred: Fragrance from a Chinese Garden. Peking: The Lotus Court, 1942
76.1 Krüssmann, Gerd: Handbuch der Laubgehölze (Band 1). Berlin/Hamburg: Paul Parey, 1960
76.2 Krüssmann, Gerd: Handbuch der Laubgehölze (Band 2). Berlin/Hamburg: Paul Parey, 1962
77 Küppers, Harald: Harmonienlehre der Farben. Theoretische Grundlagen der Farbgestaltung. Köln: DuMont Buchverlag, 1989
78 Lehane, Brendan: Macht und Geheimnis der Pflanzen. Frankfurt/Main: Wolfgang Krüger Verlag, 1977
79 Lehner, Ernst und Johanna: Folklore and Symbolism of Flowers, Plants and Trees. New York: Tudor Publishing Company, 1960
80 Levi D'Ancona, Mirella: The Garden of the Renaissance. Botanical Symbolism in Italian Painting. Florenz: Leo S. Olschki Editore, 1977
81 Lexikon der Alten Welt (3 Bände). Zürich/München: Artemis, 1990
82 Löber, Karl: Pflanzensymbolik der mittelalterlichen Tafelmalerei mit besonderer Berücksichtigung der Akelei. In: Symbolon, Jahrbuch für Symbolforschung, Neue Folge Band 3, S. 75-99. Köln: Wienand Verlag
83 Luley-Krantz, Ricarda: Eine Welt der Pflanzen. Zur Bedeutung der Pflanzenmotive im Werk der Oba Minako. (Magisterarbeit im Fach Japanologie an der Ludwig-Maximilians-Universität München) 1993
84 Lundgreen, Friedrich: Die Benutzung der Pflanzenwelt in der alttestamentlichen Religion. Gießen: Alfred Töpelmann, 1908

85.1 Lurker, Manfred: Wörterbuch der Symbolik. Stuttgart: Kröner, 1991 (5. Auflage)

85.2 Lurker, Manfred: Die Botschaft der Symbole. In Mythen, Kulturen und Religionen. München: Kösel, 1990

86 Majapuria, Trilok Chandra/Majapuria, Indra: Sacred and Useful Plants & Trees of Nepal. Katmandu: Sahayogi Prakashan, 1978

87 Marzell, Heinrich: Bayerische Volksbotanik. Volkstümliche Anschauungen über Pflanzen im rechtsrheinischen Bayern. Nürnberg: Spindler, o.J.

88 Marzell, Heinrich: Die Pflanzen im deutschen Volksleben. Jena: Eugen Diederichs Verlag, 1925

89 Marzell, Heinrich: Volksbotanik. Die Pflanze im Deutschen Brauchtum. Berlin: Enckehaus, 1935

90 Marzell, Heinrich: Wörterbuch der deutschen Pflanzennamen, Band 3. Stuttgart: Hirzel & Wiesbaden: Steiner, 1977

91 Mercatante, Anthony S.: Der magische Garten. Pflanzen in Mythologie und Brauchtum, Sage, Märchen und geheimer Bedeutung. Zürich: Edition SV International, 1980

92 Meyer, Kurt: Kulturgeschichtliche und systematische Beiträge zur Gattung Prunus. Dahlem: Verlag des Repertoriums, 1923

93 Michel, P.-F.: Ein Baum besiegt die Zeit. Ginkgo Biloba. Ettlingen: Intersan, 1988

94 Muthmann, Friedrich: Der Granatapfel. Symbol des Lebens in der Alten Welt. Bern: Office du Livre, 1982

95 Nathusius, Johanne: Die Blumenwelt nach ihrer deutschen Namen Sinn und Deutung. Leipzig: Arnoldische Buchhandlung, 1868

96 Pahlow, M.: Das große Buch der Heilpflanzen. Gesund durch die Heilkräfte der Natur. München: Gräfe und Unzer, 1979

97 Panofsky, Dora und Erwin: Die Büchse der Pandora. Bedeutungswandel eines mythischen Symbols. Frankfurt/New York: Campus, 1992

98 Pelt, Jean-Marie: Das Leben der Pflanzen. Kampf und Liebe, Konkurrenz und Gemeinschaft im Reich der Botanik. Düsseldorf/Wien: ECON, 1982

99 Peroni, Laura: Blumen und ihre Sprache. München: Amber Verlag, 1985

100 Perry, Frances: Ein Garten voller Düfte. München: BLV, 1992

101 Peters, Hermann: Aus der Geschichte der Pflanzenwelt in Wort und Bild. Mittenwald: Arthur Nemayer Verlag, 1927

102 Pieper, Richard: Volksbotanik. Unsere Pflanzen im Volksgebrauche, in Geschichte und Sage, nebst einer Erklärung ihrer Namen. Gumbinnen: C. Sterzel, 1897

103 Pratt, Anne: Flowers and their Associations. London: Charles Knight, 1840
104 Pritzel, G./Jessen C.: Die deutschen Volksnamen der Pflanzen. Neuer Beitrag zum deutschen Sprachschatze. Aus allen Mundarten und Zeiten zusammengestellt. Hannover: Philipp Cohen, 1882
105 Ranke-Graves, Robert v.: Die weiße Göttin. Sprache des Mythos. Berlin: Medusa-Verlag, 1981
106 Rätsch, Christian: Indianische Heilkräuter. Köln: Eugen Diederichs Verlag, 1994 (5. Auflage)
107 Rätsch, Christian: Lexikon der Zauberpflanzen aus ethnologischer Sicht. Graz: Akademische Druck- und Verlagsanstalt, 1988
108 Reinbothe, Horst/Wasternack, Claus: Mensch und Pflanze. Jena/Berlin: Urania-Verlag, 1986
109 Reling, H./Brohmer, P.: Unsere Pflanzen in Sage, Geschichte und Dichtung. Dresden: L. Ehlermann, 1922 (5. Auflage)
110 Riva, Ernesto: Non far di ogni erba un fascio. Bassano del Grappa: Ghedina & Tassotti Editori, 1990
111 Röhrich, Lutz: Das große Lexikon der sprichwörtlichen Redensarten (3 Bände). Freiburg/Basel/Wien: Herder, 1991
112 Rosen, Felix: Die Natur in der Kunst. Leipzig: Teubner, 1903
113 Ross, J.H.: A Conspectus of the African Acacia Species. In: Memoirs of the Botanical Survey of South Africa Nr. 44, S. 1-155, 1979
114 Rupprecht, I.B.: Ueber das Chrysanthemum Indicum, seine Geschichte, Bestimmung und Pflege. Wien: Strauß, 1833
115 Schauer, Kurt Georg: Rosen und Tulipan, Lilien und Safran. Gartenlust von gestern und heute. Brünn/München/Wien: Rudolf M. Rohrer, 1943
116 Schimmel, Annemarie: Die Rose. Rosenmuseum Steinfurt, 1991
117 Schimmel, Annemarie: Stern und Blume. Die Bilderwelt der persischen Poesie. Wiesbaden: Otto Harrassowitz, 1984
118 Schimmel, Annemarie: Vom Duft der Heiligkeit. Sonderdruck aus »Mitteilungen Folge 32/September 1994« der Humboldt-Gesellschaft für Wissenschaft, Kultur und Bildung e.V. Mannheim: 1994
119 Schleiden, M.J.: Die Rose. Geschichte und Symbolik. Leipzig: Engelmann, 1873
120 Schmid, Maria/Schmoll, Helga: Ginkgo. Ur-Baum und Arzneipflanze – Mythos, Dichtung und Kunst. Stuttgart: Wissenschaftliche Verlagsgesellschaft, 1994
121 Schneebeli-Graf, Ruth: Nutz- und Heilpflanzen Chinas. Frankfurt/Main: Umschau, 1992

122 Schneebeli-Graf, Ruth: Zierpflanzen Chinas. Botanische Berichte und Bilder aus dem Blütenland. Frankfurt/Main: Umschau, 1991

123 Schöpf, Hans: Zauberkräuter. Graz: Akademische Druck- und Verlagsanstalt, 1986

124 Schultes, Richard Evans/Hofmann, Albert: Pflanzen der Götter. Die magischen Kräfte der Rausch- und Giftgewächse. Bern/Stuttgart: Hallwag, 1980

125 Schwammberger, Adolf: Vom Brauchtum mit der Zitrone. Nürnberg: Spindler, 1965

126 Schwenck, Konrad: Die Sinnbilder der alten Völker. Frankfurt/Main: Sauerländer, 1851

127 Selam oder die Sprache der Blumen. Berlin: Christiani, o.J.

128 Sinclair Rohde, Eleanour: Shakespeare's Wild Flowers. Fairy Lore, Gardens, Herbs, Gatherers of Simples and Bee Lore. London: The Medici Society, 1935

129 St. James' Gallery: Pflanzen und Früchte. Ihre Darstellung und Verwendung als Material bei Netsuke, Sagemono und Lacken. Katalog zur Ausstellung vom 22. Mai bis 12. Juni 1982. Uitikon-Waldegg: St. James' Gallery, 1982

130 Sterne, Carus: Herbst- und Winterblumen. Eine Schilderung der heimischen Blumenwelt. Leipzig/Prag: Freytag/Tempsky, 1886

131 Sterne, Carus: Sommerblumen. Eine Schilderung der heimischen Blumenwelt. Leipzig/Prag: Freytag/Tempsky, 1884

132 Strantz, M.v.: Die Blumen in Sage und Geschichte. Berlin: Enslin, 1875

133 Ströter-Bender, Jutta: Liebesgöttinnen. Von der Großen Mutter zum Hollywoodstar. Köln: DuMont Buchverlag, 1994

134 Vickery, Roy (Hrsg.): Plant-Lore Studies. London: The Folklore Society, 1984

135 Vollmar, Klausbernd: Handbuch der Traumsymbole, Königsförde: Königsfurt, 1992

136 Wasson, R. Gordon/Hofmann, Albert/Ruck, Carl A. P.: Der Weg nach Eleusis. Das Geheimnis der Mysterien. Frankfurt/Main: Insel 1984

137 Wilde, Julius: Kulturgeschichte der Sträucher und Stauden. Speyer: 1947

138 Williams, C.A.S.: Outlines of Chinese Symbolism and Art Motives. Vermont & Tokio: Charles E. Tuttle Company, 1974

139 Wittkower, Rudolf: Allegorie und der Wandel der Symbole in Antike und Renaissance. Köln: DuMont Buchverlag, 1983

140 Woenig, Franz: Die Pflanzen im alten Ägypten. Amsterdam: Philo Press, 1971

141 Zander Handwörterbuch der Pflanzennamen. Stuttgart: Verlag Eugen Ulmer, 1993 (14., neubearbeitete und erweiterte Auflage)
142 Zehn beliebte Heilpflanzen unserer Heimat vorgestellt von ihrem Apotheker, Bayreuth: Löwen-Apotheke Theodor Pich, o.J.
143 Zohary, M.: Flora Palestina, Band 2. Jerusalem: 1972
144 Zohary, Michael: Pflanzen der Bibel. Stuttgart: Calwer, 1983

REGISTER

BOTANISCHE NAMEN

Die 101 in ihrer symbolischen Bedeutung beschriebenen Pflanzen sind kursiv hervorgehoben.

VERZEICHNIS DER PFLANZEN-ESSAYS